El Cerro de San Cristobal, Logrosan, Extremadura, Spain

The archaeometallurgical excavation of a Late Bronze Age tin-mining and metalworking site

First excavation season 1998

Alonso Rodriguez Diaz
Ignacio Pavon Soldevila
Craig Merideth
Jordi Juan I Tresserras

BAR International Series 922
2001

Published in 2019 by
BAR Publishing, Oxford

BAR International Series 922

El Cerro de San Cristobal, Logrosan, Extremadura, Spain

ISBN 9781841712208 paperback
ISBN 9781407352688 e-book
DOI https://doi.org/10.30861/9781841712208

BAR Publishing is the trading name of British Archaeological Reports (Oxford) Ltd. British Archaeological Reports was first incorporated in 1974 to publish the BAR Series, International and British. In 1992 Hadrian Books Ltd became part of the BAR group. This volume was originally published by Archaeopress in conjunction with British Archaeological Reports (Oxford) Ltd / Hadrian Books Ltd, the Series principal publisher, in 2001. This present volume is published by BAR Publishing, 2016.

BAR
PUBLISHING

BAR titles are available from:

BAR Publishing
122 Banbury Rd, Oxford, OX2 7BP, UK
EMAIL info@barpublishing.com
PHONE +44 (0)1865 310431
FAX +44 (0)1865 316916
www.barpublishing.com

contributors

author excavator site drawings	Alonso Rodriguez Diaz
author photography analytical analysis	Craig Merideth
author excavator site drawings pottery drawings	Ignacio Pavon Soldevila
site plans final section drawings stone tool drawings	Brenda Craddock
excavator site section drawings	Philip Andrews
excavator	Anthony Bridgman
excavator	Jesus Mateos Donaire
excavator	Anthony Gilmour
author	Jordi Juan I Tresserras
adviser	Mark Hunt

table of contents

list of drawings, tables, photographs and maps

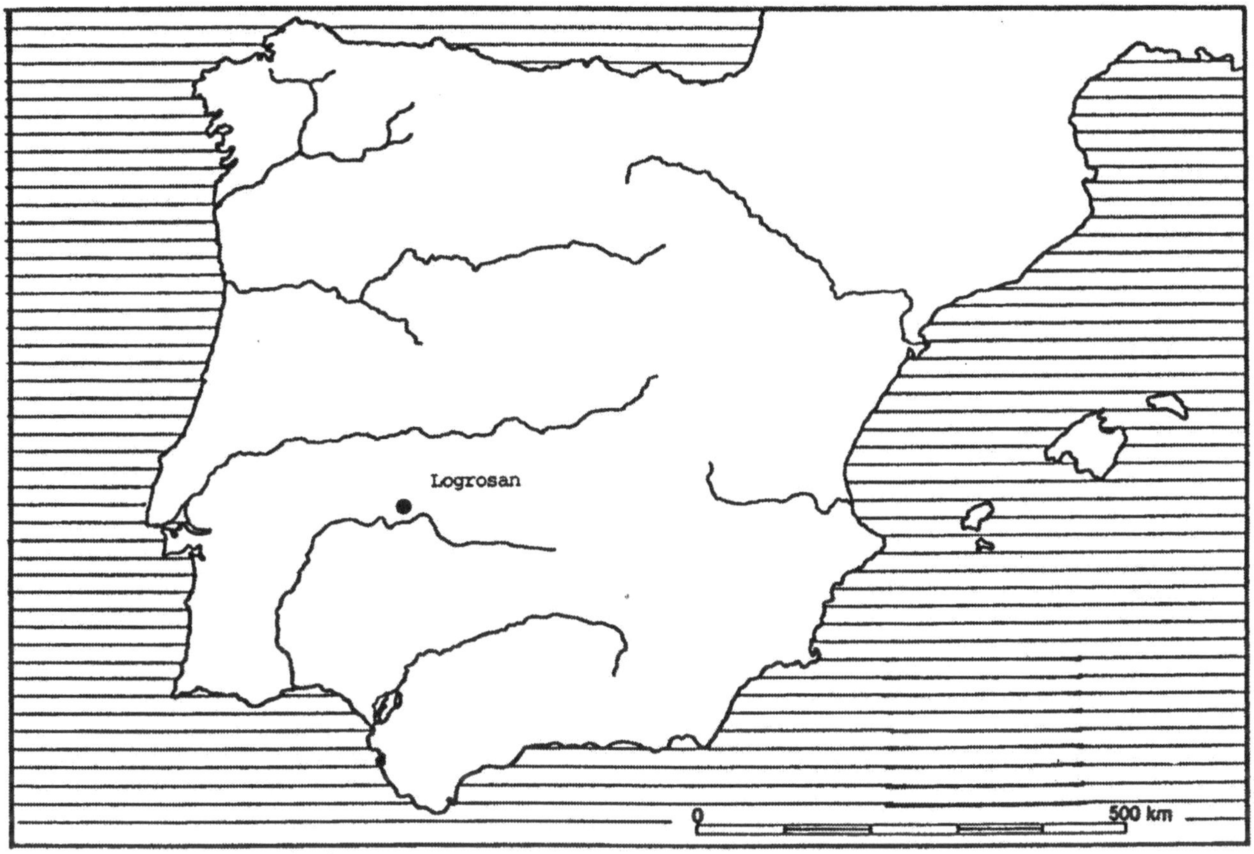

1.1 map
location of Logrosan within the Iberian Peninsula

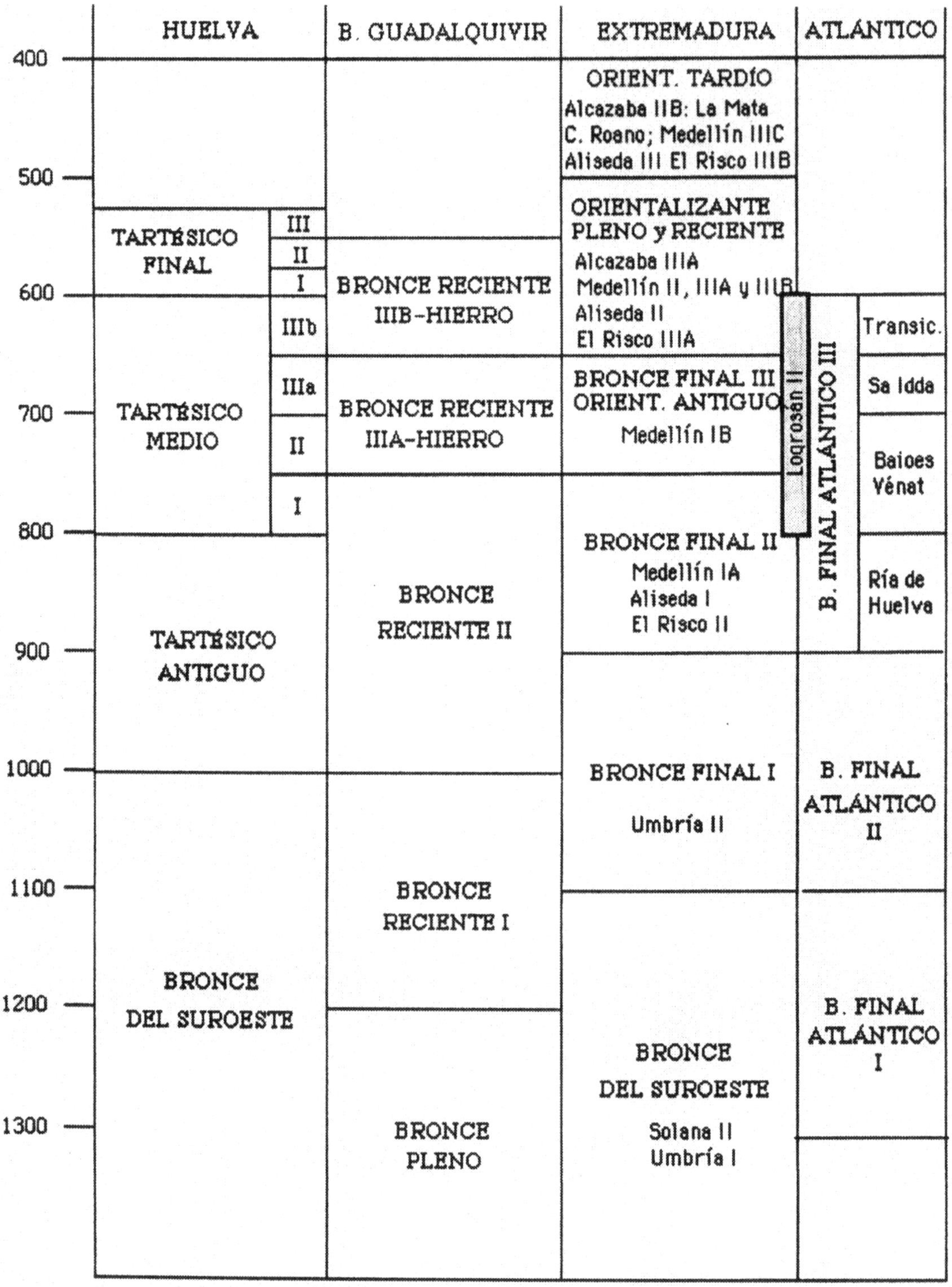

1.2 cronologia comparada del suroeste peninsular

LA MINERÍA DEL ESTAÑO EN LA "EXTREMADURA TARTÉSICA".

1ª CAMPAÑA DE EXCAVACIÓN ARQUEOLÓGICA

EN EL CERRO DE SAN CRISTÓBAL DE LOGROSÁN (CÁCERES)

Dentro de la ya amplia serie de poblados protohistóricos dados a conocer durante los últimos años en las cuencas extremeñas del Tajo y Guadiana, el del cerro de San Cristóbal de Logrosán posiblement e sea uno de los mayor interés por su localización intermedia entre ambas cuencas hidrógráficas y, sobre todo, por su especialización económica.

En dicho contexto, Logrosán se perfila no sólo como un asentamiento más del poblamiento protohistórico de la actual región extremeña, sino sobre todo como un verdadero referente de una realidad minero-metalúrgica recurrentemente citada como argumento principal de la interacción extremeña con el mundo atlántico y Tartessos, pero que hasta el momento había resultado especialmente esquiva a la investigación. Los resultados obtenidos en Logrosán durante una breve campaña de excavación arqueológica realizada en el verano de 1998 se nos antojan como un buen comienzo para la mejor comprensión de un proceso histórico más conocido por sus consecuencias sociales y
culturales que por sus implicaciones económicas.

Si durante muchos años dicho proceso ha tenido en Medellín (Almagro Gorbea, 1977) su referencia principal, Logrosán -como centro minero de primer orden especializado en la explotación intensiva del estaño- bien pudiera representar la parte desconocida de un binomio hasta ahora valorado por uno solo de sus elementos -el propio Medellín-, dentro de un entramado territorial organizado, estable y complementario clave en la conformación de este espacio como "periferia tartésica" (Fig. 1).

Excavation Report 26th August - 22nd September 1998 El Cerro de San Cristobal, Logrosan

Introduction

I would like to thank the owner Dª Alfonsa Calles Serrano who passed away in 1999 and the remaining members of her family in Logrosan for allowing the excavation to take place on El Cerro de San Cristobal, during 1998. I would also like to thank the Direccion General de Patrimonio Cultural de la Junta de Extremadura for the authorisation to excavate on the Cerro.

The site of El Cerro de San Cristobal, Logrosan, Caceres Province, Extremadura was worked as a cassiterite vein mine from the late 1950's until the early 1960's. It was for this reason that the Cerro was included as one of the localties of the prehistoric tin survey project which started in 1992 and continued until 1996.

The region primarily surveyed in the Iberian Peninsula during the project was the mid-western central region, including cassiterite localities in both Spain and Portugal.

The archaeometallurgical surface survey of the site of El Cerro de San Cristobal, Logrosan found a large amount of Late Bronze Age pottery present on most of the western summit area of the Cerro.

The same summit surface area also produced numerous prehistoric stone hammers/crushers. (Merideth, Craig, 1996).

Due to the large amounts of surface pottery and stone hammers it was decided in 1997 that an archaeometallurgical excavation should take place on El Cerro de San Cristobal as soon as possible. The first season of excavation work took place on the western side of the Cerro from the 26th of August until the 22nd of September 1998.

The excavation project was shared between two small excavation teams; one from the Department of Prehistoric Studies, Universidad de Extremadura, Caceres and the other from the Institute of Archaeology, University College, London.

The excavation reports and section drawings of Trench/1, Trench/2, Trench/3 areas, pottery type and the site pottery dating report with drawn pottery sections were produced by Alonso Rodriguez Diaz and Ignacio Pavon Soldevila, (Universidad de Extremadura). The Diaz and Soldevila writings of the excavation on the western Cerro are presented in Spanish in this publication.

All plans and section drawings of (Mine/A, Cut/I, Cut/II, Cut/III) Mine/B, Trench/4, Trench/5 and Log/Cut were produced by Philip Andrews during the excavation.

The final report plans were prepared in England by Brenda Craddock, who also produced all the drawings of the stone tools, crucible, and the site map which appear in this report.

All the excavated areas (T/1, T/2, T/3, T/4, T/5 and Mine/A) were back filled when the archaeological excavation and recording work had been brought to a close.

In the following report I have grouped all the stone hammer/crusher finds and analytical results under the relevant excavation areas.

The English text has been read and commented on by the excavators Philip Andrews, Anthony Bridgman, and Anthony Gilmour

Dr Marcos A. Hunt Ortiz, has read and advised on some corrections needed within the publication.

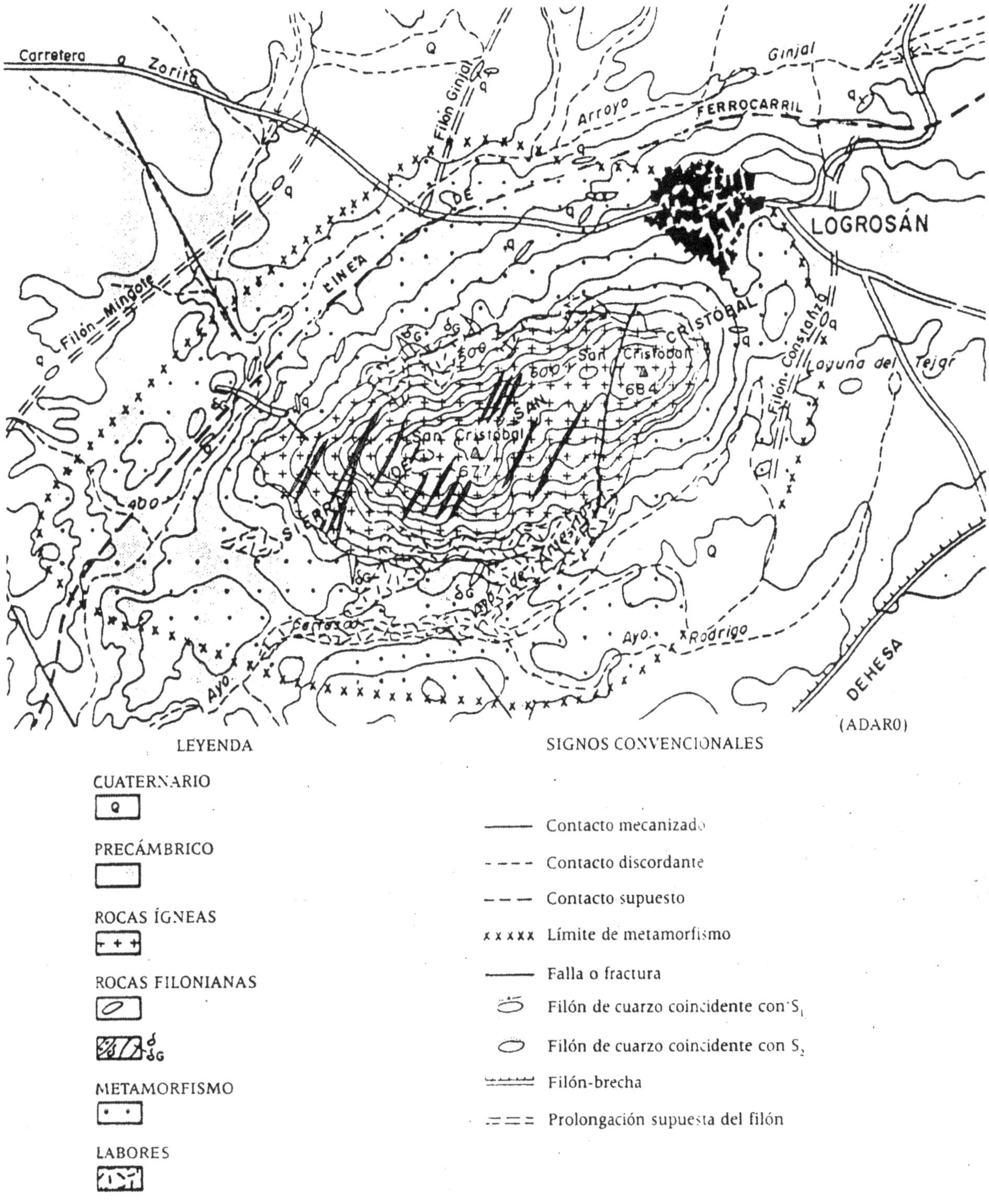

1.3 Map
Sierra De San Cristobal, Logrosan, cassiterite veins on the Cerro (Barrena, M.A. & Isidoro P.G.; 1987, p. 74)

LOCALIZACIÓN Y DESCRIPCIÓN DEL YACIMIENTO

La posición geográfica del cerro de San Cristóbal de Logrosán (Cáceres), que apenas dista 1 km. de dicha localidad en línea recta y dirección SW, responde a las coordenadas 39° 19' 38" N; 1° 50' 50" W-M- (MTN. 732. Valdecaballeros). El mejor acceso al sitio, parte esencial en la estampa singular de este pequeño pueblo del sureste cacereño, se realiza por un camino que sale próximo a la Ermita del Consuelo y desemboca en una de las pistas que bordean el flanco sur de esta imponente elevación. Dicho flanco es, sin duda, el más accesible y el menos peligroso para la subida a San Cristóbal, dado el todavía elevado número de terraplenes y bocaminas abiertas en las restantes laderas por la explotación minera de los años cincuenta. En cualquier caso, también el acceso por esta vertiente sur obliga al caminante a faldear, buscando los rellanos de la ladera, para atenuar la dureza del recorrido. Su cima, de forma alargada y aquillada, tiene unos 2.500 m. de longitud NW-SE y una anchura máxima de unos 1.000 m. en sentido N-S. Su altura máxima se registra en dos rtices geodésicos de 681 y 679 m. s.n.m., respectivamente, lo cual supone un desnivel de más de 200 m. sobre el entorno circundante y convierte este lugar en una referencia paisajística ineludible en toda la comarca (Fig. 2).

Así mismo, tal altitud permite contemplar desde su cima una amplísima panorámica sólo cerrada hacia el N y el NE por las cercanas cumbres de Los Poyales (Cabeza Aguila y Venero), que con cotas superiores a San Cristóbal forman parte de la cadena serrana de Guadalupe-Villuercas.

Sin bargo, hacia el S, se divisa un amplio tramo del Valle del Guadiana, acotado por las sierras de Montánchez al SW y Las Chimenas al SE. En días claros, en dicho horizonte llegan a distinguirse los relieves próximos a Medellín, Don Benito o Pela, situados a unos 60 km. al S.

En suma, un panorama y una particular orografía que, aparte de su valor geoestratégico y su espectacularidad paisajística, confieren a este lugar un carácter de auténtico "fondo de saco" y una casi obligada proyección de sus relaciones hacia el S a través de los llanos y valles que se abren en esa dirección. En este sentido, especial interés concedemos al río Ruecas que, desde su nacimiento en Las Villuercas hasta su desembocadura en las proximidades de Medellín, diseña posiblemente la principal ruta natural de conexión entre la comarca logroseña y el Valle Medio del Guadiana (en adelante, VMG).

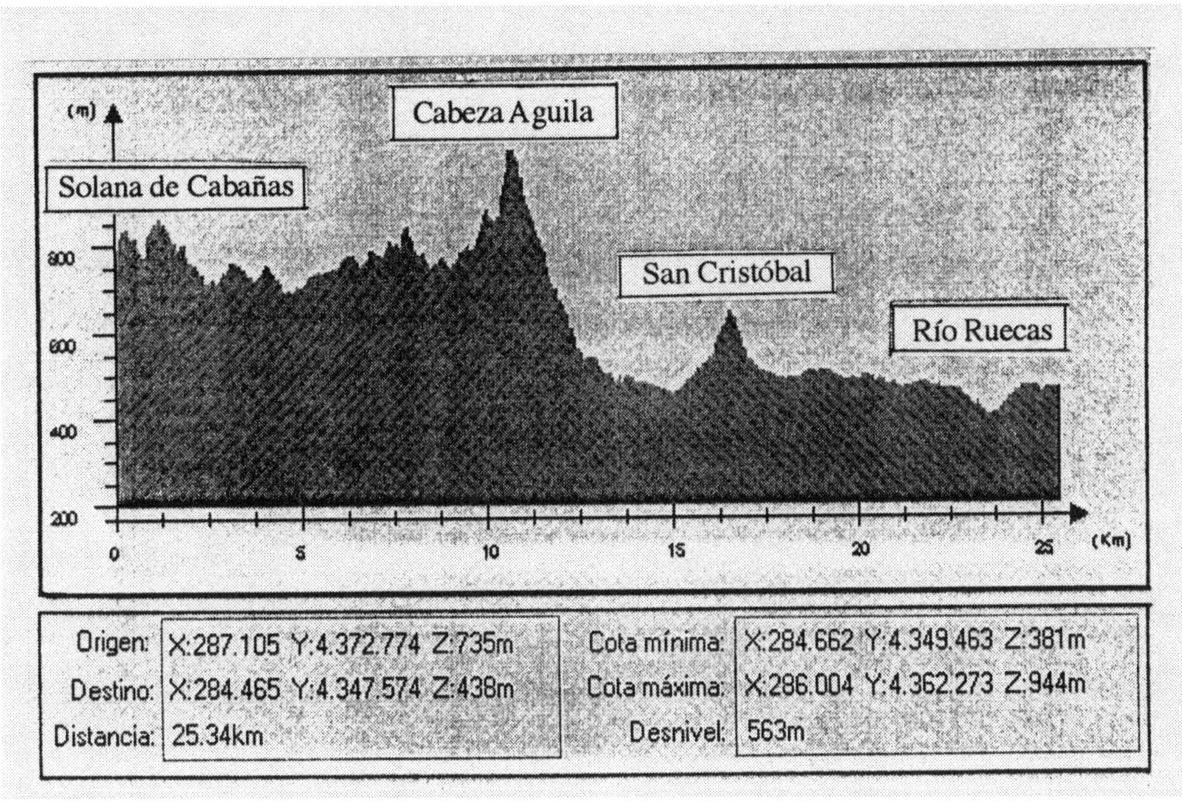

2.1 scan
reconstruccion virtual del entorno San Cristobal

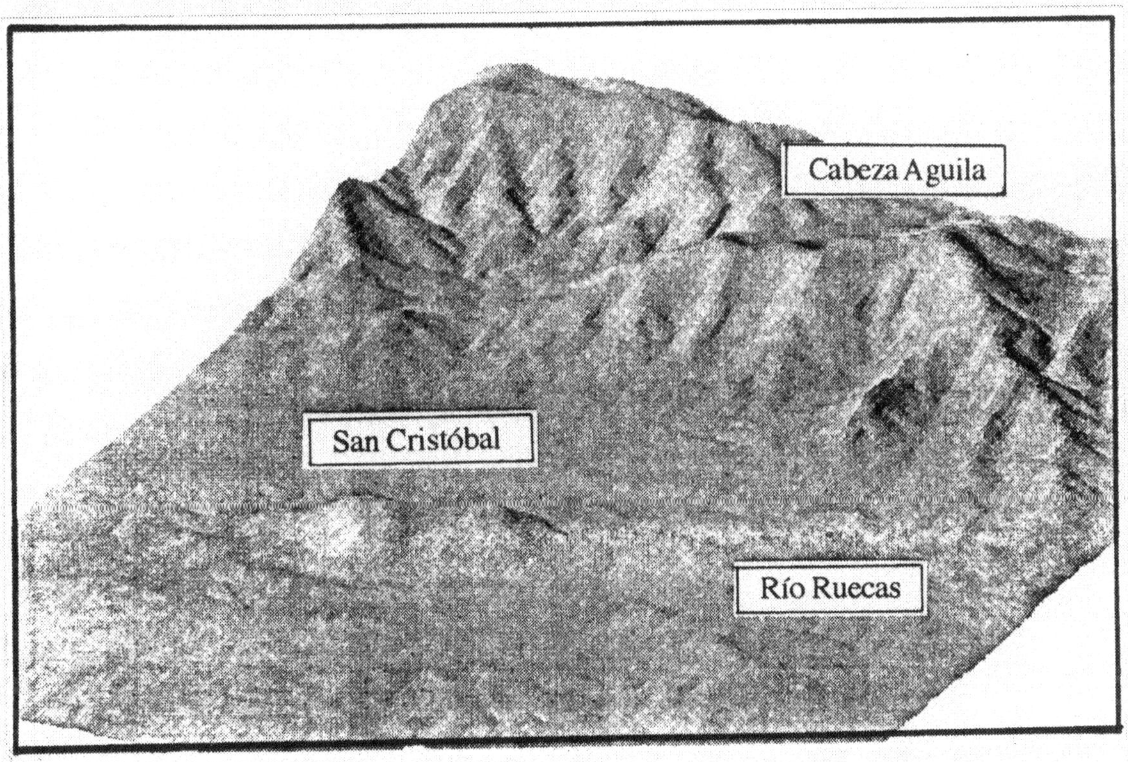

2.2 scan
reconstruccion perfil del entorno de San Cristobal

Pero, aparte del Ruecas, completan la hidrografía de este espacio los arroyos Ginjal y Rodrigo, receptores a su vez de las aguas de los manantíos y barrancos que, sobre todo durante el otoño y la primavera, descienden por las empinadas vertientes norte y sur de San Cristóbal.

Como es fácil suponer, buena parte de la vistosidad del paisaje que desde la cima del cerro de San Cristóbal se contempla se debe a la vegetación de su entorno, de la que puede decirse en términos generales es una perfecta "síntesis mediterránea". Aunque el cerro en sí es un auténtico "pelado" salpicado de escobas y jaras que muestran a las claras el alto grado de antropización de este lugar, en sus alrededores existen aún bosques caducifolios en las zonas más elevadas y húmedas, bosques de ribera en las márgenes de los ríos y, sobre todo, amplios espacios adehesados de bosque mediterráneo en la amplia llanada que se abre hacia el Sur.

Los primeros tienen su mejor exponente en el roble rebollo o melojo, que se caracteriza por su tronco pardo, sus hojas caducas y las bellotas sentadas. El melojo crece referentemente en suelos ácidos, profundos, húmedos y con materia orgánica en altitudes oscilantes entre los 1.600 y 600 m. En segundo término, los árboles más comunes entre la vegetación próxima a los cursos de agua son los sauces, mimbreras, alisos, chopos, álamos, fresnos y olmos junto a otras especies acompañantes (almeces, adelfas y atarfes). Como matorral sustitutivo destacan los zarzales.

Por último, las extensas dehesas que se expanden hacia el Guadiana tienen en la encina, el alcornoque y el olivo las especies arbóreas más destacadas, si bien éstas suelen estar acompañadas por el amplio cortejo de arbustos, matorrales y hierbas que denotan su mayor o menor cuidado. Este bosque mediterráneo humanizado, que es en sí la dehesa, constituye un ecosistema de especial importancia para la vida humana en la medida que aporta infinitud de recursos económicos: leña, caza, pastos, bellotas, cortezas para curtientes, colmenas.

Además, los árboles regeneran el suelo con los restos de sus hojas y el bombeo de agua y sales del subsuelo (Pizarro Calles, 1997). Dicho panorama, cuya valoración en época protohistórica aún está pendiente de los estudios palinógicos realizados, se vincula a tres categorías de suelos diferentes: la Tierra Parda Subhúmeda sobre granitos o pizarras (11.7%); la Tierra Parda Meridional sobre pizarras (76.6%) y los Suelos Aluviales (4.7%), que se concentran preferentemente al sur y al este del río Ruecas propiciando el desarrollo de algunos campos de cultivos y huertas (García, 1995).

En función de todo ello, es fácil deducir que el entorno de Logrosán resulta más propicio para la actividades pecuarias que para las prácticas agrícolas, cuyo déficit en tiempos pasados bien pudo ser compensado mediante intercambios intercomarcales (Fig. 3).

Pero, como es bien conocido, el principal potencial de este espacio se encuentra en su subsuelo, el cual parece justificar -junto a su enorme valor geoestratégico- las numerosas evidencias arqueológicas pertenecientes a distintos períodos históricos repartidas tanto por la cima como por los alrededores de San Cristóbal (Roso de Luna, 1898; Almagro Basch, 1966 y 1969; Callejo y Blanco, 1960; Gil Montes, 1997).

En este sentido, sabido es que esta prominente elevación se corresponde en realidad con un enorme batolito de leucogranito porfiria, surcado por numerosos filones de cuarzo portadores de casiterita y circundado por una aureola de rocas metamórficas, que emerge en medio de un llano alomado conformado preferentemente por materiales paleozoicos :pizarras, grauwacas, areniscas y conglomerados precámbricos y pizarras cámbricas (Sos Baynat, 1967; Mora Peña, 1997). Tal combinación geológica ha propiciado la conformación de un enorme potencial minero-metalúrgico que,según consta en el Mapa Previsor de Mineralizaciones de Extremadura (Florido Laraña, 1987), se concreta esencialmente en filones de fósforo y estaño; elemento éste que también aparece con morfología masiva bajo la denominación de "Grupo Minera". Más comprometido resulta asegurar la existencia y la explotación de oro en este lugar, si bien dicha posibilidad se ha apuntado en alguna publicación reciente (Calles y otros, 1994: 7) e incluso exista una pequeña muestra de oro en la colección mineral de Logrosán en el Museo Geológico de Mérida.

Aunque con períodos improductivos, los fosfatos se explotaron en esta zona entre 1775 y 1949, proporcionando la mitad de la producción global española. A partir de entonces y hasta mediados de los años sesenta, el estaño sustituiría al fosfato. Los filones de casiterita de San Cristóbal muestran una dirección N30E/50SW y casi siempre están acompañados de cuarzo y en algunos casos de turmalina (Florido Laraña, 1987: 73)
(Fig. 4).

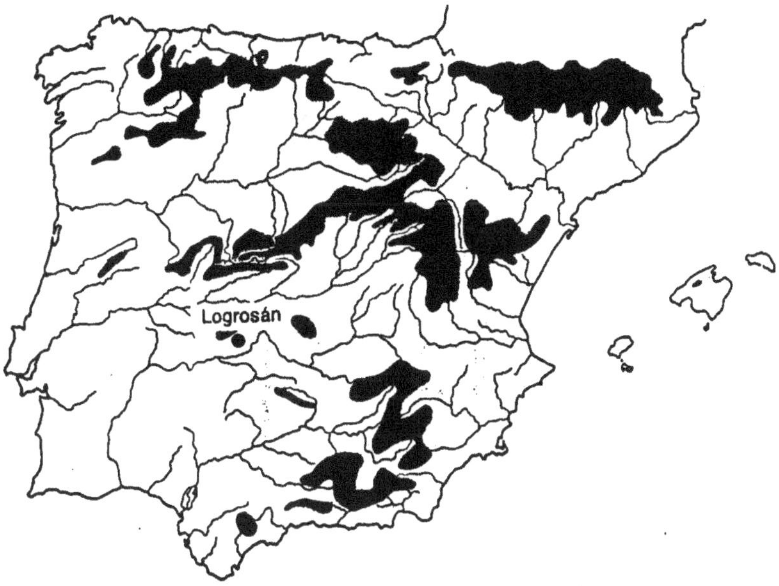

2.3 map
location map of Logrosan also showing main mountain ranges in the Iberian Peninsula

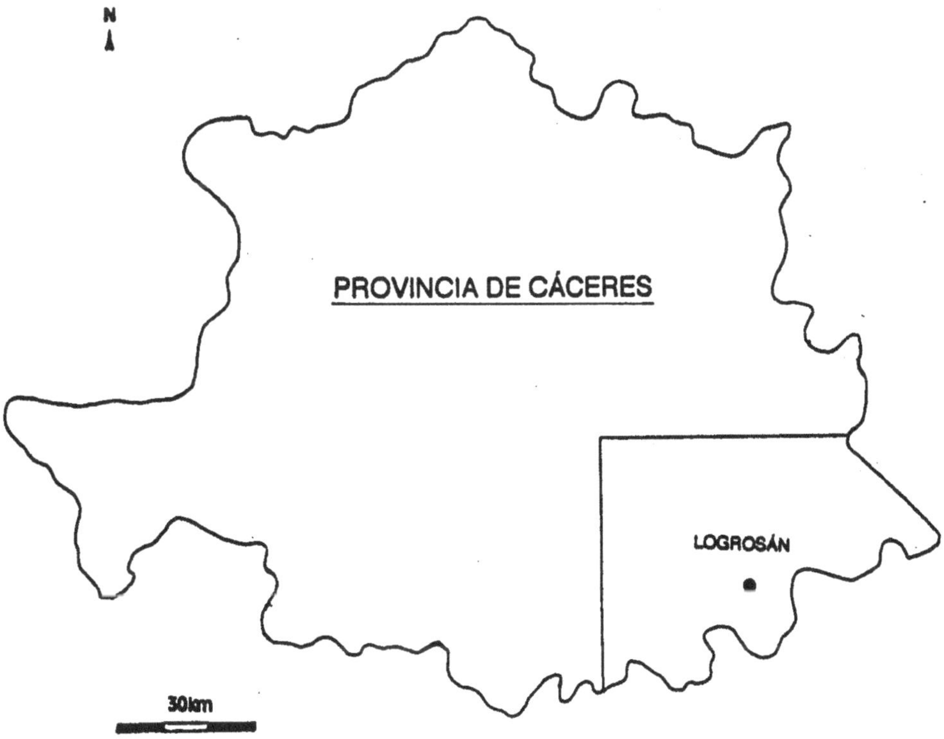

2.4 map
showing location of Logrosan site within the province of Caceres

Su anárquica explotación entre 1950 y 1962 fue coordinada por el geólogo extremeño V. Sos Baynat, a quien por otra parte se debe la publicación de los primeros indicios de ocupación y explotación protohistórica del estaño en San Cristóbal (Sos Baynat, 1977).

Con dichos precedentes, que apenas tuvieron eco en la historiografía arqueológica extremeña posterior, a principios de los noventa uno de nosotros (C.M.) retomó la investigación de este lugar en el marco global de estudio de la minería del estaño en el centro-oeste peninsular durante la Edad del Bronce. Autorizadas por la Dirección General de Patrimonio Cultural de la Junta de Extremadura (en adelante, DGPC), las tareas desarrolladas por aquel entonces en Logrosán se limitaron a la realización de una cartografía detallada del lugar y a una prospección arqueometalúrgica sectorializada (1992-1996), cuyos resultados han sido publicados recientemente. Éstos prácticamente podrían resumirse en el redescubrimiento en el sector occidental de la cima de esta elevación de un posible poblado minero, cuyos vestigios materiales (cerámicos y líticos) se extienden por una superficie próxima a las 10 Ha. y cuya tipología remite mayoritariamente al tránsito entre el Bronce Final y el Orientalizante Extremeño, si bien algunos de los objetos recuperados por Sos Baynat depositados en el MNAR de Mérida podrían insinuar una cronología anterior (Merideth, 1998 a-b).

Cualquier valoración funcional o cronológica sobre las construcciones aún visibles en la cima de esta elevación y sobre los escarpes artificiales que se observan en alguna de sus laderas resulta tremendamente especulativa dadas las profundas alteraciones provocadas por la minería de mediados de siglo.

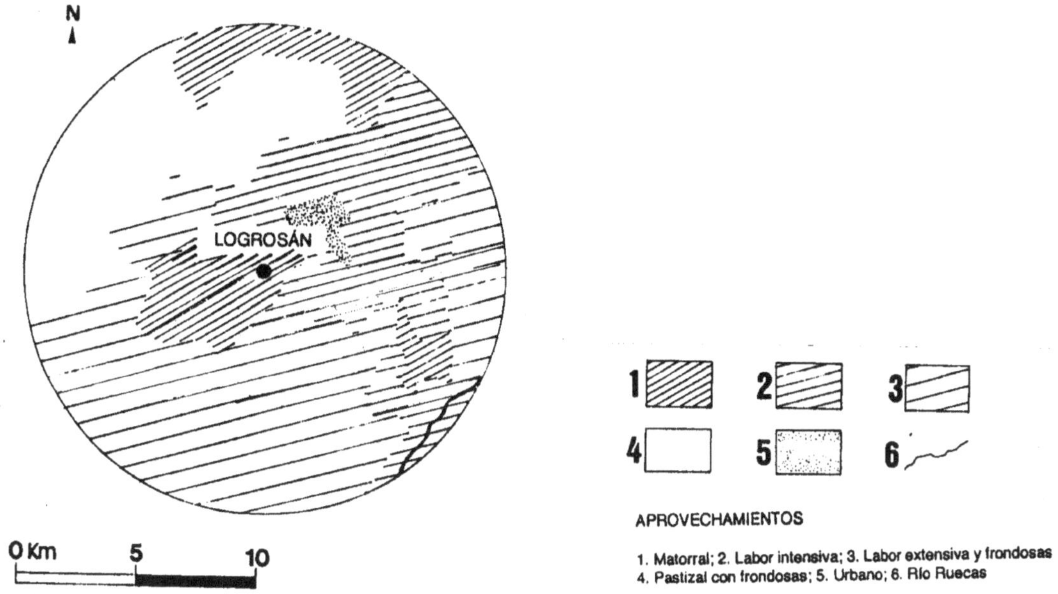

2.5 illustration
aprovechamientos, Logrosan

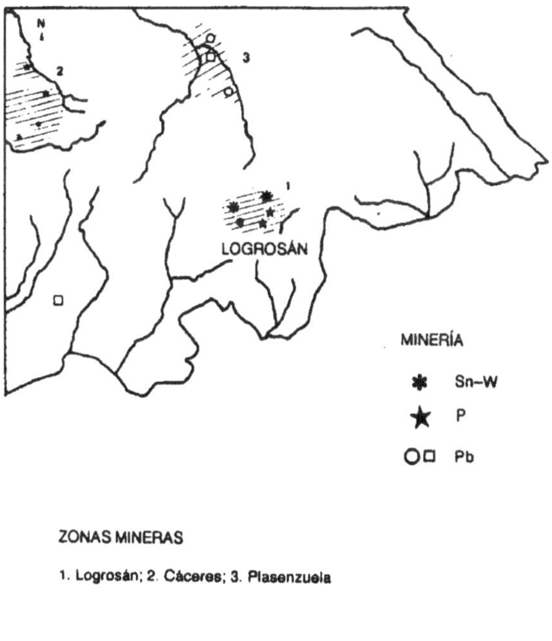

2.6 illustration
zonas mineras, Logrosan

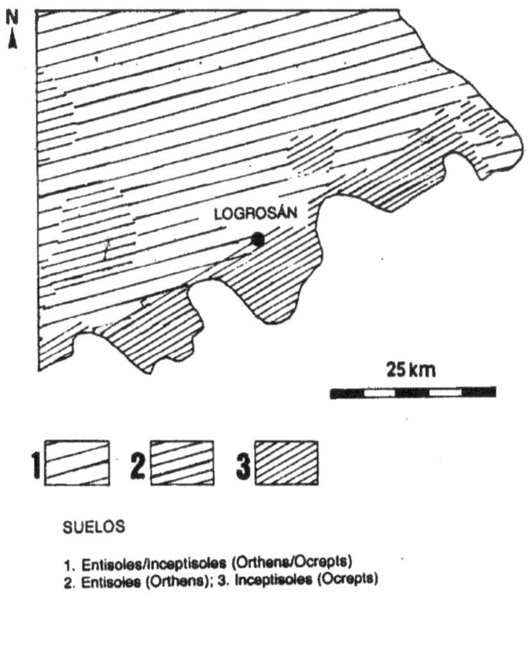

2.7 illustration
suelos, Logrosan

LA EXCAVACIÓN DE 1998: METODOLOGÍA Y ESTRATIGRAFÍA

Durante el mes septiembre de 1998 y tras la resolución de numerosos problemas de índole muy diversa, pudimos llevar a cabo finalmente una campaña de excavación arqueológica en el cerro de San Cristóbal de Logrosán (Cáceres). En dichos trabajos, que igualmente contaron con la aprobación de la DGPC de la Junta de Extremadura, intervino un equipo de siete personas compuesto por C. Merideth, Phillip Andrews, Anthony Bridgeman, Anthony Gilmour, Alonso Rodríguez Díaz, Ignacio Pavón Soldevila y Jesús Mateos Donaire.

El objetivo principal de esta campaña, fundamentada en los trabajos de prospección precedentes (1992-1996) y con un carácter eminentemente exploratorio, fue valorar la ocupación protohistórica del sitio con el doble propósito de acotar temporalmente la explotación del estaño en este lugar y calibrar sus relaciones interculturales en el marco de la protohistoria del Suroeste peninsular.

Conforme a la planimetría de la Fig. 5, los trabajos arqueológicos se desarrollaron en los sectores A, B, E-F y H. En todos ellos el criterio de intervención utilizado fue estratigráfico y se concretó en la realización de una serie de sondeos, cuya orientación y dimensiones se adecuaron a la topografía y a las necesidades propias de cada zona.

Dada la escasa potencia de sedimentos conservada, en la mayor parte de los casos la excavación estuvo guiada tanto por la presencia de restos constructivos como por los cambios observables en la coloración y textura de los estratos arqueológicos. Al concluir la excavación de dichos niveles naturales se procedía a la realización de la planimetría y fotografías correspondientes así como a la toma de alturas en los cuatro ángulos del corte y de los hallazgos destacados.

De cualquier forma, la impresión global-una vez concluida esta primera actuación en la cima de San Cristóbal de Logrosán- es que la secuencia ocupacional de este lugar posiblemente haya que restituirla más en horizontal que en vertical, en función no ya solo de las pertubaciones provocadas por la minería reciente o por los propios agentes naturales, sino sobre todo por las diferencias tipológico-evolutivas que se entrevén entre los materiales recuperados en los distintos sectores sondeados y que en última instancia podrían justificar la amplia superficie de dispersión de hallazgos constatada.

Éstos se han concentrado, por un lado, en posibles ámbitos de trabajo o de hábitat y, por otro, en algunas de las trincheras o bocaminas que en superficie reportaron mayores indicios de explotación antigua (presencia de martillos, molinos o mayor concentración de piezas cerámicas). En el presente estudio, recogemos tan solo aquellas actuaciones que mejores resultados ofrecieron y, por tanto, mayor nivel de información reportaron a nuestros objetivos iniciales.

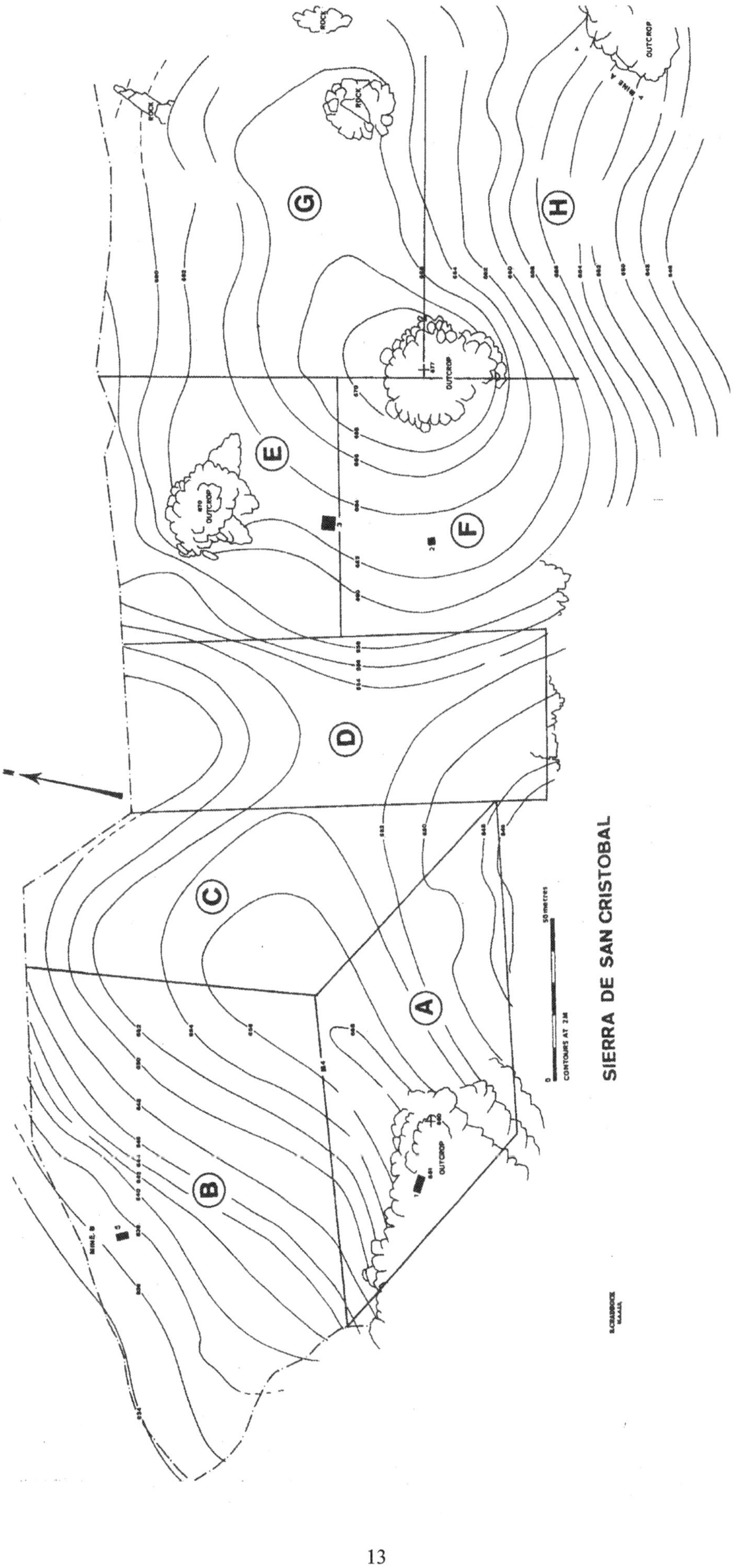

3.1 site map areas
showing western Cerro arranged into different areas and location of **1998** excavation trenches

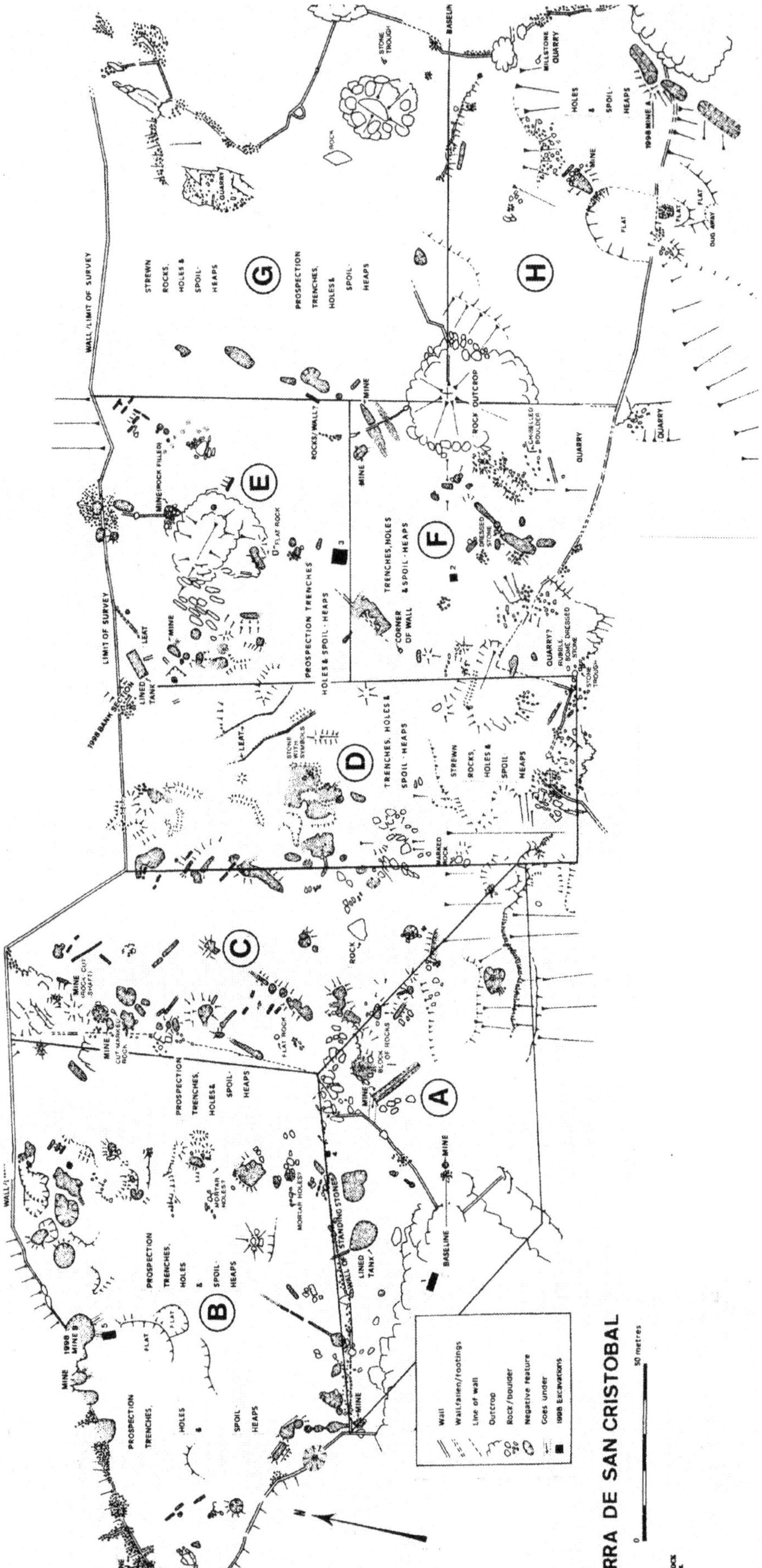

3.2 site map
showing features located on western Cerro and location of **1998** excavation trenches

Excavation Area

[Trench/1] GPS reading **N 39° 19' 30.0"**
W 05° 30' 32.3"

4.1 photograph
Diaz, Soldevila and Mateos excavating Trench 1 looking east

Trench/1 at 661 metres altitude is located in the north/west side of Map/Area A and close to one of the highest points on the Cerro de San Cristobal.

The T/1 trench was excavated by Alonso Rodriguez Diaz, Ignacio Pavon Soldevila and Jesus Mateos Donaire (Universidad de Extremadura).

The excavation report by Diaz and Soldevila of the Trench/1 work and the accompanying pottery typing and dating interpretations follows in this chapter of the report.

All the pottery excavated from Trench/1 was of Late Bronze Age origin (Diaz, Soldevia, 1999).

The excavation of the central eastern side of Trench/1 exposed a trench-like cut into a decomposed granite area. This cut had exposed the remnants of quartz veins which seem to have been mined/worked out (probably by crushing the quartz veins with hand held hammer stones).

The mined out quartz vein runs in a south/west to north/east direction, which is the general orientation of most of the major mineral veins found on the Cerro. The granite quartz excavated trench was thoroughly examined but produced no evidence of any cassiterite minerals that might have been left behind in the proposed mining process.

At present no one from the excavation teams is exactly sure what the mined out quartz vein located in the decomposed granite represents. This trench working was completely sealed by a layer of Late Bronze Age pottery and therefore can not be considered to be a modern mine working. It might possibly represent the remains of an early Bronze Age prospecting or mining trench from which cassiterite might have been extracted.

Future excavation work to the North and South of Trench/1 is needed to see if additional evidence can be unearthed that might lead to a better understanding of the hammered out quartz/vein located in the decomposed granite.

Also excavated within the T/1 Late Bronze Age pottery layer was a fragment of a crucible for casting bronze. (Diaz ,Soldevila; page 18) [page 30] (**5.1** drawing) and (**5.2** photograph), [page 31] (**5.3** and **5.4** drawings) and (**5.5** photograph)

The crucible fragment is a broken section of a handle with adjoining crucible wall. It is considered likely that the excavated fragment represents a section from the upper segment of the casting crucible.

The drawing on (page 30) is a probable reconstruction of the shape and height of the original crucible. The hollow handle would probably have been used for fitting in an extension wooden handle which would have made the crucible easier to use during the smelting and casting process.

It is possible that the crucible may have had two handles, not one. Future excavation work in the T/1 area might uncover further fragments of the crucible, which would allow for a more precise reconstruction to be made.

Visual and optical microscope examination showed that the crucible had been used solely for melting and mixing copper with crushed cassiterite mineral to form bronze for casting purposes. The following microprobe analysis showed that the metal present in the crucible wall was made up of tin and copper with only small traces of silica and sulphur also being present.

SECTOR A CORTE 1

Este sector se corresponde esencialmente con una pequeña plataforma entre canchales y una posible estructura de grandes bloques de granito de época incierta, localizada en el extremo suroccidental del Cerro de San Cristóbal. Justo en esta zona se planteó y excavó una trinchera de 4.5 por 2 m. reconocida como Corte 1, que tomó como referencia un agujero de casi 2 m. de diámetro abierto en fecha desconocida. La excavación del sitio proporcionó resultados dispares. Por un lado, la constatación de un pozo minero relacionado con la explotación moderna del sitio, según se desprende de las huellas de la herramientas de hierro utilizadas en su perforación y del material con que fue colmatado: molinos barquiformes, cerámicas, trozos de uralita y hojalata.

Dicha estructura, de planta subrectangular y orientación NW-SE, alteró dos trincheras o zanjas de explotación antigua, pero de cronología indeterminada. Por otra parte, en la mitad este de este Corte 1, pudimos documentar una superposición estratigráfica inalterada, de época protohistórica. Ésta consiste en tres estratos o niveles arqueológicos, reconocidos como Sup., I y II (Figs. 6 y 7).

-Nivel Superficial: Estrato de tierra de color grisáceo, de textura muy suelta, con abundantes raíces y piedras de tamaño medio. El final de este nivel lo marcó una capa de piedras que desde un principio valoramos como un arrastre o el arrasamiento de un estructura inmediata. El material recuperado presenta muestras evidentes de rodamiento y básicamente se corresponde con un lote de algo más de 130 fragmentos cerámicos y un reducido número de piezas líticas. La alfarería en su práctica totalidad es a mano; sólo nueve fragmentos suscitan la duda de estar realizados a torno. Dentro de la producción modelada, cabría diferenciar tres categorías o niveles de calidad: "cuidadas", "semicuidadas" y "toscas". Como es fácil suponer, las dos primeras –"cuidadas" y "semicuidadas"- son minoritarias (7 y 31 fragmentos, respectivamente) respecto a las piezas "toscas" (85). Éstas últimas están realizadas con pastas poco depuradas, cochuras deficientes y simples alisados superficiales o, a lo sumo, tenues "escobillados" (sólo 3 fragmentos).

El repertorio morfológico, a pesar de su enorme fragmentación, está claramente vinculado a recipientes de gran tamaño destinados tareas domésticas, almacenaje o transporte. Por su parte, entre los productos mejor elaborados reconocemos algunos cuencos y cazuelas de carenas suaves y redondeadas e incluso algún fragmento amorfo con trazos bruñidos al exterior.

Finalmente, la serie de posibles piezas torneadas se concreta en un par de fragmentos amorfos de cerámica gris y siete "de cocción oxidante", de los cuales algunos pudieran corresponder a diversas urnas de borde vuelto pero cuya fragmentación impide hacer valoraciones crono-culturales mínimamente precisas. La industria lítica recuperada se limita a tres fragmentos de posibles percutores o martillos de cuarzo o cuarcita y una lasca sin retocar. Cotas iniciales s.n.m.: nw: 615.1; ne: 615.1; sw: 615.13; se: 615.09. Cotas finales en la zona no alterada: nw: 614.76; ne: 614.9; sw: 614.8; se (sobre roca): 615.15.

-Nivel I. Aunque en su excavación diferenciamos dos capas artificiales (Ia y Ib), en realidad se trata de un estrato de tierra bastante uniforme, de color grisáceo y textura muy fina. Su espesor medio es de 0.20 m. y está comprendido entre el arrastre documentado en el Nivel Superficial y la base granítica del cerro.

A este paquete de tierra se asocia claramente un tramo de muro recto en pésimo estado de conservación, detectado junto al perfil este del Corte. Apoyado directamente sobre la roca, su trazado es prácticamente N-S y su anchura, 0.40 m. Aunque sólo conserva la hilada inferior, en su construcción se emplearon piedras de tamaño diverso trabadas con barro e incluso se reaprovechó un molino barquiforme fragmentado.

El material arqueológico recuperado es mayoritariamente cerámico, si bien también se documentaron diversas piezas líticas y un fragmento de crisol con adherencias metalúrgicas (cota: 614.5). El recuento cerámico nos sitúa en una cifra próxima a los 200 fragmentos (187), de los cuales sólo cinco pudieran haber sido realizados a torno. Las piezas modeladas de mayor calidad técnica (13) se identifican de nuevo con fragmentos de cazuelas carenadas tipológicamente muy evolucionadas. Los vasos de pequeño borde vertical de tamaño medio, ocasionalmente decorados con incisiones en el borde, acaparan la alfarería de calidad intermedia.

Por su parte las ollas de gran tamaño y perfil globular junto algún fragmento de cuenco hemiesférico constituyen el repertorio elemental de los fragmentos toscos. No reconocimos ninguna pieza "escobillada". Por su parte, los inciertos fragmentos a torno son de deficiente calidad. Por otro lado, los elementos líticos registrados se limitan a tres bolos de cuarzo con señales de uso, posiblemente utilizados como machacadores o martillos. Finalmente, el fragmento de crisol recuperado se corresponde con una pieza toscamente modelada, de enmague tubular y una pequeña cazoleta con restos de escorias de bronce (?) Cotas finales s.n.m. en la zona no alterada: nw: 614.42; ne: 614.5; sw: 614.45; se (base muro recto): 614.4.

-Nivel II. Reconocimos así un paquete de tierra apenas de diferenciado del anterior en color y textura, pero con abundantes piedrecillas (restos de cuarzo machacado). En realidad se trata de un estrato de tierra estéril que colmata una trinchera de perfil en U, de apenas 0.70 m. de ancho y 0.40 m. de profundidad, en cuyo fondo observamos vetas de cuarzo con casiterita.

Las marcas en las paredes laterales de las herramientas de piedra con que fue excavada y su propia posición estratigráfica parecen ser argumentos suficientes para defender su antigüedad, si bien la ausencia de material arqueológico en su interior impide precisar su cronología relativa. Cotas finales s.n.m. en el fondo de la trinchera minera: n: 613.98; s: 614.04.

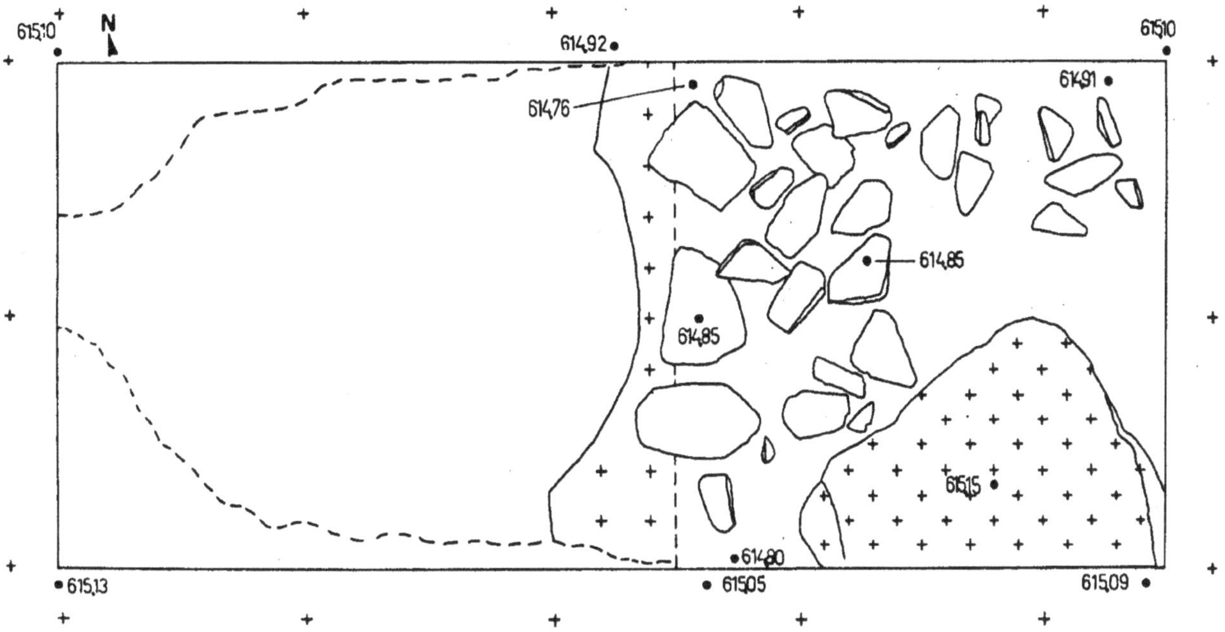

4.2 drawing
excavation drawing, trench 1

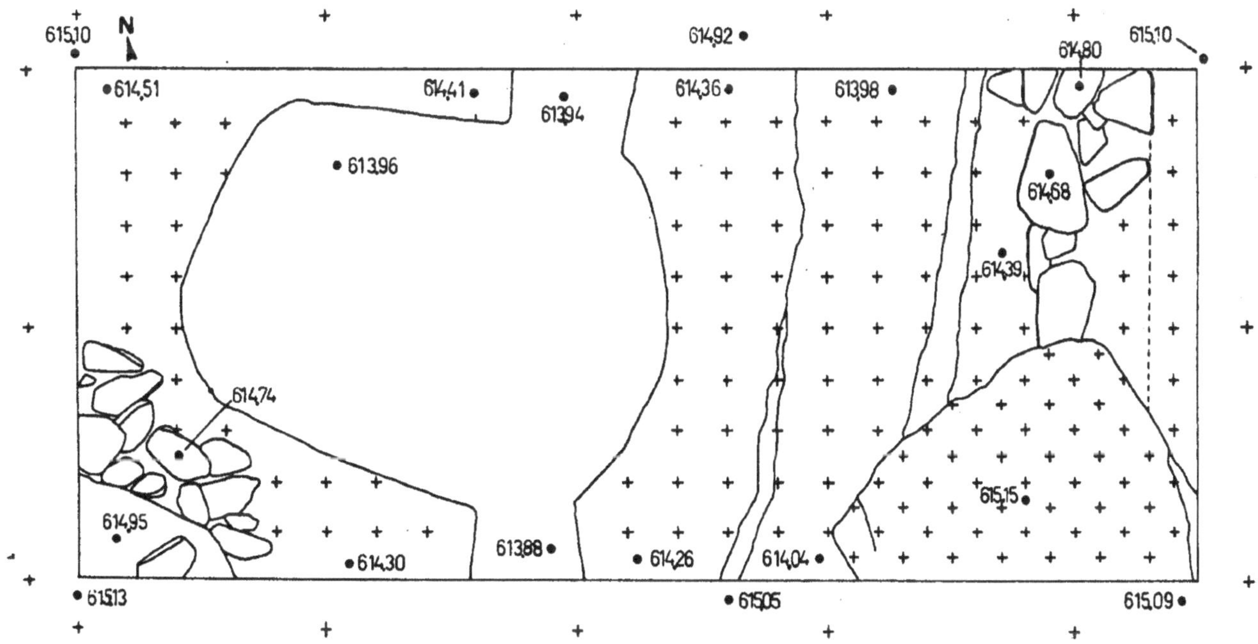

4.3 drawing
final excavation drawing, trench 1

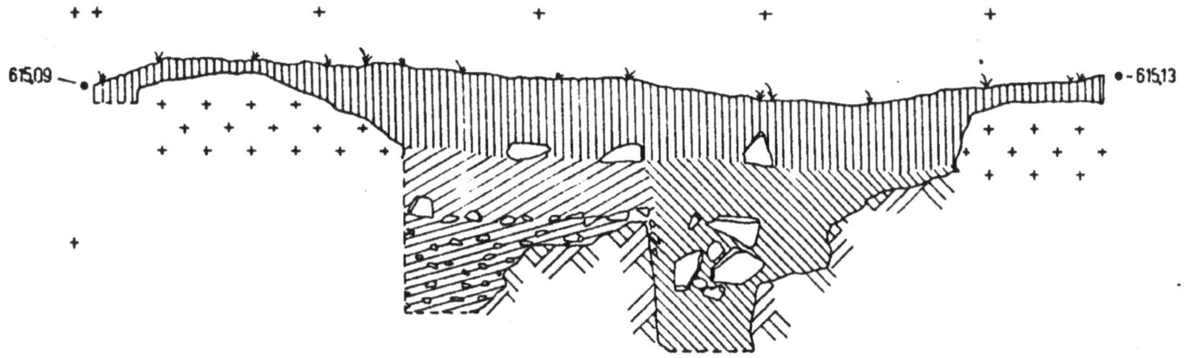

4.4 drawing
excavation profile drawing, trench 1 looking south

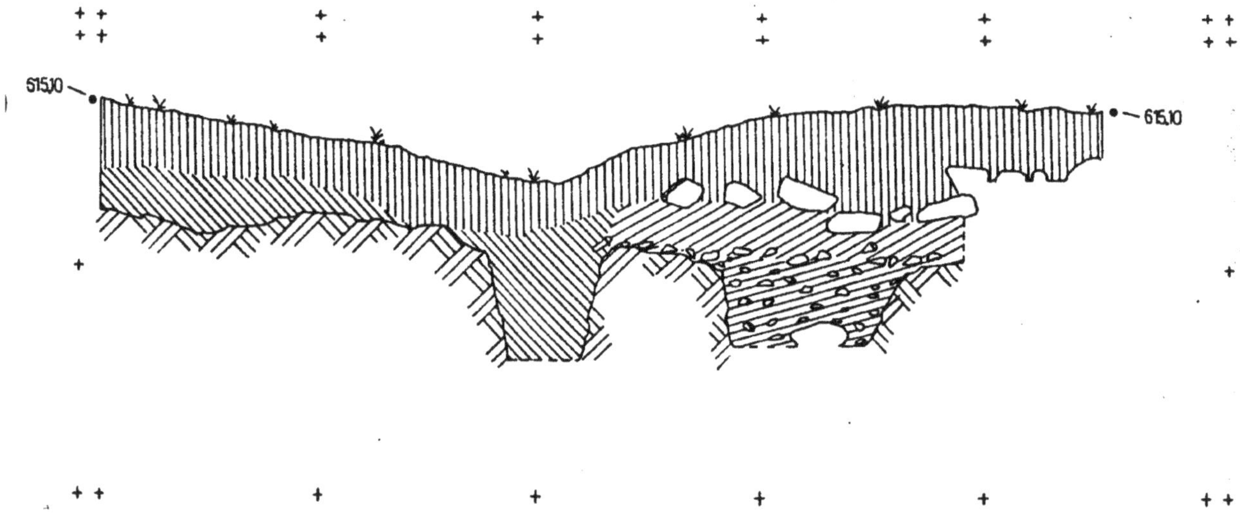

4.5 drawing
excavation profile drawing, trench 1looking north

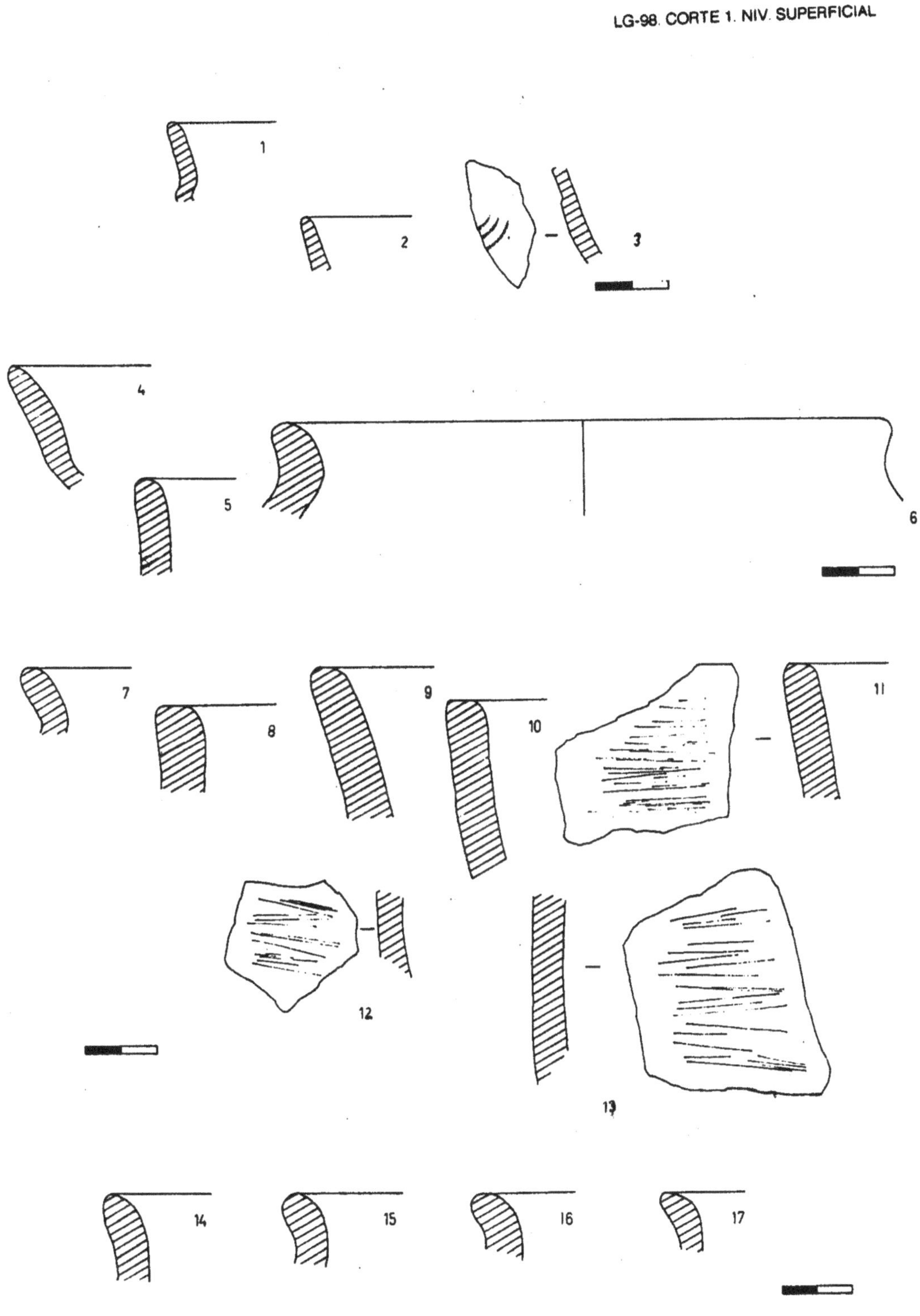

4.6 drawings
pottery profiles trench 1, surface

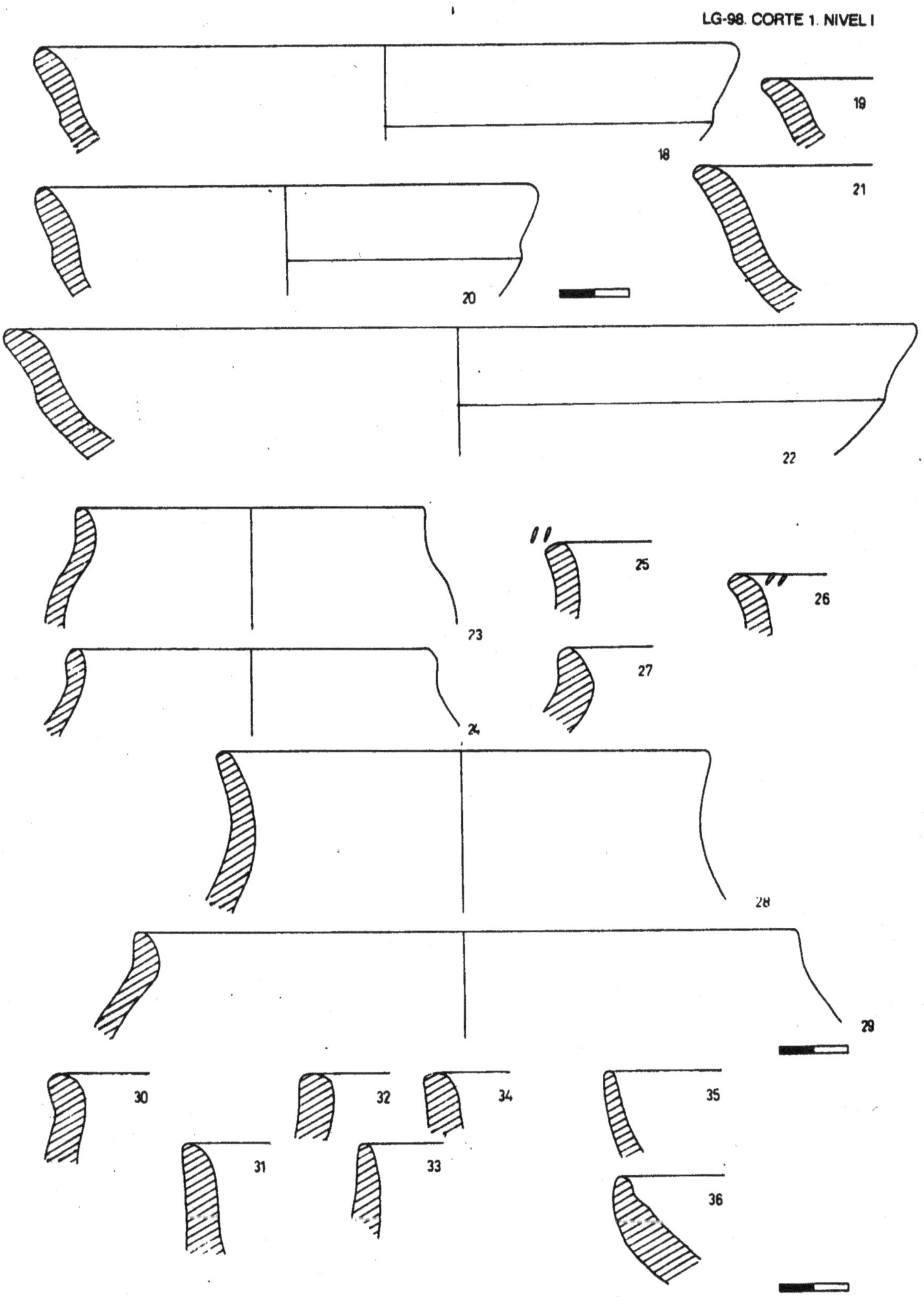

4.7 drawings
pottery profiles trench 1, level 1 (18-36)

LG-98. CORTE 1

Nivel Superficial

1. Borde, mano, fino, oscuro, reductora, bruñido, cuidada.
2. Borde, mano, fino, oscuro, reductora, alisado, cuidada.
3. Cuerpo, mano, fino, oscuro, reductora, esoapulado, bruñida exterior, cuidada.
4. Borde, mano, fino, oscuro, mixta, alisado/espatulado, semicuidada.
5. Borde, mano, medio, oscuro, mixta, alisado, semicuidada.
6. Borde, mano, medio, oscuro, mixta, espatulado, semicuidada.
7. Borde, mano, medio, oscuro, oxidante, alisado, tosca.
8. Borde, mano, grueso, oscuro, oxidante, alisado, tosca.
9. Borde, mano, grueso, oscuro, reductora, sin tratamiento, tosca.
10. Borde, mano, medio, oscuro, oxidante, alisado, tosca.
11. Borde, mano, grueso, oscuro, mixta, escobillado, tosca.
12. Cuerpo, mano, grueso, oscuro, escobillado, tosca.
13. Cuerpo, mano, medio, oscuro, escobillado, tosca.
14. Borde, torno, medio, oscuro, oxidante, alisado, común.
15. Borde, torno, medio, oscuro, mixta, alisado, común.
16. Borde, torno, medio, oscuro, oxidante, alisado, común.
17. Borde, torno, medio, oscuro, oxidante, alisado, común.

Nivel I

18. Borde, mano, fino, oscuro, reductora, bruñido, cuidada.
19. Borde, mano, medio, oscuro, mixta, espatulado, semicuidada.
20. Borde, mano, fino, oscuro, reductora, bruñida, cuidada.
21. Borde, mano, medio, oscuro, mixta, espatulado, semicuidada.
22. Borde, mano, medio, oscuro, mixta, alisado, semicuidada.
23. Borde, mano, medio, oscuro, reductora, alisado, semicuidada.
24. Borde, mano, medio, oscuro, reductora, alisado, semicuidada.
25. Borde, mano, medio, oscuro, oxidante, alisado, impresa, semicuidada.
26. Borde, mano, medio, oscuro, oxidante, alisado, impresa, semicuidada.
27. Borde, mano, medio, oscuro, reductora, alisado, semicuidada.
28. Borde, mano, medio, oscuro, oxidante, alisado, semicuidada.
29. Borde, mano, medio, oscuro, reductora, alisado, semicuidada.
30. Borde, mano, grueso, oscuro, mixta, alisado, tosca.
31. Borde, mano, grueso, oscuro, mixta, alisado, tosca.
32. Borde, mano, grueso, oscuro, oxidante, alisado, tosca.
33. Borde, mano, medio, oscuro, oxidante, alisado, tosca.
34. Borde, mano, grueso, oscuro, mixta, alisado, tosca.
35. Borde, mano, medio, oscuro, oxidante, alisado, tosca.
36. Borde, mano, grueso, oscuro, mixta, alisado, tosca.

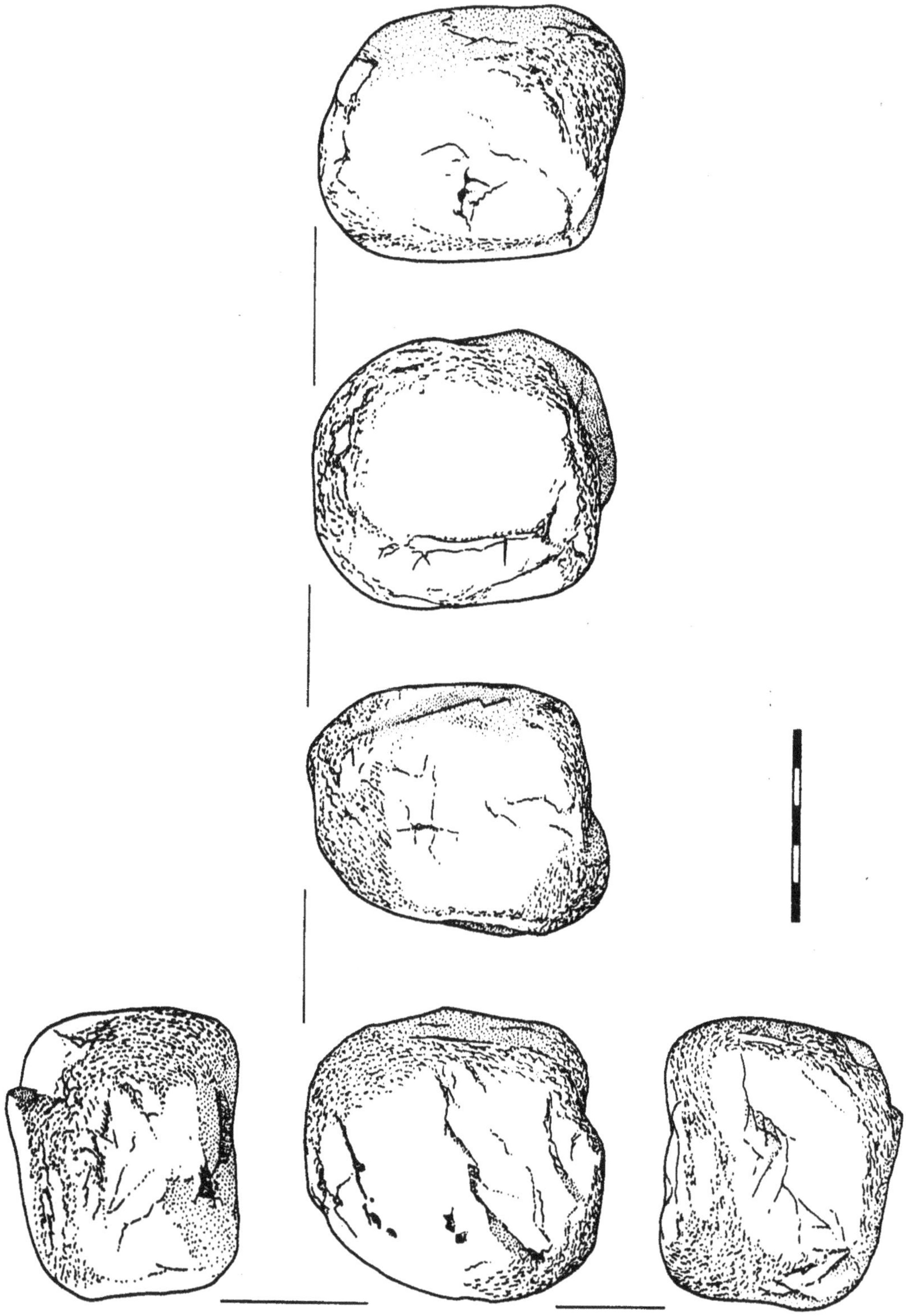

4.8 drawing **(quartz)** hammer/crusher**,** Trench/1, Level I/A Log98/H-010998 [Nivel/IA (42)], weight **705 grams**

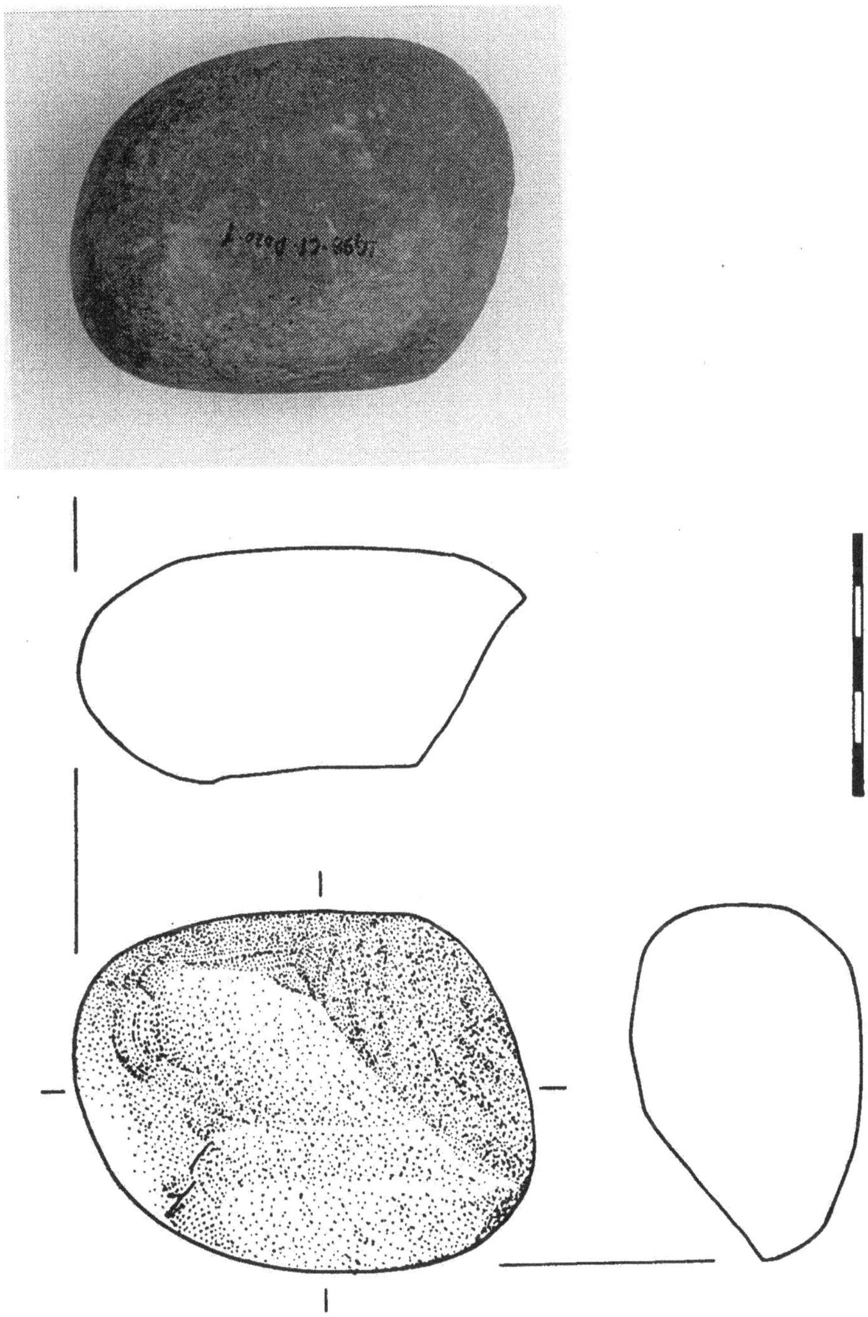

4.9 drawing **(granite)** hammer/crusher**,** Trench/1 Log98/H-20998, weight **395 grams**

A fragment (3/4) of a hammer/crusher excavated from the Pozo/Shaft located in the western side of Trench/1.

This modern shaft had been filled with re-deposited material probably during the 1950's mining operations.

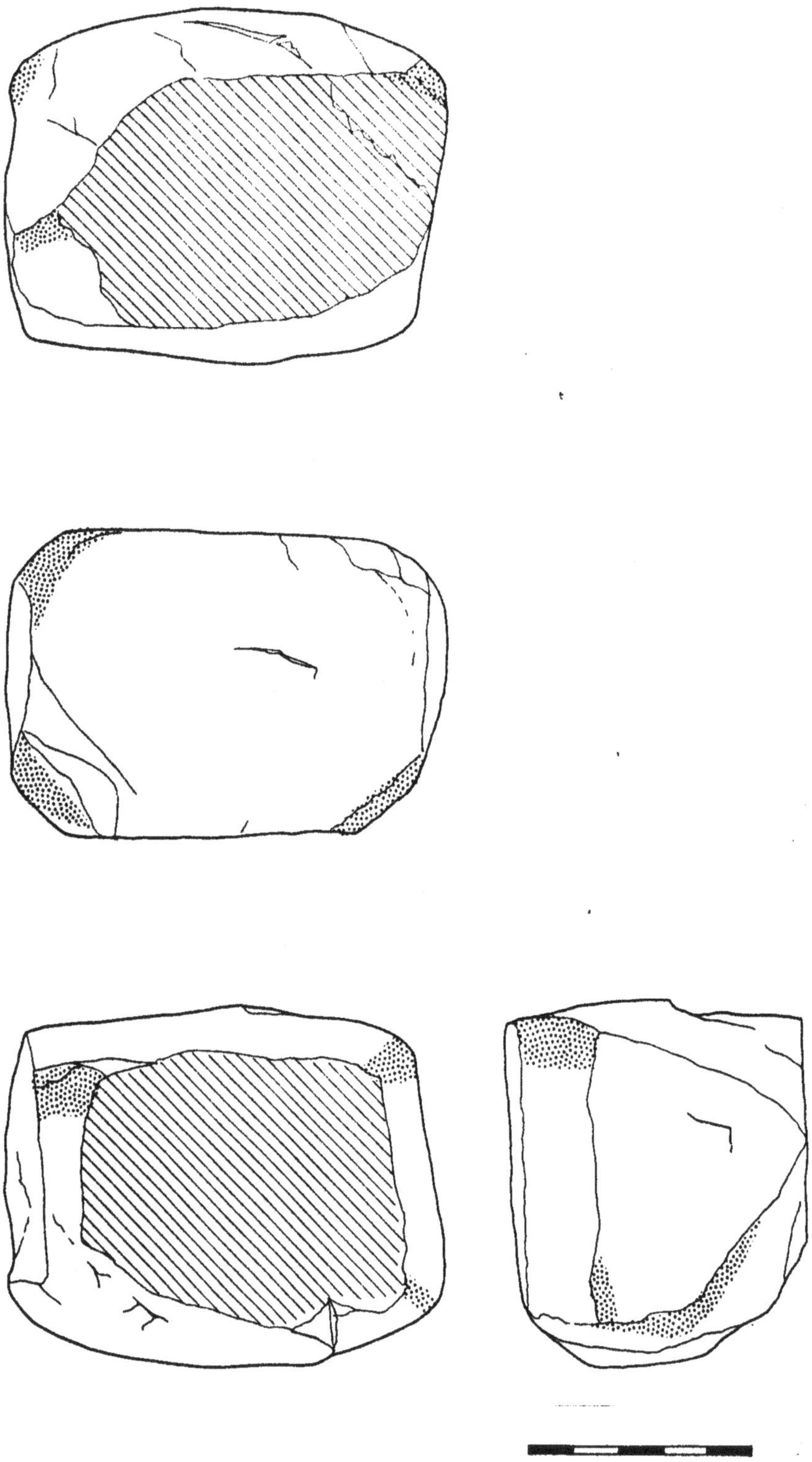

4.10 drawing Level I/A **(quartz)** hammer/crusher Trench/1 Log98/H-010998-[Nivel/1/A (41)], weight **995 grams**

A hammer/crusher excavated in level I/A Trench/1 found with the hammer/crusher (42).

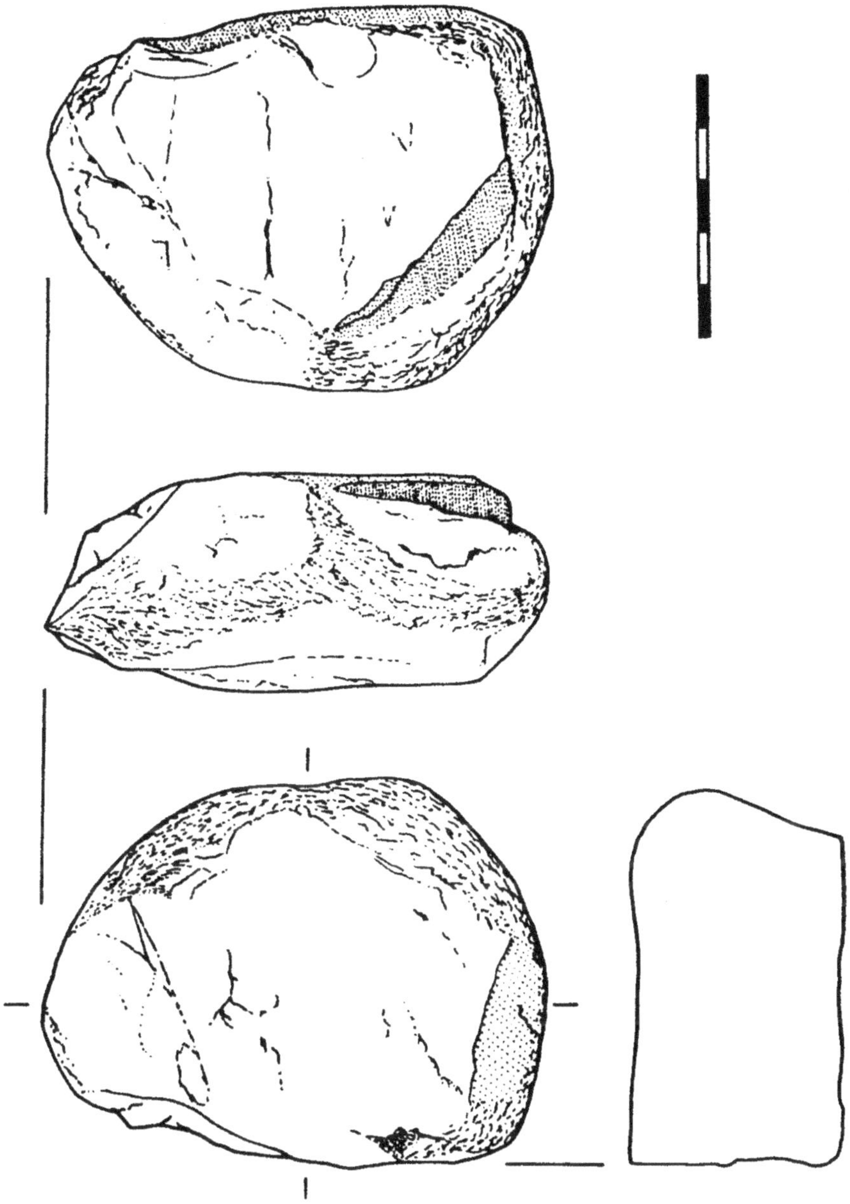

4.11 drawing Surface **(quartz)** hammer/crusher Trench/1 Log/H-310898-[Nivel/Sup-(20)], weight **445 grams**

A rock fragment of a crushing stone tool found on the surface of the Trench/1 square

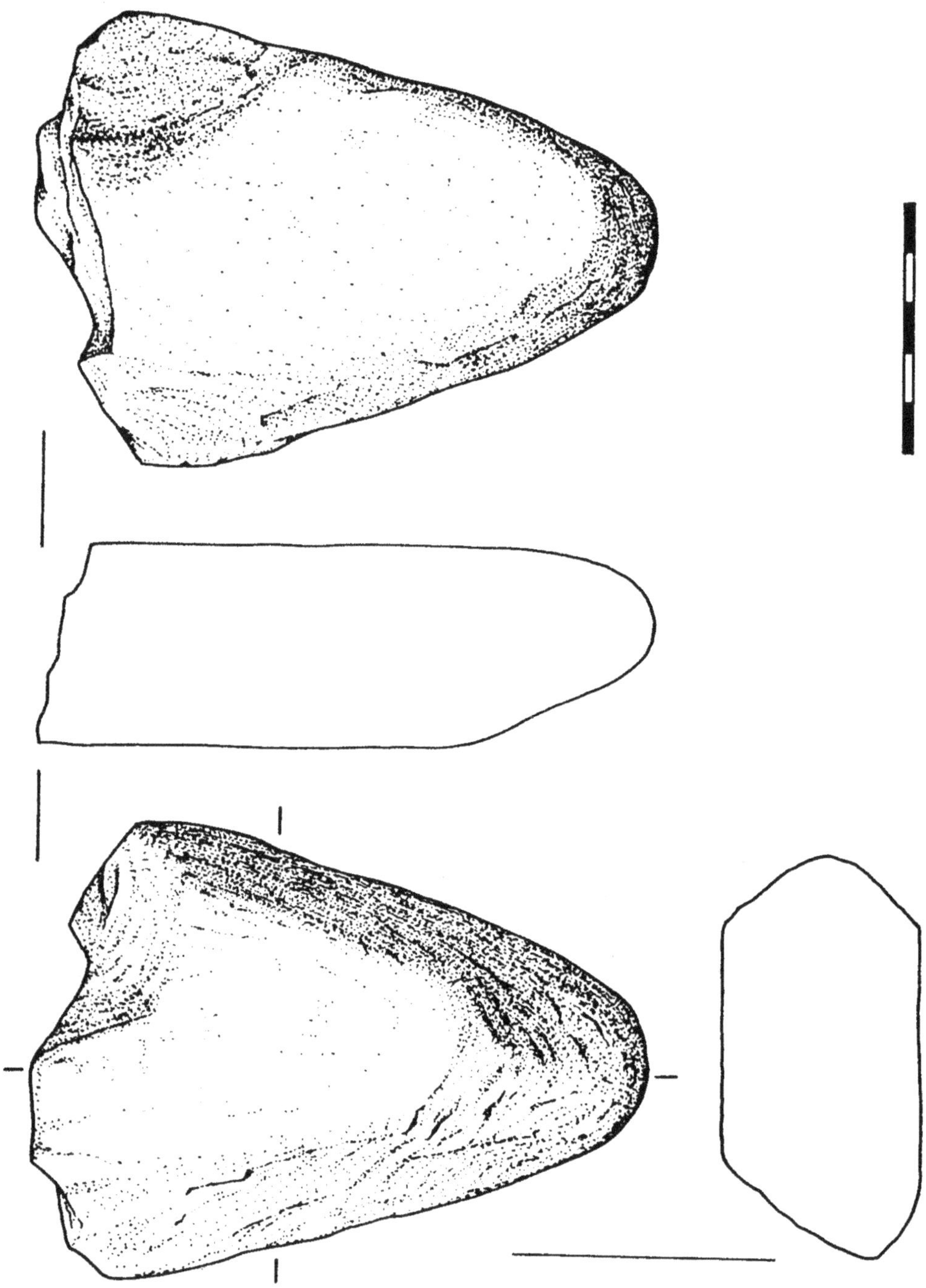

4.12 drawing **metamorphosed slate** fragment Surface Trench/1 Log98/H-310898-[Nivel/Sup-(18)], weight **585 grams**

A rock hammer fragment found on the surface of the Trench/1 of the Trench/1 square

Analytical Techniques and Equipment used

All the analysed metallurgical and mineral samples were cut and mounted in polished resin blocks 12 mm in diameter and approximately 15mm in height.

Optical microscopy was used for primary examination of all the samples. Dr Brinley Roberts, Department of Geology, Birkbeck College helped with the primary visual analysis of the mineral samples.

The crucible and collected mineral samples were analysed on two separate machines. The primary machine used for most of the analytical work was a Joel Probe **733** (1991 manufactured) with a Energy Dispersive System, using accelerating voltage at 15 Kv, and a measuring point of two microns.

The software used for the Joel analysis and scan work was **ISIS** (Oxford Instrument) (Version 3.2; 1997) and **INCA** (Oxford Instruments) with ZAF correction procedure The Joel **733** Probe was able to measure oxygen, but not carbon.

The Joel **733** Probe used was located in the Geology Department, Birkbeck College, London. The technician running the Joel was Andy Beard, who was most helpful and generous with his advice and time.

The second analytical machine used was a Hitachi **SEM** using a quantitative Link AN 10 (Energy Dispersive system). The Hitachi **SEM** can measure neither oxygen or carbon. The Hitachi used was located in the Wolfson Archaeological Sciences Laboratory, Institute of Archaeology, University College London.

Both of the machines the Hitachi and the Joel were used to produce secondary backscatter electron images of the samples during the analytical work. The Joel **733** probe was also used to produce and black and white photographs of some of the metallurgical and mineral samples. It was primarily the Joel **733** images that are presented in this paper. Colour was added to some images to assist in documentation.

The majority of the results from both the Joel **733** and the Hitachi **SEM** machine are presented as analysed and not normalised to 100%, except in one or two cases.

The Crucible Analysis

(Sample [a])
Trench/1

A sample section 12mm was cut from the excavated smelting/casting crucible fragment. This section was divided and mounted in three separate small resin blocks, polished and then analysed on the Joel **733** Microprobe, Geology Department, Birkbeck College. The results and interpretation of the analysis appear below.

The resin block (Sample [a]) included the top area of the crucible. The total crucible fragment height mounted in (Sample [a]) was 20 mm.

Sample [a] was the only fragment of the three mounted crucible segments which was able to provide any useful analytical information as to the types of metals that were present in the crucible. The probable final metal product and the percentage makeup of the metal elements being produced.

I divided (Sample [a]) into three separate areas. The top area on the fragment wall was given the identification of [I] and is actually part of or very near what must have been the original crucible rim, identification [II] middle area and identification [III] lower area. The total length of the three designated areas within the crucible wall (Sample Block [a]) was only twelve mm.

Below twelve mm, in (Sample [a]) any evidence of smelted metal, copper and tin (which might have been a very thin layer) is missing, or could have been loosened and fallen off when I cut the sample for analysis from the main crucible fragment.

The fragments which were mounted in (Sample [b] and Sample [c]) were lower down the crucible wall and produced no useful analytical information on alloying. It is possible that the two lower section fragments contained the actual liquid bronze and left very little residue when the liquid metal was poured out for casting.

The grey colour which appears on the interior of the crucible slag matrix (photographs 5.2 and 5.5) shows that internally a reduction process was produced; while the red orange colour of the exterior shows that there was an oxidizing firing process externally or at the end of heating.

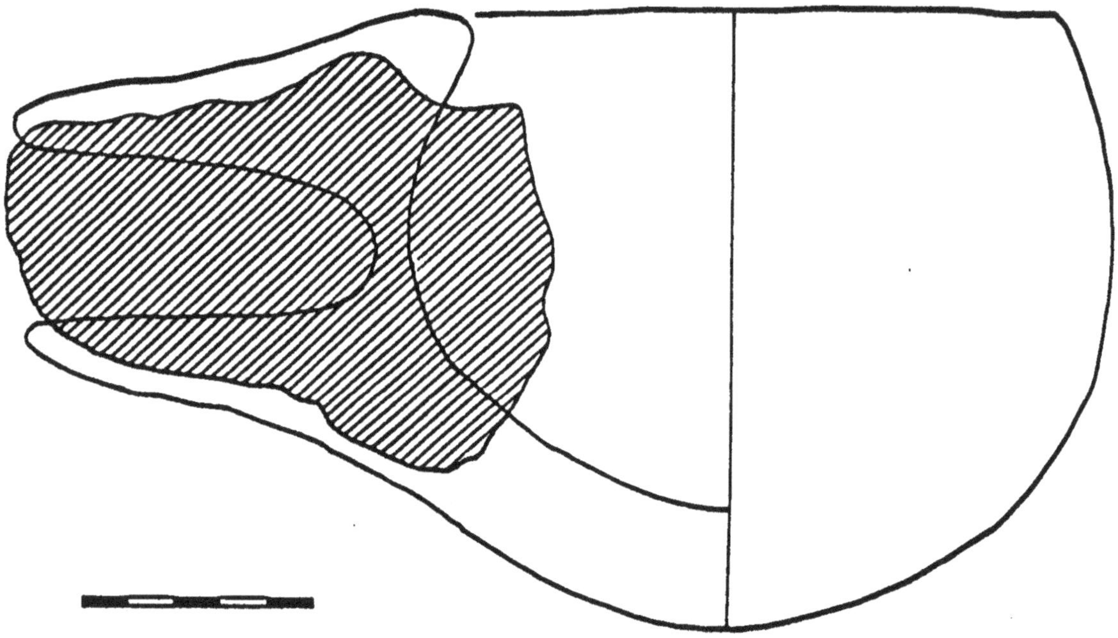

5.1 drawing proposed reconstruction of crucible, from fragment found in trench 1

5.2 photograph showing internal detail of crucible, copper prills and shaped handle attachment weight **225 grams**

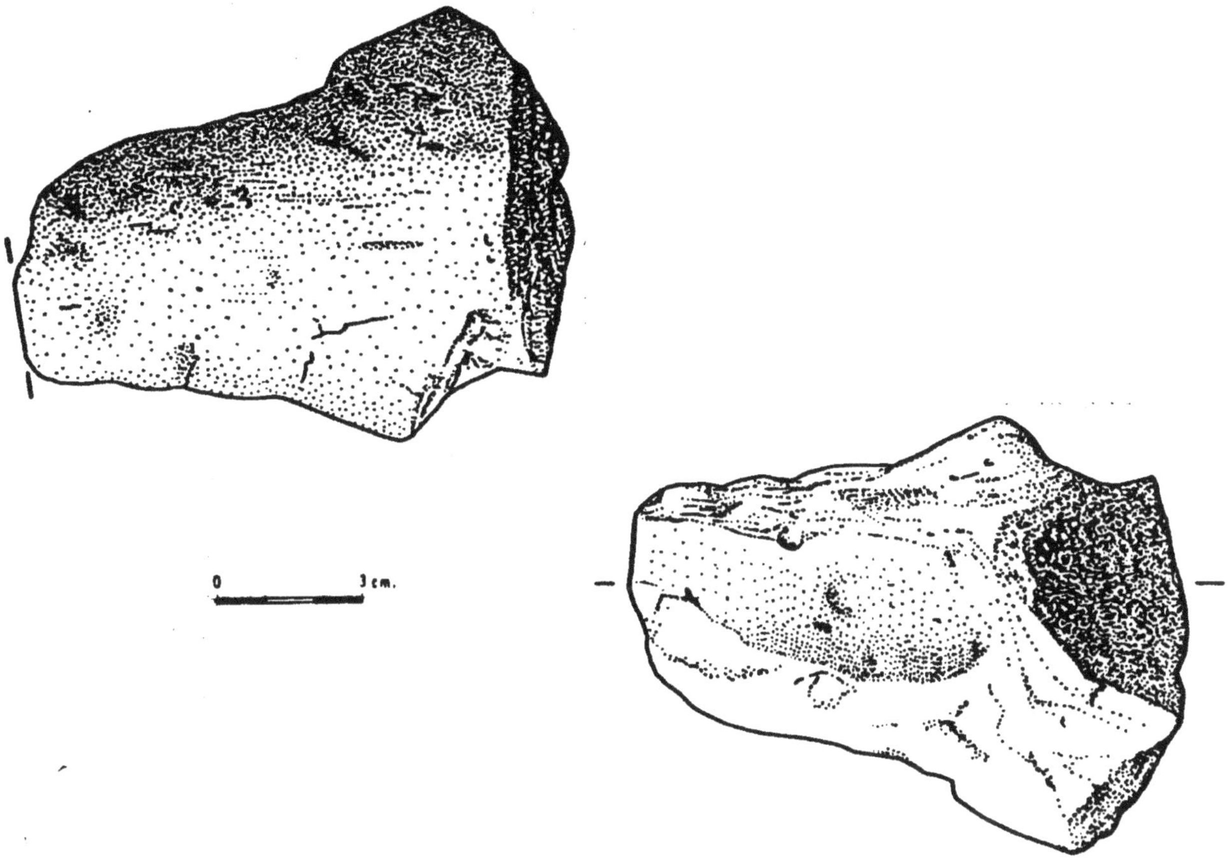

5.3 & 5.4 drawings crucible fragment Log98(C1)010998, Nivel/I (A) found in trench 1, internal, external drawings

5.5 photograph showing internal view of crucible, copper prills and handle attachment, weight **225 grams**

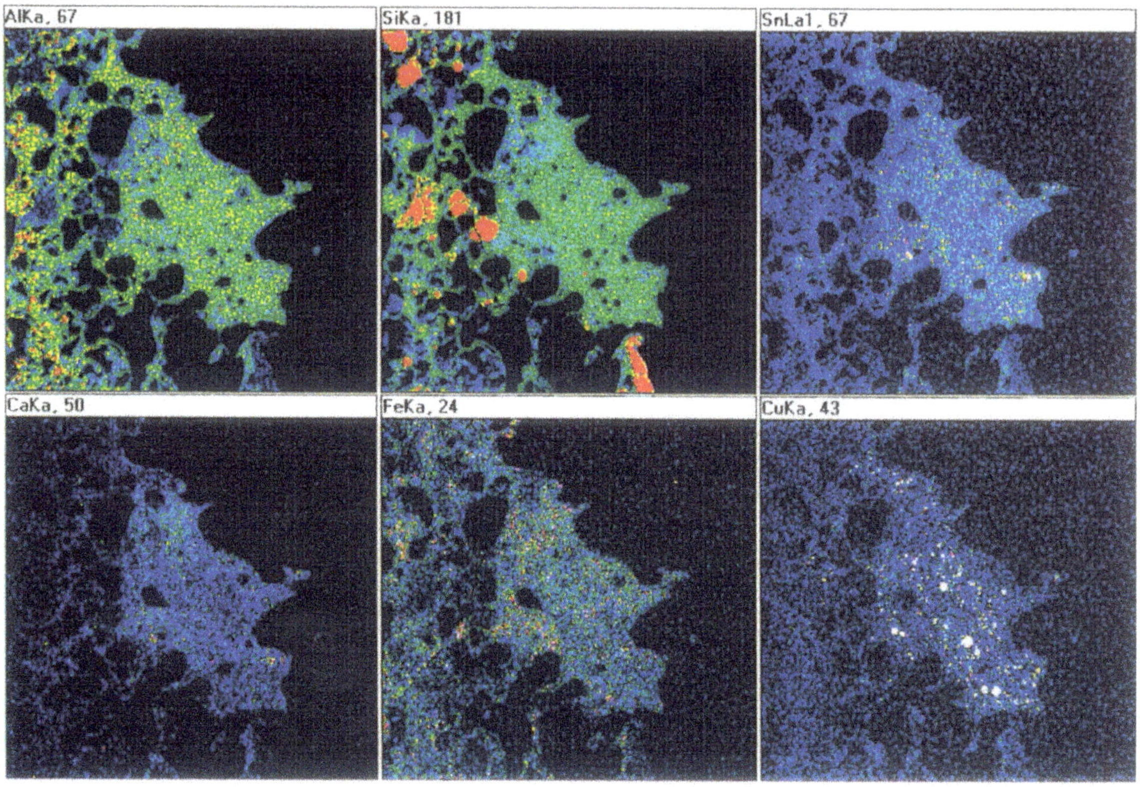

5.6 six coloured scans Joel microprobe 733

5.6 Coloured Scans is the area [I] from the top and inside of the crucible wall within which the seven points analysed in the (**5.8** table) were located.

The six separate coloured scan images show the location of the elements Al, Si, Sn, Ca, Fe and Cu within the crucible wall matrix.

5.7 The bottom two scanned images black and white (IN 1) and blue background (IN 2) show quite clearly the overall appearance of Area [I] and the location of the visible metallic copper prills within the crucible matrix.

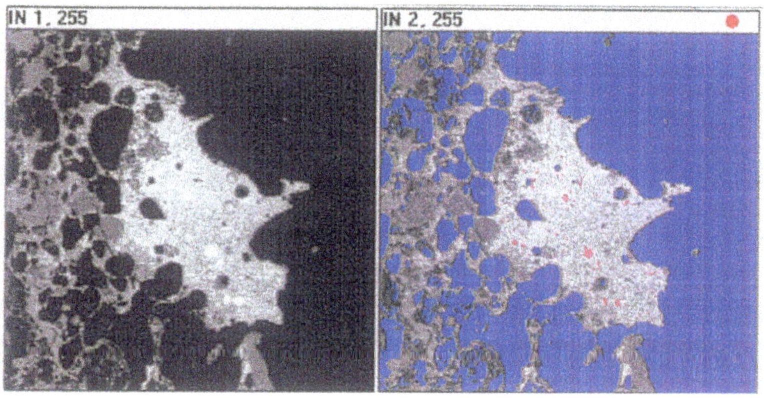

5.7 two scaned images Joel microprobe 733

logrosan/98		%	%	%	%	%	%	%	%	%	%	%
crucible with handle	Points	**Cu**	**Sn**	**As**	**Al**	**S**	**Fe**	**Si**	**P**	**Cl**	**O**	Total
sample block [a]												
trench 1	Point-1	93.24				0.31		0.16			2.01	95.64
	Point-2	95.84				0.26					2.12	98.18
area [I]	Point-3	93.51				0.17					2.90	96.71
	Point-4	94.20				0.16					2.19	96.41
Top of crucible wall	Point-5		78.52					0.32			20.30	99.16
	Point-6		77.13					0.30			21.6	98.88
	Point-7		76.83					0.36			20.4	98.11

5.8 table analytical results of crucible area [I]

The list of seven analytical point areas located in what I have labelled area [I] are located on or very close to what I consider to be the rim or top of the crucible. The seven points show that metallic copper (some with sulphide inclusions) is separate from cassiterite in this region of the crucible area [I] and did not mix together or form any bronze metal.

(Points 1, 2, 3 and 4) represent the percentage of copper metal present and (Points 5, 6 and 7) would represent the percentage of cassiterite/tin present in area [I].

The copper appears as metallic prills and the cassiterite appears in angular and rounded forms. I think that the angular forms represent very finely crushed, unsmelted cassiterite that had been added to pre-melted molten copper. The finely crushed cassiterite remnants located and analysed in the crucible wall area [I] do not seem to show any visual or analytical evidence of having been first reduced to a tin metal.

The Cerro cassiterite mineral would have been mined out of the surface quartz veins and then finely crushed with stone hammer/crushers using stone querns.

The solid crushed cassiterite would have been added by weight or volume measurements to a liquid copper metal under excess charcoal. The copper should have then been heated to a liquid temperature (at least 1084 °C) within the casting crucible before the cassiterite was added.

The heated liquid copper present in the crucible would have ensured that bronze was formed readily once the cassiterite mineral had been reduced, due to the low melting point of the tin. (Tylecote, 1976, p 15-16)

The metallic copper and cassiterite mineral mixture would have been covered over with charcoal. This is confirmed by the analytical results of the metallic copper in thecrucible wall. There is no remaining entrapped charcoal in the crucible slag/matrix.

The mixture of liquid copper and mineral cassiterite would then have been stirred with either a stick or cooper rod to insure formation of bronze for immediate casting purposes. The stirring and heating time needed to produce the final bronze alloy ready for casting remains at present unknown, but the chemical reaction could have taken place quite quickly at the melting point of copper.

The backscatter electron image and analytical Table **5.10** found on page 38 shows a small part of area [I] from the top of the crucible wall. It clearly shows that the copper had reached a liquid state in the crucible and that the crushed cassiterite fragments had not in this area become fully liquid. The black and white scan shows an area where the copper and cassiterite had not yet started mixing.

The three scaned areas represent the metallic material (copper and tin) reacting with the crucible wall material.

This forms what I would call a slag/matrix material and not pure slag.

In table **5.10** Points 1 and 3 are the analysis of metallic copper prills, Points 2 and 4 are the analysis of fragments of finely crushed cassiterite which has not yet reached a liquid state, this would suggest that the copper was already heated to a liquid state before the much lower melting temperature cassiterite had been added into the crucible.

In table **5.10**, Point 5 is the analysis of the fabric of the crucible wall.

The analysis (Sample [a]) table **5.12** from the area shown in the backscatter scan **5.11** (page 36), from the middle of the crucible wall/ identification area [II] shows that in this slightly lower area (four mm below area [I]) bronze was being formed in varying percentages.

The large prill in the outer wall of area [II] analytical points (Point-2, Point-3 and Point-4) show a quite high presence of tin. The copper prill would seem to represent an early stage in the mixing process of the copper and tin which would lead to the formation of bronze for casting purposes.

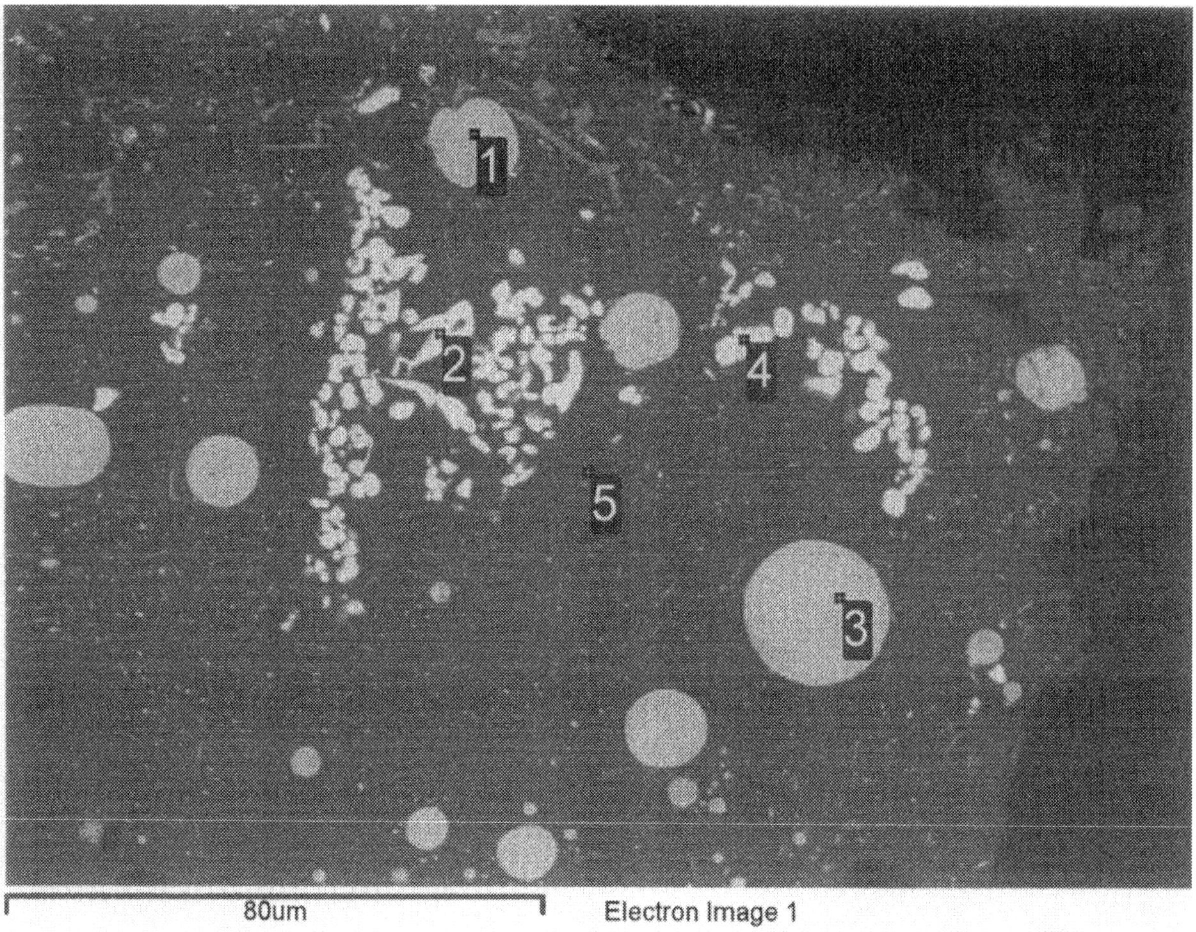

5.9 Electron Image Joel 733 upper crucible [I]

logrosan/98		%	%	%	%	%	%	%	%	%	%	%
crucible with handle	Points	**Cu**	**Sn**	**K**	**Al**	**Mn**	**Fe**	**Si**	**Ti**	**Ca**	**O**	Total
sample block [a]												
trench 1	Point-1	82.23										82.23
area [1]	Point-2		58.89		1.69		1.41	4.7			35.30	99.99
black and white scan	Point-3	87.92										87.92
top of crucible wall	Point-4		71.24								27.94	100
	Point-5	1.41		2.81	3.49	0.7	1.47	18.45	0.25	0.89	45.04	74.51
Joel **733**												

5.10 table analytical results of crucible area [I] Joel 733

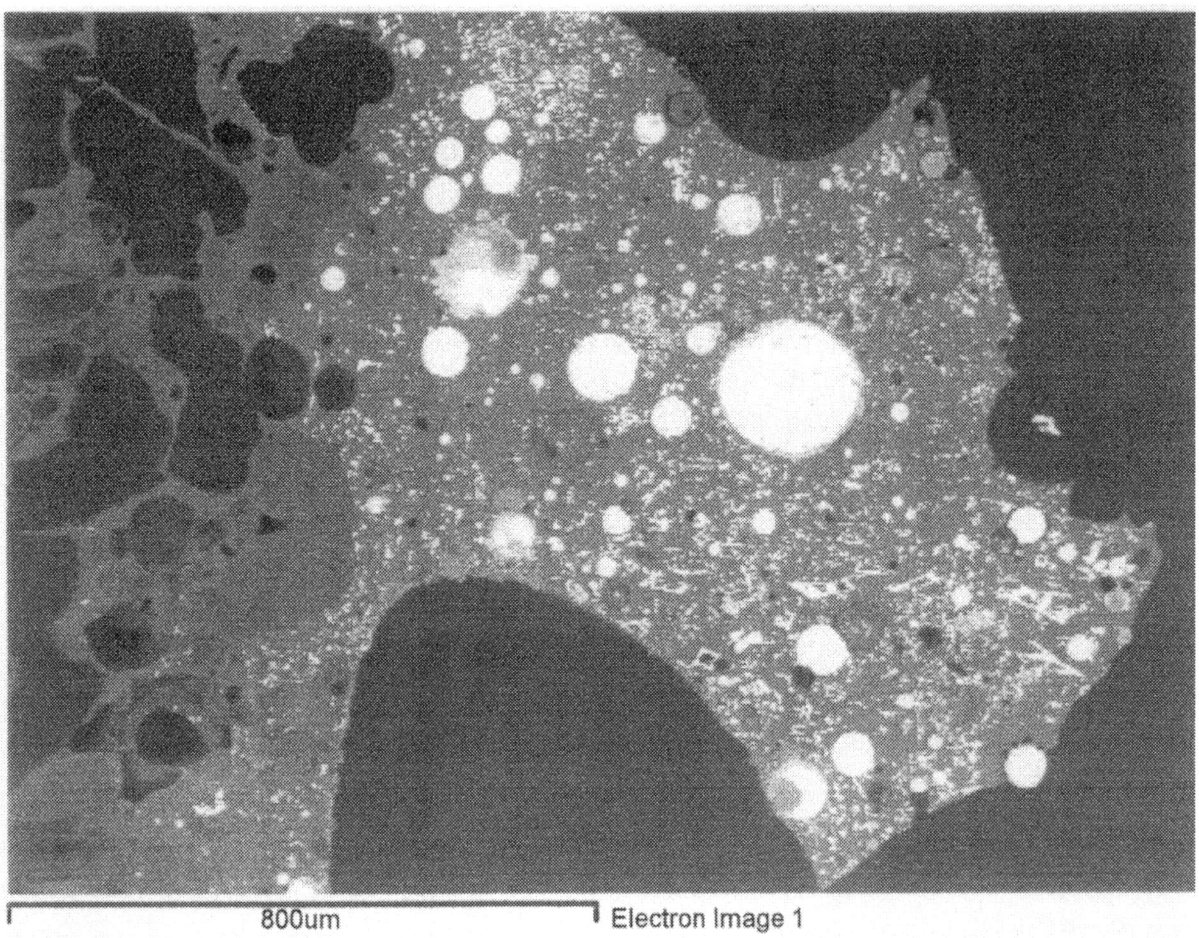

5.11 black and white scan, inner crucible wall area [II]

The backscatter electron scan done on the Joel **733** Probe shows the middle area [II] of the crucible.
The analytical results of this Area are produced in Table **5.12** and show that a high percentage of the copper prills present have already combined with the crushed cassiterite fragments to form varying percentages of bronze.

logrosan/98		%	%	%	%	%	%	%	%	%	%	%
crucible with handle	Points	**Cu**	**Sn**	**As**	**Al**	**S**	**Fe**	**Si**	**P**	**Cl**	**O**	Total
sample block [a]												
	Point-1	85.37	11.64					0.15				97.16
trench 1	Point-2	63.59	32.69					0.23				98.43
	Point-3	13.69	58.08					2.10			26.4	100.29
	Point-4	19.58	55.15					1.58			23.6	99.93
area [II]	Point-5	84.76	11.56			0.11		0.15			2.21	98.79
	Point-6	82.91	11.74					0.18			2.89	97.78
middle of crucible wall	Point-7		78.14					0.16			19.0	97.55
	Point-8		76.68					0.20			18.5	95.61
	Point-9	5.49	52.81		3.30		0.60	2.09	1.61	0.14	22.7	88.77
	Point-10	62.52	6.10		0.45	0.43		1.92	0.58		17.6	89.75
	Point-11	7.65	36.24		1.22	0.71	0.81	2.25	0.42		26.4	75.63

5.12 table analytical results of crucible area [II]; (**5.11** scan)

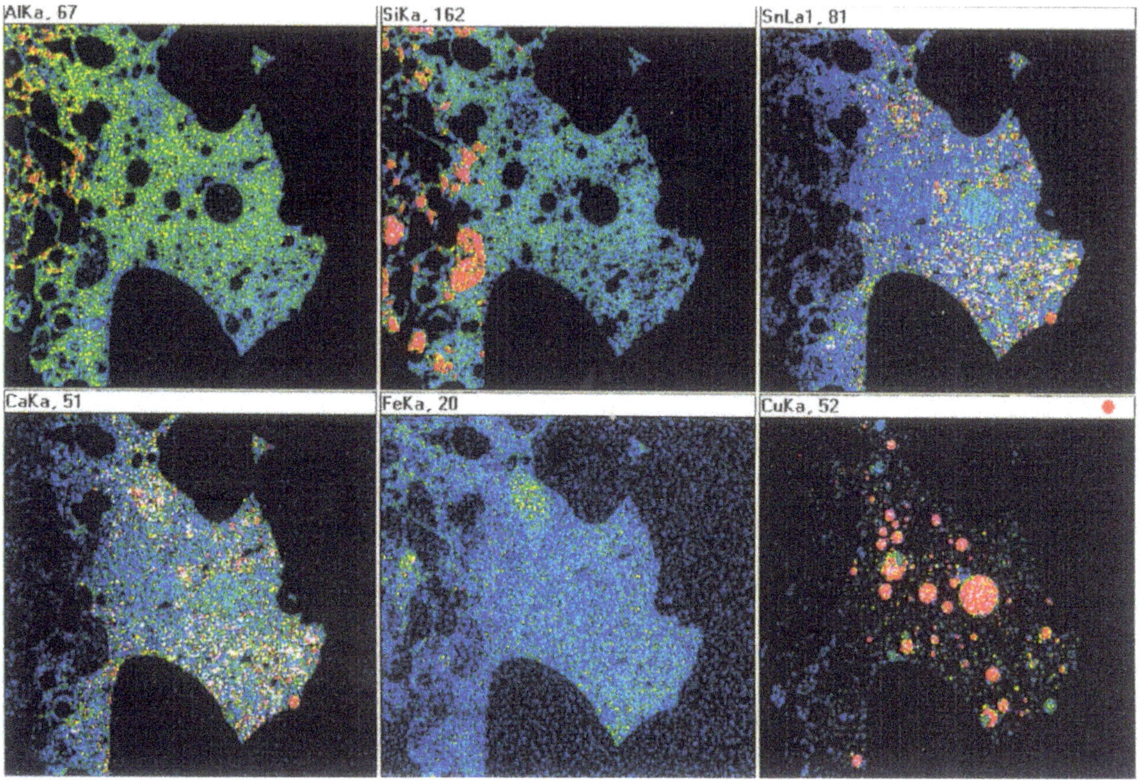

5.13 six coloured scans Joel microprobe 733

5.13 Scan is the middle and inside area [II] of the crucible wall within which the eleven points analysed in (**5.12** table) were located.

The six separate coloured scan images show the location of the elements Al, Si, Sn, Ca, Fe, and Cu within the crucible wall matrix.

5.14 Scan The bottom two scanned images black and white (IN 1) and blue background (IN 2) clearly show the external outline of area [II] and the location of the metallic Cu/Sn prills present.

5.14 two scanned images Joel microprobe 733

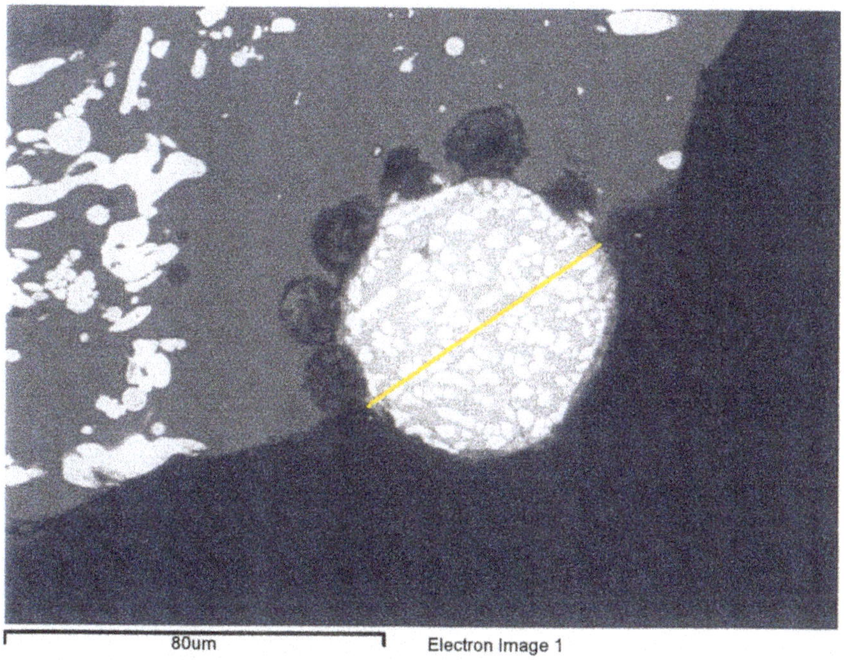

5.15 backscatter electron scanned, microprobe Joel 733 yellow line showing scanned area across metalic prill area II

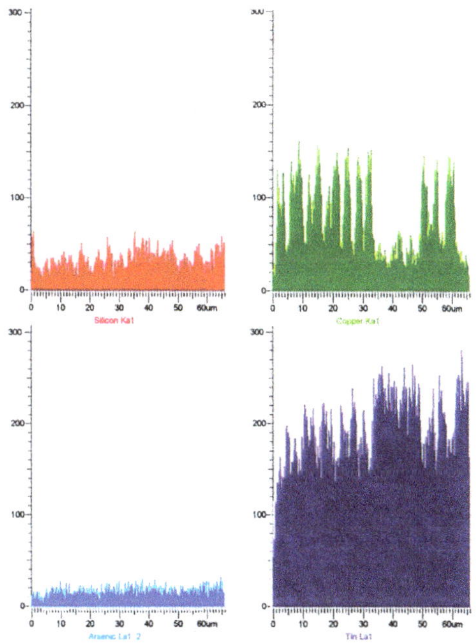

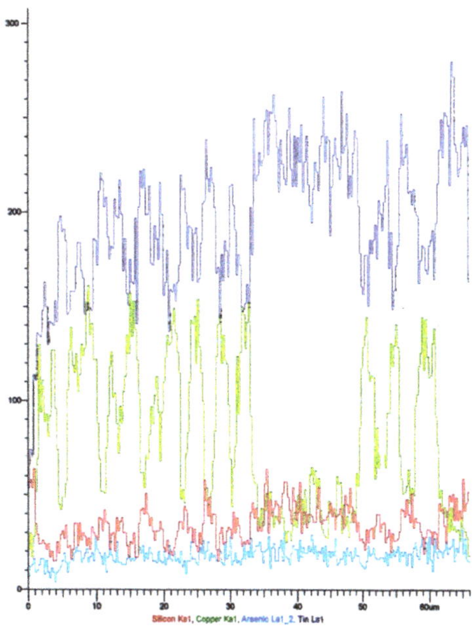

5.16 and **5.17** graphs microprobe Joel 733
Showing concentration of elements in the metal prill area II, cassiterite, copper and silicon are present; arsenic is only present as a back ground noise.

logrosan/98		%	%	%	%	%	%	%	%	%	%	%
crucible with handle	Points	**Cu**	**Sn**	**As**	**Al**	**S**	**Fe**	**Si**	**P**	**Cl**	**O**	Total
trench/1	Point-1	87.60	10.40									98.19
	Point-2	80.49	15.40									95.92
area [II]	Point-3	50.96	21.01			0.11						72.28
	Point-4	84.17	15.43			0.13						99.74
metallic prill	Point-5	83.92	14.20			01.71						100.05
	Point-6	76.23	00.28			15.74						92.83
sample block [a]	Point-7	89.21	10.93									100.14
	Point-8	87.23	12.13									99.36

5.18 table results of Cu/Sn prill; crucible area [II]

The eight analytical points which appear above are the analytical results from a small metallic prill (Cu-Sn); which had formed near the top inside of the crucible wall, in what I consider to be the middle [II] area. The prill separated from the crucible wall matrix when I was cutting the fragments off the main crucible fragment for analysis.

The eight points analysed show the various percentages of the mixture of copper and cassiterite which had taken place within the crucible. Point-3 is close to the outer surface of the prill and would represent an area enriched by tin due to the corrosion loss of copper in the outer wall region of the prill.

The concentration of sulphur in the prills (Points 3, 4, 5 an 6) indicates reducing conditions; not oxidising. This evidence supports the conclusion that the cassiterite was also under partially reducing conditions.

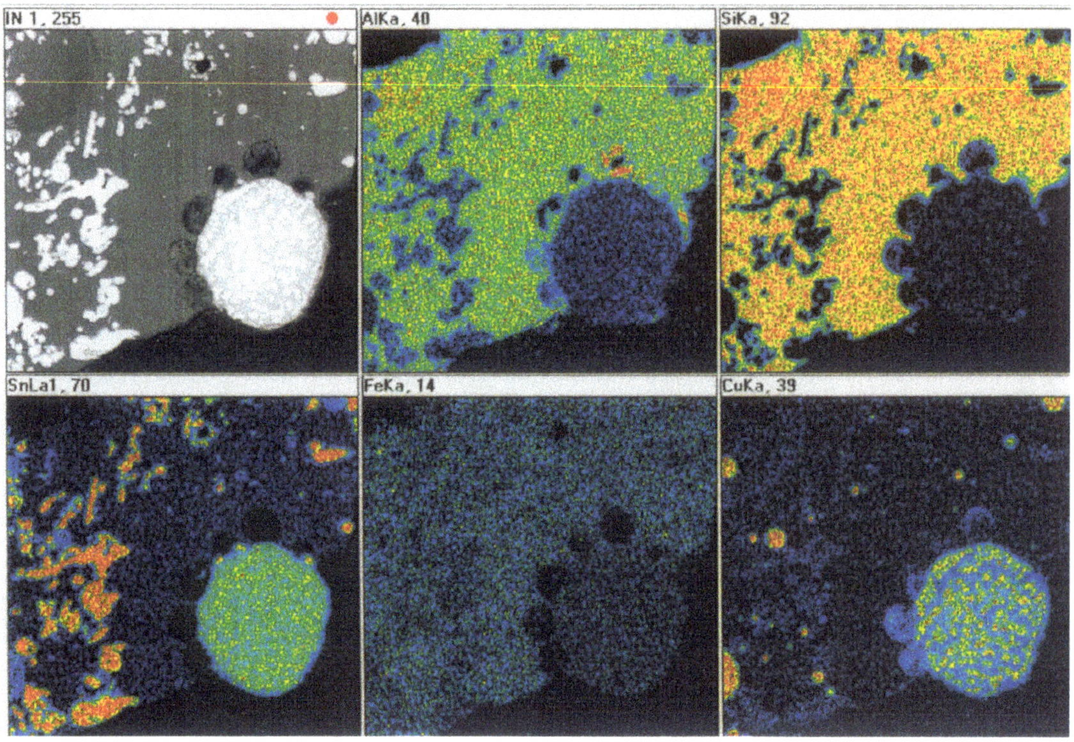

5.19 six coloured backscatter scans Joel microprobe 733

5.19 Scan is a magnification of the Cu/Sn prill which is located in the bottom central area of (Scan Number **5.11**) and consists of one black and white and five coloured scans. The points 1,5 and 6 analysed in the (**5.12** table) were the bright areas located inside the prill.

The black and white scan (IN 1) clearly shows the location of the Cu/Sn prill attached to the crucible matrix/slag wall.

Two of the coloured scans show the location of the elements Sn and Cu within the prill and the other three coloured scans show the location of the elements Al, Si, and Fe within the crucible matrix/slag partly surrounding the Cu/Sn prill.

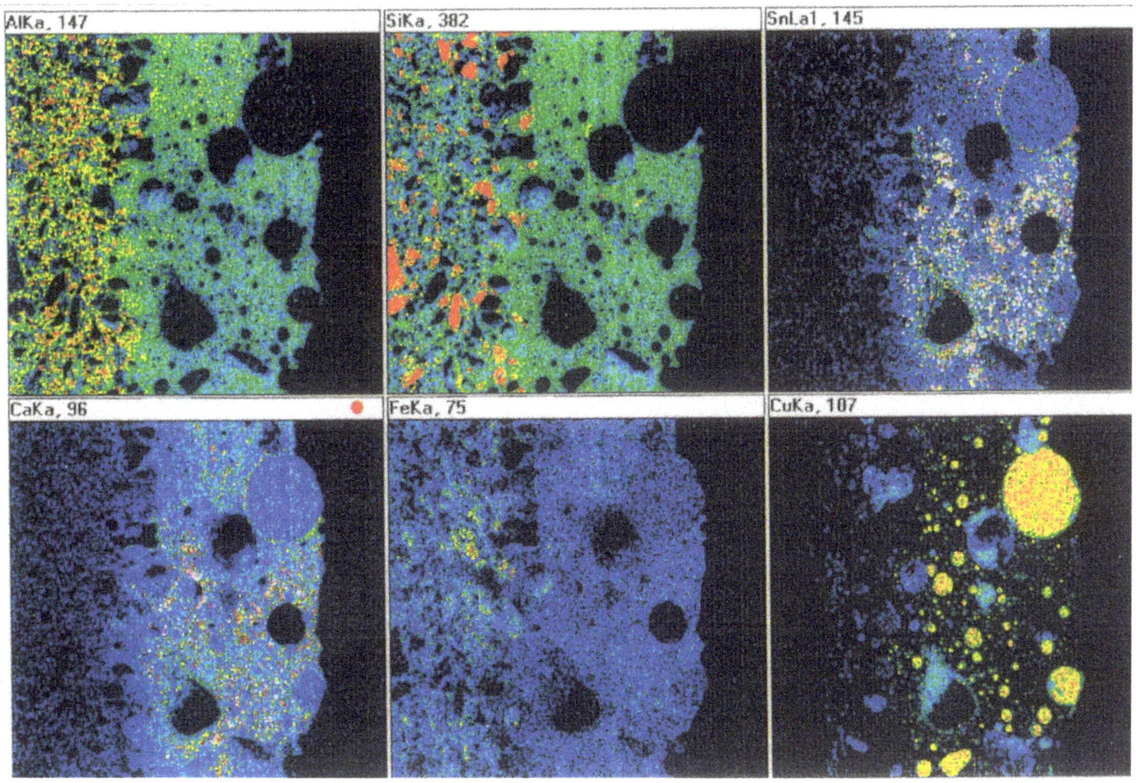

5.20 six coloured backscatter scans; Joel microprobe 733

5.20 The six coloured scans are of the lower and inside area [III] of the crucible wall within which the eight points of (**5.22** table) were located.

The six separate coloured scan images show the location of the elements Al, Si, Sn, Ca, Fe and Cu elements within the crucible wall matrix.

5.21 The two scanned images black and white scan (IN 1) and blue background scan (IN 2) show clearly the outline of the area [III] and the location of the metallic prills present.

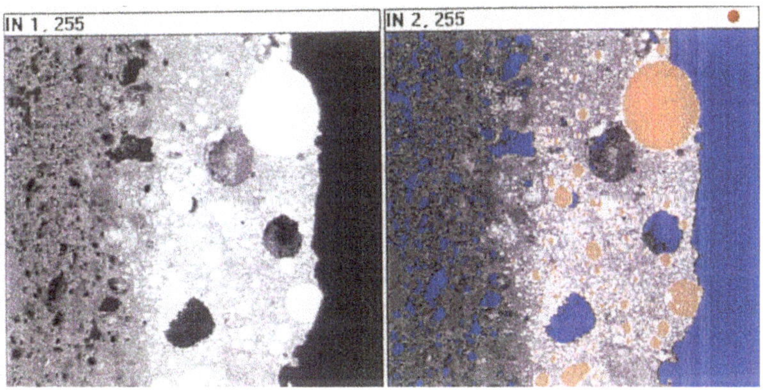

5.21 two backscatter scanned images; Joel microprobe 733

logrosan/98		%	%	%	%	%	%	%	%	%	%	%
crucible	Points	**Cu**	**Sn**	**As**	**Al**	**S**	**Fe**	**Si**	**P**	**Cl**	**O**	Total
with handle												
	Point-1	92.47	03.32		0.11			0.16			2.63	98.86
trench 1	Point-2	84.48	08.76		0.11			0.18			2.24	97.68
	Point-3	91.35	04.92		0.09			0.22			2.09	98.76
area [III]	Point-4	94.26	03.14		0.14			0.23			2.02	99.69
middle of	Point-5		78.06					0.26			20.5	99.51
crucible wall	Point-6	94.25	01.99					0.15			2.53	99.10
	Point-7	01.18	77.91					0.22			21.2	99.70
sample block [a]	Point-8	84.88	08.43				0.31	0.20			1.91	95.70

5.22 table analytical results of crucible area [III]; scan **5.20**

Identification area [III] of the inner crucible wall, (two mm) below area [II], also shows varying gradations of the mixing of the copper and tin in the bronze forming process within the inner crucible wall slag/matrix.

The Crucible Slag/Matrix
(Sample Block [a])
Trench/1

The wall and slag/matrix of the ceramic structure of the crucible was also analysed on the Joel/**733** microprobe.

Two areas within the slag/matrix where alloy formation had taken place were analysed, (Point-1) close to the outer reaction area of the crucible matrix and (Point-2) also in the alloy matrix reaction area.

The third area (Point-3) is in the unreacted matrix wall of the crucible which had not been directly affected by the smelting/alloying process which was taking place in the reaction areas within the outer part of the crucible wall.

There were only small amounts of contamination in the outer region of the crucible matrix/area [I] from either the metallic copper (?) or the crushed cassiterite alloying mineral.

(Point-1 and Point-2) within the identification areas [II] and [III] showed a higher contamination of the slag/matrix area with copper and tin.

The inner crucible matrix wall, identification areas [I], [II] and [III] (Point 3) analysis had not been contaminated by either cassiterite or copper, and represents only the heated crucible wall chemical make-up.

The matrix areas [II] from the middle and [III] from the lower crucible wall produced very similar analytical results in both (Point 3) areas.

The crucible slag/matrix (points 1 and 2) areas [I], [II] and [III] in table **5.23** contain under 1% Cu and under 5% Fe.

Other slag forming oxide concentrations in the (table **5.23)** for K and Ca represent charcoal ash remains.

The relatively low Cu concentrations in the crucible slag/matrix represent reducing conditions under a relatively large quantity of consumed charcoal.

It is my belief this evidence strongly supports a conclusion for a reducing atmosphere within the crucible.

logrosan/98		%	%	%	%	%	%	%	%	%	%	%	%	%	%	%
crucible with handle	Points	**Cu**	**Sn**	K	**Ca**	**Mn**	**Fe**	**Ti**	**S**	**P**	**Si**	**Al**	**Mg**	**Na**	**O**	Total
trench / 1																
sample block [a]																
	Point-1	0.86		4.10	1.74	2.00	2.60	0.30	0.12	0.61	26.56	8.20	0.98	0.43	42.58	91.06
area [I]	Point-2	0.84	0.61	1.70	3.09	4.00	4.68	0.40	0.10	1.41	24.78	8.08	1.57	0.58	41.60	93.51
top crucible **matrix**	Point-3			2.90	0.37		3.02				30.64	9.32	0.30	0.77	40.90	88.51
area [II]	Point-1	0.50	6.53	2.20	1.73	2.40	4.73	0.40		0.58	25.20	7.01	1.08	0.57	42.00	95.01
middle crucible **matrix**	Point-2	0.68	3.68	1.80	0.98	0.90	3.40	0.20	0.08	0.30	27.39	9.17	1.34	0.46	44.20	94.58
	Point-3			3.60	0.60		3.71	0.90			24.40	9.16	0.92	1.28	39.80	84.68
area [III]	Point-1	0.61	4.32	2.9	2.22	1.30	3.78	0.30	0.13	0.64	26.82	8.13	1.13	0.57	41.50	94.36
lower crucible **matrix**	Point-2	0.80	1.77	2.80	2.05	1.20	3.71	0.40	0.15	0.42	27.20	8.18	1.06	0.68	41.10	91.51
	Point-3			3.80	0.36		4.57	0.30			27.97	10.86	0.44	1.05	41.60	91.03

5.23 Table analytical results of crucible, slag/matrix composition

[Trench 2]
GPS reading

N 39° 19' 30.3"
W 05° 30' 26.6"

Trench/2 is located in Map/Area F in the west/central side. This trench was excavated by Alonso Rodriquez Diaz, Ignacio Pavon Soldevila and Jesus Mateos Donaire (Universidad de Extremadura). The information on the excavation and pottery interpretation is presented by Diaz/Soldevila.

Late Bronze Age pottery appeared in a very shallow layer (Layer I) in Trench/2. There also appeared in the south/east corner just above bed rock (Layer II) two fragments of possible earlier pottery. (Neolithic Final) or (Bronce Tardio) (?) (Rodriguez Diaz, A,; 1999).

The lower levels of Trench/2 produced mineral samples. A sample was returned to the Institute of Archaeology, London for further examination. The analytical results showed it to be arsenopyrite with a very high percentage of arsenic present.

I felt looking at the final excavated T/2 trench that possibly the arsenopyrite mineral was being mined.

Further excavation work would need to be done in the T/2 area to prove conclusively that prehistoric mining of arsenopyrite was taking place there.

Future excavation in the T/2 area could also help to provide some evidence to why the arsenopyrite mineral was being mined.

logrosan/98		%	%	%	%	%	%	%	%	%	%	%
trench/2	Points	**Bi**	**Sn**	**As**	**P**	**S**	**Fe**	**Si**	**Ti**	**Al**	**O**	Total
Arsenopyrite	Point-1			47.49		16.59	32.8					97.32
(Sample 2)	Point-3			36.07		10.45	25.9	2.11				74.72
bottom-trench/2	Point-2			32.96		0.23	24.5	0.20			24.80	82.84

6.1 Table Arsenopyrite mineral from trench/2 excavation

SECTOR F - Corte 2

SECTOR E - Corte 3

Dichos sectores se corresponden con una plataforma de suave pendiente, ubicada prácticamente en el sector central de la ocupación protohistórica de San Cristóbal y y donde, además, se localiza uno de los dos vértices geodésicos situados en este lugar por IGC. Dicha posición central y el hecho de estar protegida por crestones rocosos en sus flancos norte y sur la acreditaban a priori como una de las zonas más aptas para el asentamiento. Con el fin de constrastar tal impresión inicial, planteamos de forma sucesiva dos sondeos, reconocimos como Cortes 2 y 3, cuyos resultados -desiguales pero complementarios- desarrollamos sinténticamentea continuación:

SECTOR F CORTE 2

Consistió en un sondeo de 2 por 2 m. orientado prácticamente a los puntos cardinales. A pesar del fuerte arrasamiento del lugar y del acusado rodamiento de los restos recuperados, consideramos oportuno recoger la estratigrafía obtenida así como las expectativas generadas por algunos hallazgos (Fig 9).

-Nivel Superficial: Capa de tierra vegetal de color pardo-claro y textura muy fina con algunas piedras y raíces. El material es abundante y rodado. Básicamente se trata de un lote cerámico de algo más de 250 fragmentos (264) y ciertas evidencias de instrumental lítico. La producción alfarera es en su mayor parte modelada, si bien una docena de piezas pudieron haber sido realizadas a torno.

Como suele ser habitual, entre las cerámicas a mano la mayor parte se encuadra en el grupo tecnológico de peor calidad (207 fragmentos), lo que representa prácticamente el 80% (78.41) de la muestra. Cotas iniciales s.n.m.: nw: 654.23; ne: 654.51; sw: 654.19; se: 654.51. Cotas finales s.n.m.: nw: 654.07; ne: 654.35; sw: 654.03; se: 654.35.

-Nivel I: Estrato de tierra de color pardo-claro y textura muy suelta apenas diferenciable del anterior. Su espesor oscila entre los 0.20 m. del perfil este y los apenas 0.10 m. del perfil oeste No existen evidencias constructivas asociadas a este Nivel y el material arqueológico recuperado se restringe a 16 fragmentos cerámicos amorfos, todos ellos realizados a mano, de los cuales todos son de factura tosca y tan sólo tres muestran un acabado más cuidado. Cotas finales s.n.m.: nw: 654.01; ne: 654.17; sw: 653.97; se: 654.13;

-Nivel II: Reconocemos así un estrato de tierra de unos 0.20 m. de potencia máxima, textura muy suelta y numerosas piedras de diverso tamaño, procedentes de los arrastres de la zonas más elevadas y de la propia descomposición de la roca natural. No se detectaron restos arquitectónicos de ningún tipo, si bien la existencia de un ligero rebaje de la roca en la mitad este del Corte nos suscitó la duda sobre su posible relación con un "fondo de cabaña".

Sin embargo, la homogeneidad del sedimento excavado en esta zona con respecto al del resto del estrato, las escasas evidencias materiales encontradas y el enorme cuarteamiento de la roca natural hacen comprometida cualquier valoración sobre el carácter natural o artificial de dicho rebaje.

En el conjunto del Nivel, el número de fragmentos cerámicos registrado se reduce a cinco. Todos ellos son a mano y de factura tosca. Entre ellos destaca el borde de un vaso de paredes verticales con mamelón destacado. El borde está decorado con pequeñas impresiones y la superficie exterior del vaso conserva parte de una composición geométrica realizada con la técnica de "boquique". Cotas finales s.n.m.: nw: 653.95; ne: 653.95; sw: 653.91; se: 653.95.

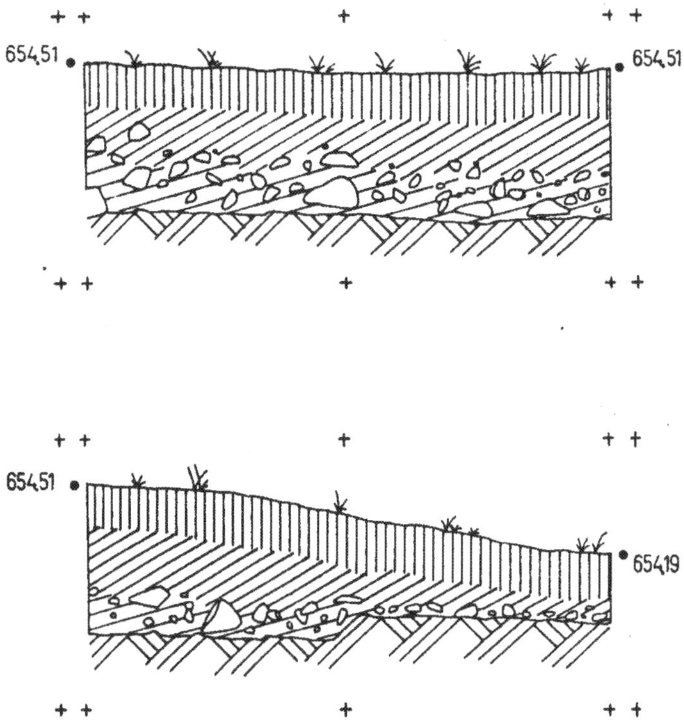

6.2 drawings
excavation profile drawings, trench 2 north and south views

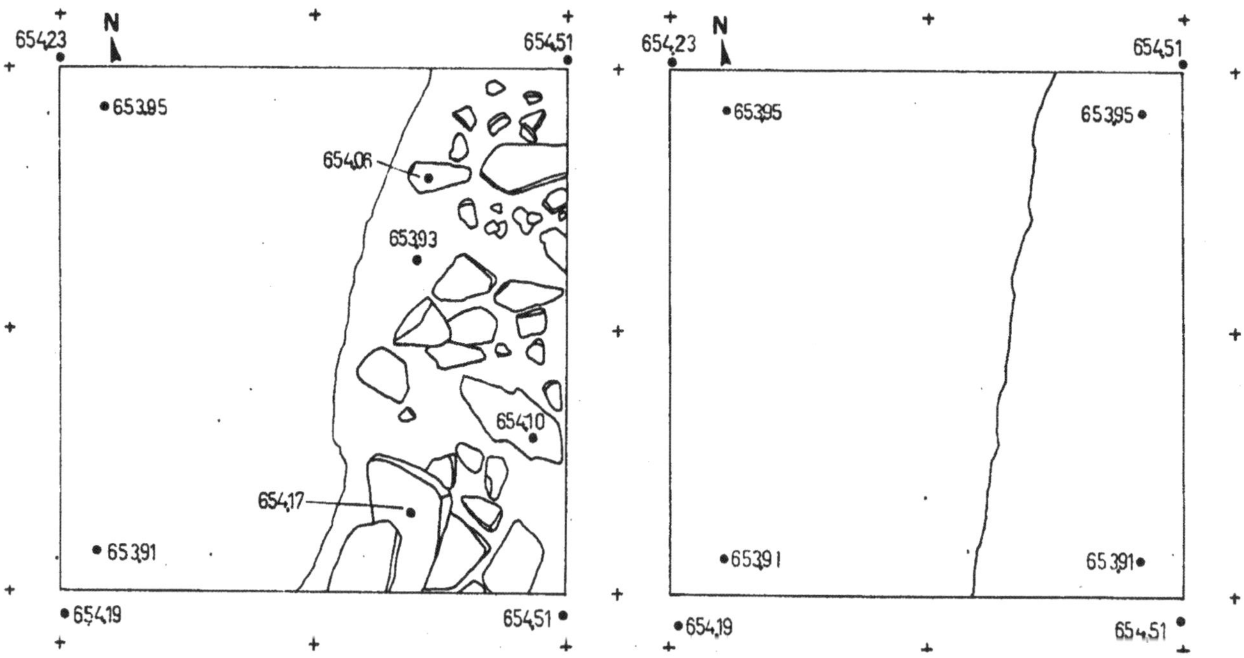

6.3 drawings
excavation profile drawings, trench 2 surface views

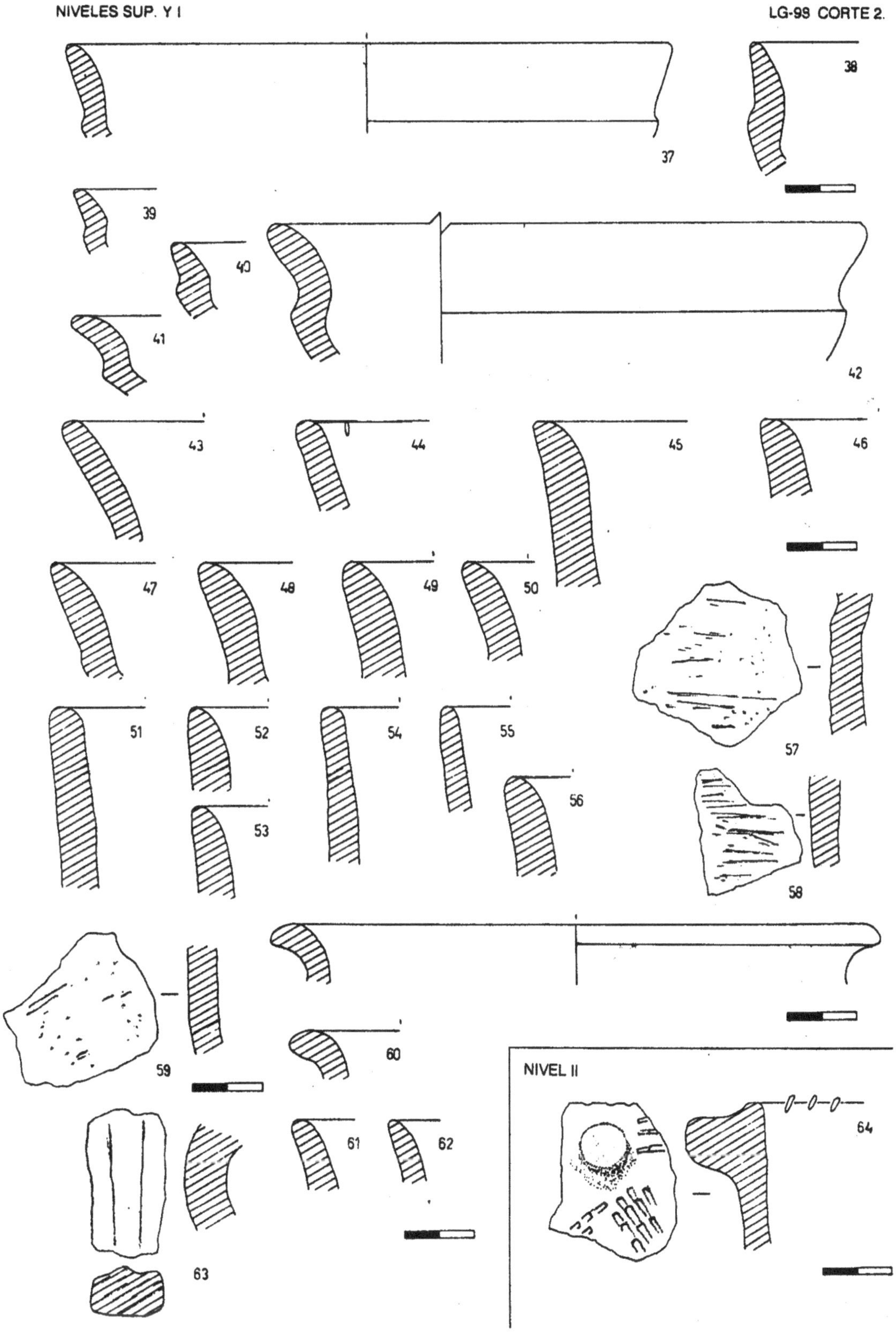

6.4 drawings
pottery profiles trench 2, [level 1 and level 2] (37-64)

LG 98 CORTE 2

Nivel Superficial

37. Borde, mano, fino, oscuro, reductora, bruñido, cuidada.

38. Borde, mano, fino, oscuro, reductora, espatulada,semicuidada.

39. Borde, mano, fino, medio, reductora, alisado, semicuidada.

40. Borde, mano, fino, medio, reductora, alisado, semicuidada.

41. Borde, mano, fino, medio, reductora, alisado, semicuidada.

42. Borde, mano, medio, medio, reductora, alisado, semicuidada.

43. Borde, mano, fino, oscuro, reductora, alisado, semicuidada.

44. Borde, mano, medio, medio, oxidante, alisado, impresa, semicuidada.

45. Borde, mano, medio, medio, reductora, alisado, semicuidada.

46. Borde, mano, medio, medio, reductora, alisado, semicuidada.

47. Borde, mano, medio, medio, reductora, sin tratamiento, tosca.

48. Borde, mano, grueso, medio, reductora, sin tratamiento, tosca.

49. Borde, mano, grueso, medio, reductora, sin tratamiento, tosca.

50. Borde, mano, grueso, medio, reductora, sin tratamiento, tosca.

51. Borde, mano, grueso, medio, mixta, sin tratamiento, tosca.

52. Borde, mano, medio, medio, mixta, sin tratamiento, tosca.

53. Borde, mano, medio, medio, mixta, sin tratamiento, tosca.

54. Borde, mano, grueso, medio, mixta, sin tratamiento, tosca.

55. Borde, mano, medio, medio, oxidante, sin tratamiento, tosca.

56. Borde, mano, medio, medio, reductora, sin tratamiento, tosca.

57. Cuerpo, mano, grueso, oxidante, escobillado/alisado, tosca.

58. Cuerpo, mano, grueso, oxidante, escobillado/alisado, tosca.

59. Cuerpo, mano, grueso, oxidante, escobillado/alisado, tosca.

60. Borde, torno, fino, medio, oxidante, alisado, común.

61. Borde, torno, fino, medio, oxidante, alisado, común.

62. Borde, torno, fino, medio, oxidante, alisado, común.

63. Asa, torno, medio, medio, oxidante, alisado, común.

Nivel II

64. Borde, mano, medio, grueso, oscuro, mixta, alisado, boquique, semicuidada.

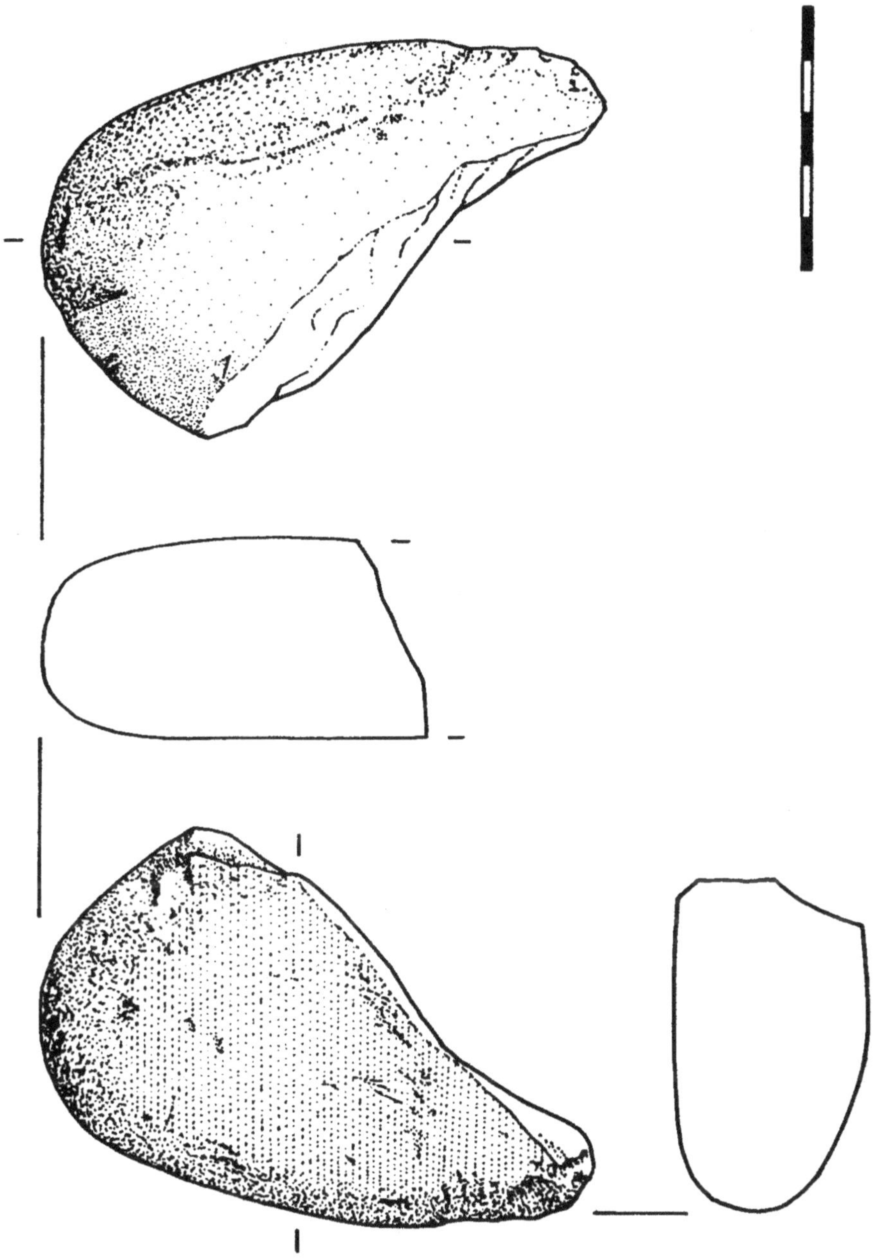

6.5 drawing A **metamorphosed slate** fragment surface Trench/2
Log98/H-030998-[Nivel/Sup], weight **335 grams**

A hammer fragment found on the surface of Trench/2, which might also have been used as a grinding or polishing tool.

[Trench/3]
GPS reading

N 39° 19' 33.3"
W 05° 30' 35.8"

7.1 photograph
excavation work in progress trench/3 looking to the south

Trench/3 is located in Map/Area E just on the north boundary line of Map /Area F. This trench was excavated by Alonso Rodriquez Diaz, Ignacio Pavon Soldevila and Jesus Mateos Donaire.

Two mineral samples were collected from the north west corner of the trench, located outside the proposed foundation stones of the round structure found in Trench/3.

Sample 10 was an arsenopyrite mineral excavated about thirty centimetres below the existing surface level and should be considered as belonging to the Late Bronze age level.

The arsenopyrite had a mixture of both sulphide and oxygen regions within the sample.

Sample 17 was a cassiterite mineral collected from a very narrow worked out quartz vein about one centimetre in width, located within the decomposed yellowish granite bedrock in the north west corner of trench/3.

The cassiterite was excavated approximately sixty centimetres below the existing surface level.

The worked out quartz vein, though very narrow and yielding only one small piece of cassiterite mineral, seems to represent a type of mineral mine working, similar to the vein workings found in the Trench/1, Mine/A/II and Mine/A/III excavations (1998).

The two mineral Samples (10 and 17) were analysed on the Hitachi SEM which has a software analytical program that is not able to analyse the percentage of oxygen present within the samples.

Points 1 and 2 of the arsenopyrite mineral would have shown a much higher total if the oxygen had been detectable.

The prehistoric use of arsenopyrite mineral on the Cerro was not proven by any evidence unearthed during the 1998 excavation season.

The only metallurgical evidence for arsenopyrite use which has been found on the Cerro, is a Cu/As Pamela point collected by Sos Baynat during the 1950's mining work.

The cassiterite mineral (Sample 17) analysis represents what can be considered the average percentage of tin (60% - 70%) present in the Logrosan cassiterite ores.

I do not believe that cassiterite ores this rich in tin content need to be smelted before being used, only crushed and sorted from any accompanying gangue material, before adding to a molten cooper in a mixing crucible.

logrosan/98		%	%	%	%	%	%	%	%	%	%	%
trench/3	Points	**Bi**	**Sn**	**As**	**P**	**S**	**Fe**	**Si**	**Ti**	**Al**	**O**	Total
Arsenopyrite	Point-1		4.27	7.74	4.85		21.80		0.49	1.23		40.31
(Sample 10)	Point-2		1.61	5.26	4.68		32.90		0.13	0.35		44.98
excavated	Point-3			47.90		14.14	34.20					96.27
middle depth	Point-4			46.15		14.02	33.10					93.27
Cassiterite	Point-1		72.90					1.62				74.53
(Sample 17)	Point-2		74.50					0.36				74.81
excavated	Point-3		72.80					0.34				73.18
lower level	Point-4		75.10									75.11

7.2 table mineral samples excavated from trench/3

logrosan/95		%	%	%	%	%	%	%	%	%	%	%
	Points	**Cu**	**Sn**	**As**	**Al**	**Mn**	**Fe**	**Si**	**Ti**	**Ca**	**O**	Total
sample No 113												
	Point-1	91.58		2.29								93.82
Palmela Point	Point-2	92.50		1.78								94.29
1.12.1995	Point-3	92.70		2.45								95.15

7.3 table Palmela Point analysis 1995 (Hitachi)

The metal object (Sample no 113) analysed 1995, a Palmela point, had arsenic, and not cassiterite used as a metal hardener. The Palmela Point was collected on the Cerro during the 1950's.

It can not be proven that the Palmela Point Cu/As object actually represents casting metallurgy work done on the Cerro. It could have been transported to the Cerro from another metal working area.

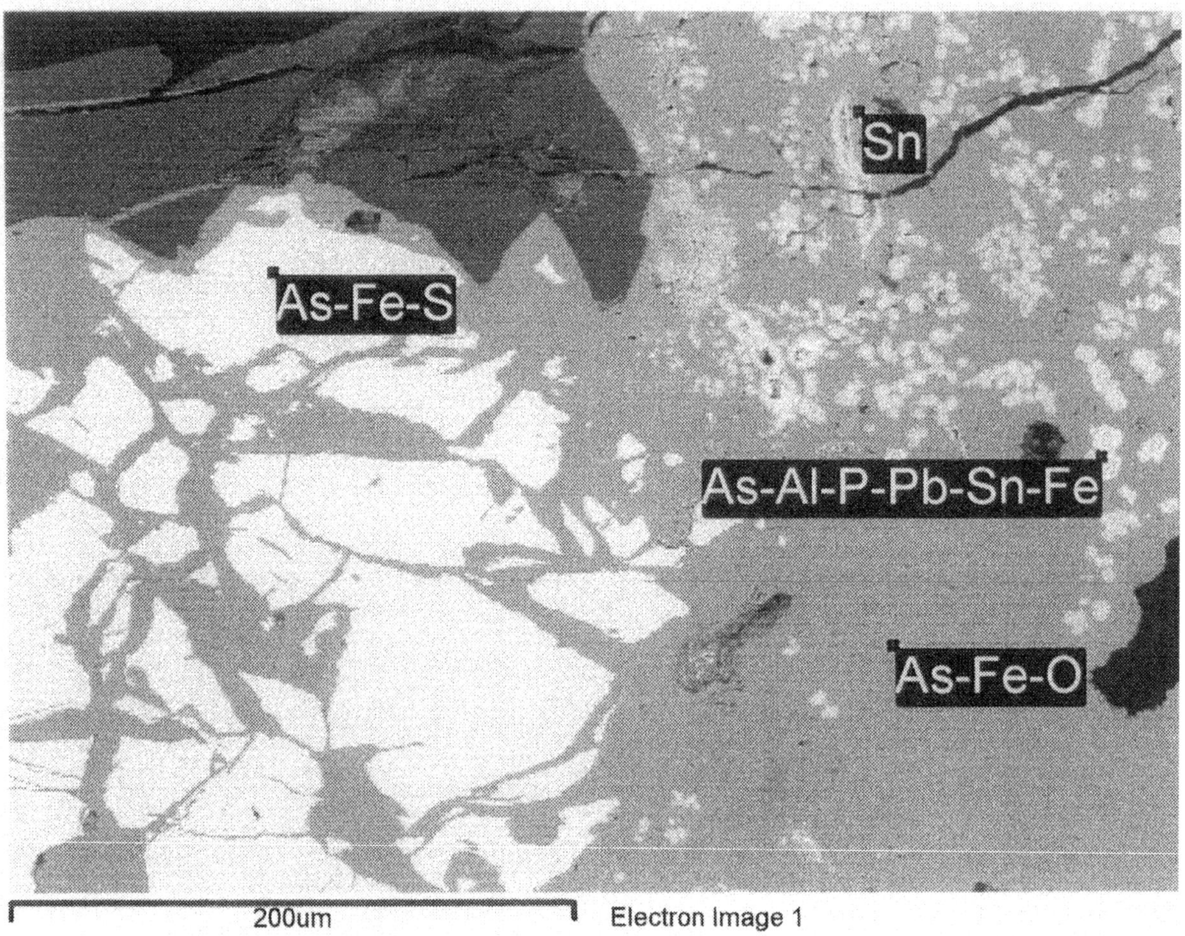

7.4 black and white scan showing location of minerals within ore from trench/3

logrosan/98	%	%	%	%	%	%	%	%	%	%
trench/3	**C**	**Al**	**P**	**S**	**Fe**	**As**	**Sn**	**Pb**	**O**	Total
(Sample 10)										
As-Al-P-Pb-Sn-Fe		7.13	9.06		15.82	6.31	15.43	16.26	30.00	100
As-Fe-S				8.28	16.12	24.92			43.67	92.99
As-Fe-O					28.94	47.54			23.52	100
Sn			0.54		23.62	17.15	29.53		26.91	97.75
excavated middle depth										

7.5 table analysis mineral (sample 10) - trench/3 two of the results have been normalized to 100%

The above backscatter scan shows the position of the elements located within the arsenopyrites and cassiterite mixed ore. This ore seems quite common on the Cerro and was possibly mined and used in antiquity.

The analytical (table **7.5**) shows the varying mixtures of arsenic and tin that occurs in the ore found on the Cerro.

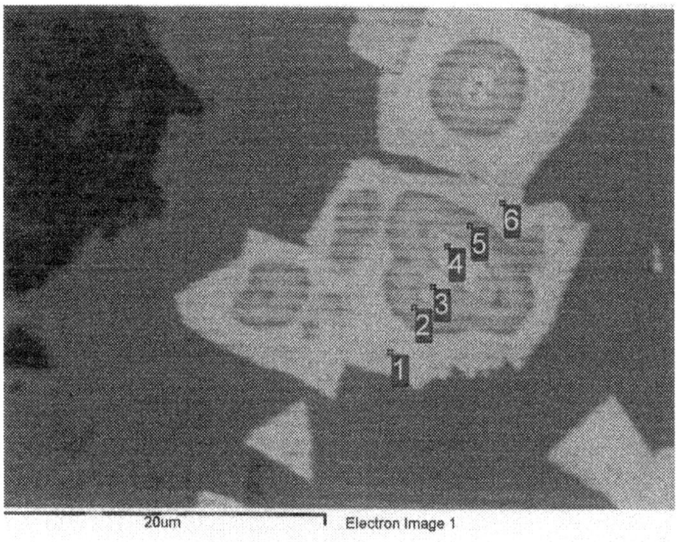

7.6 backscatter scan
showing zoning of complex ore and
location of points 1-6

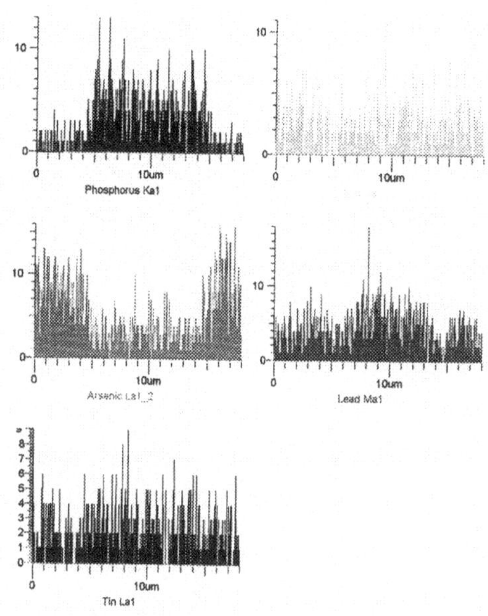

7.7 microbe graphs
showing placement of the
elements

logrosan/98		%	%	%	%	%	%	%	%	%	%
trench/3		**Al**	**P**	**Fe**	**As**	**Sr**	**Sn**	**Ba**	**Pb**	**O**	**Total**
(Sample 10)	point 1			15.99	20.4	3.97	8.69		14.94	30.37	94.36
As-Al-P-Pb-Sn-Fe	point 2	4.48	6.75	11.76	4.09		10.96	2.44	15.43	38.01	93.92
excavated	point 3	2.44	4.54	14.61	9.38		7.41		20.78	34.83	93.99
middle depth	point 4	2.58	4.60	14.25	9.17		7.05	1.86	22.08	33.13	94.72
	point 5	4.33	6.78	12.24	4.84		10.79	1.96	16.76	36.79	94.49
	point 6			17.40	20.38	3.89	7.50		14.66	30.49	94.32

7.8 table analytical table of the As-Al-P-Pb-Sn-Fe complex mineral

SECTOR E CORTE 3

Aunque como en el resto de los sondeos sus dimensiones iniciales fueron de 2 por 2 m., finalmente alcanzaría unas proporciones de 4 por 4 m. tras la sucesivas ampliaciones realizadas en función del interés de los hallazgos documentados. Orientado de forma aproximada a los puntos cardinales, este nuevo sondeo fue planteado a unos 35-40 m. al norte del Corte 2.

En términos relativos, puede decirse que junto al Corte 1 este tercer sondeo proporcionó las evidencias arquitectónicas y crono-estratigráficas más sólidas de esta primera intervención arqueológica en San Cristóbal (Figs. 10 y 11). Dicha información podría resumirse en los siguientes términos:

-Nivel Superficial: Capa de tierra vegetal de unos 0.15 m. de profundidad media, color pardo claro y textura suelta. Son frecuentes las piedras sueltas y las raíces. A pesar del cribado de la tierra, el material asociado a este Nivel -cerámico y lítico- es más bien escaso y por la redondez de sus contornos muy rodado. Respecto a la producción alfarera, su agrupación tecnológica es práticamente idéntica a la referida en los sondeos precedentes.

Salvo tres o cuatro fragmentos que pudieron haber sido realizados a torno, la práctica totalidad de la muestra (137 fragmentos) fue elaborada a mano. Como suele ser habitual, los fragmentos más frecuentes son los de aspecto tosco, que representan el 90% del total. En su mayor parte amorfos, apenas se distinguen algunas formas abiertas de buen tamaño.

Por su parte, los grupos cerámicos de mejor calidad y de calidad intermedia representan tan solo el 10%. Sus formas se vinculan en su mayor parte con perfiles carenados más o menos marcados, entre los cuales sobresalen los pertenecientes a cuencos y cazuelas de tipología tartésica. Completan el muestreo de restos recuperado, un discreto repertorio de posibles alisadores y martillos de cuarzo y cuarcita muy fragmentados. Cotas iniciales s.n.m.: nw: 654.52; ne: 655.06; sw: 654.62; se: 655.09. Cotas finales s.n.m.: nw: 654.39; ne: 654.92; sw: 654.56; se: 654.95.

-Nivel I: Estrato de tierra de color pardo claro y textura muy suelta apenas diferenciable del anterior. En las zonas mejor conservadas del Corte, que se corresponden sencialmente con su mitad este, llega a alcanzar los 0.20 m. de espesor.

Sin embargo, en su mitad sur se va perdiendo progresivamente y se asienta sobre la degradada roca natural. Desde el punto de vista constructivo, lo más destacable es el hallazgo de dos tramos piedras hincadas relacionables con los restos de sendas cabañas de planta oval.

Desde tal apreciación, el Corte quedó compartimentado en tres zonas que reconocimos en sentido E-W como A, B y C. En función de la curva delineada por dichos tramos de lastras hincadas -entre las cuales detectamos fragmentos de molinos barquiformes reaprovechados-, los sectores A y C pudieron corresponderse con el interior de tales viviendas si bien lo arrasado del lugar impidió obtener datos sobre sus dimensiones u otros detalles constructivos de su interior: pavimentos, acuñamientos de poste, hogares, etc.

Por el contrario, el sector B -valorado en principio con espacio exterior entre ambas construcciones- reportó una considerable concentración de restos materiales in situ que identificamos desde un primer momento como "zona de trabajo". Un enorme molino barquiforme volcado sobre uno de sus costados junto a diversas molederas, algún que otro martillo y una importante concentración cerámica no rodada constituyen los elementos materiales más representativos de dicho ambiente.

Con un predominio casi absoluto de la alfarería modelada, la tipología global de los recipientes recuperados denota criterios tecnoculturales más arcaizantes que los registrados en el Corte 1. A pesar de lo reducido de la muestra (unos 220 fragmentos), el perfil cerámico de dicha concentración nos sitúa una vez más ante un producción modelada en su práctica totalidad. Las piezas toscas rozan el 75% (73.64) mientras que la cuarta parte restante se reparte en un discreto 6% de elementos más cuidados y alrededor del 20% de recipientes semicuidados. Cuencos y cazuelas de carenas marcadas, ollas y recipientes de almacén ocasionalmente decorados con impresiones digitales acaparan el repertorio morfológico amortizado en esta zona B del Corte. En cuanto al material lítico, mención especial merece el molino barquiforme (cota: 654.78) documentado entre diversas piezas menores valoradas como alisadores y moletas. Si justo es admitir que dicho molino en un primer momento nos llevó a relacionar su contexto con un espacio vinculado con la molturación de cereales o bellotas, el análisis de microrrestos realizado por J. Joan Tresserras parece contradecir tal hipótesis inicial. La ausencia de fitolitos o almidones y, por contra, la presencia de restos de Sn, Ni y Pb hacen más viable la relación de esta pieza con la trituración de minerales y, por consiguiente, su vinculación a un área funcional imbricada en el proceso productivo del estaño en Logrosán. Cotas finales s.n.m.: nw (sobre tierra): ne: 654.72; ne (sobre roca): 654.89; sw (sobre roca): 654.41; se: 654.71.

-Nivel II: Infrapuesto a las estructuras comentadas se asienta sobre la roca natural y tiene un espesor oscilante entre los 0.30 y 0.10 m. Como en el Corte 2, su composición sedimentológica se corresponde con una tierra de color pardo-clara y textura muy fina que contiene abundantes restos de piedra menuda. A él se asocia un restringido muestreo cerámico (tan solo 16 fragmentos) que, a primera vista, ofrece rasgos técnicos y morfológicos distintos a los de la alfarería de los niveles Sup. y I. Un par de vasos de bordes entrantes, otros dos de paredes verticales y un fragmento de un enorme plato o cazuela troncocónica son los mejores argumentos ergológicos de este Nivel. En cualquier caso, a nuestro juicio, todavía es pronto para valorar si estamos ante las evidencias de una ocupación estable anterior a la de las posibles cabañas de lastras hincadas o simplemente se trata de restos procedentes de otro lugar llegados hasta aquí azarosamente. Cotas finales s.n.m.: ne (zona A): 654.29; se: 654.39.

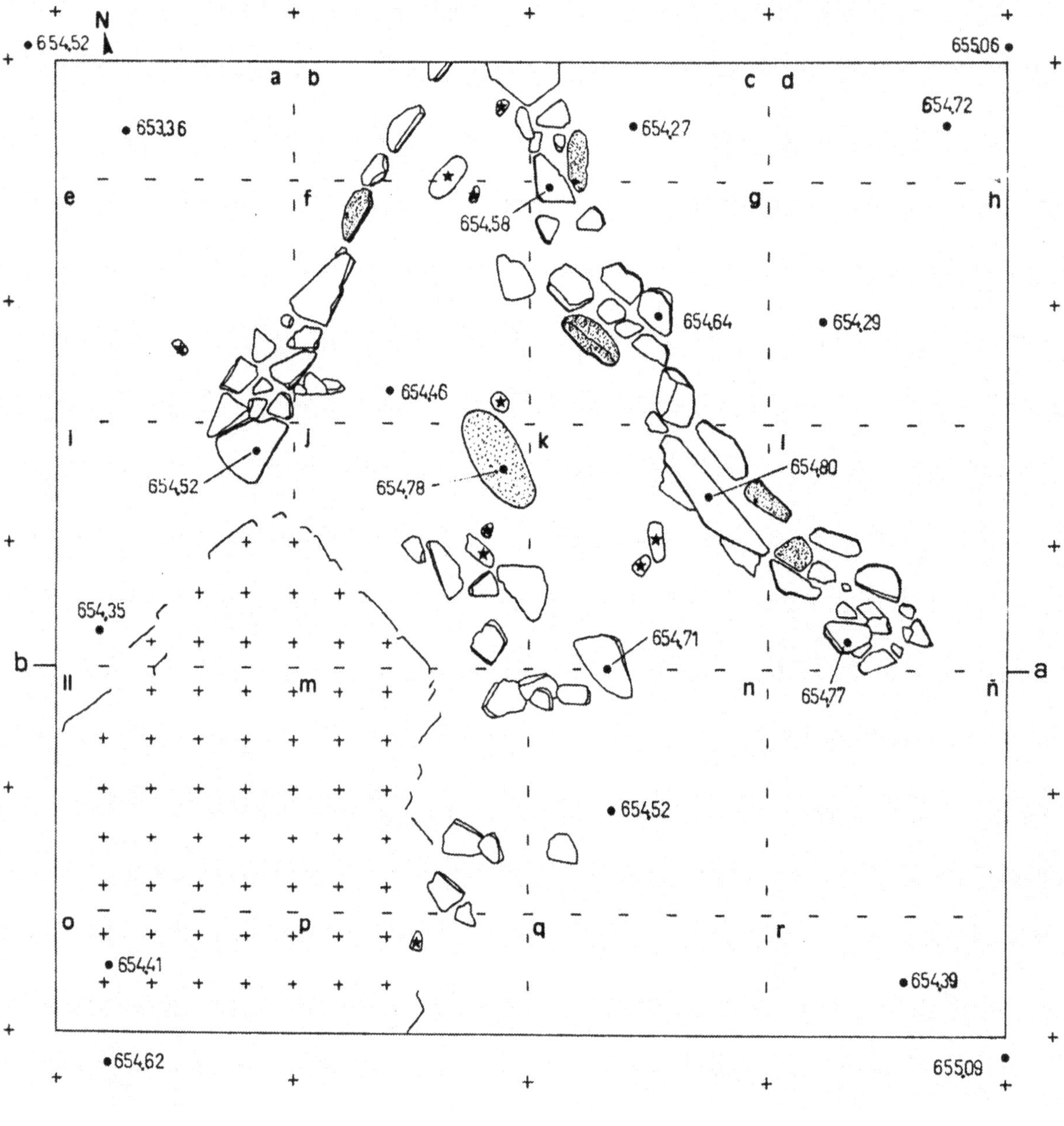

7.9 drawing surface of excavation of trench 3

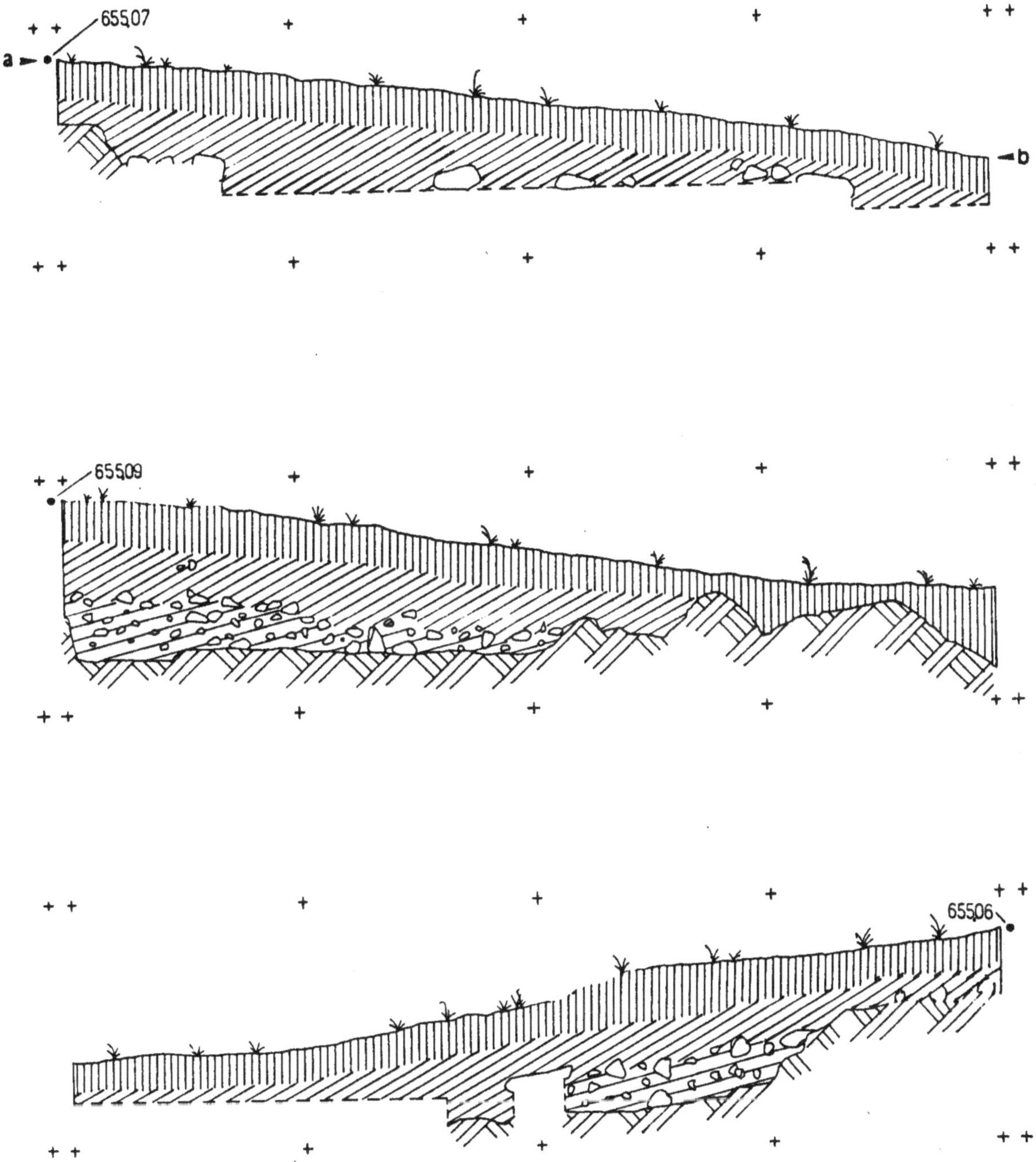

7.10 drawings three section profiles of trench 3

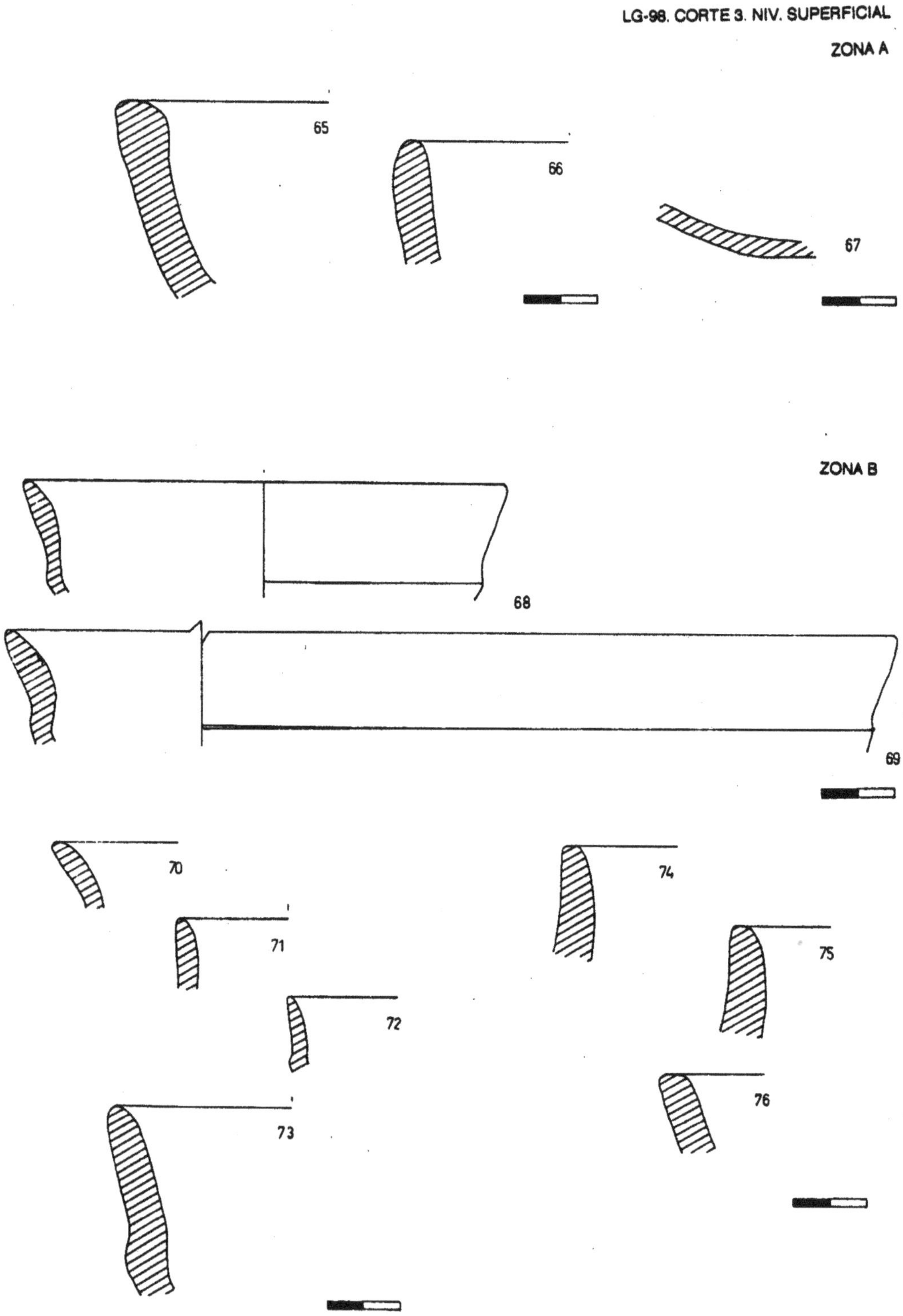

7.11 drawings pottery profiles Corte 3 (Niv. Superficial) Zona A (65-76)

LG 98 CORTE 3

Nivel Superficial. Zona A

65. Borde, mano, grueso, oscuro, mixta, alisado, tosca.

66. Borde, mano, grueso, oscuro, mixta, alisado, tosca.

67. Base, mano, fino, oscuro, reductora, alisado, cuidada.

Nivel Superficial. Zona B

68. Borde, mano, fino, oscuro, reductora, espatulado, cuidada.

69. Borde, mano, fino, oscuro, reductora, alisado, cuidada.

70. Borde, mano, fino, medio, mixta, alisado, semicuidada.

71. Borde, mano, fino, medio, mixta, alisado, semicuidada.

72. Borde, mano, fino, medio, mixta, alisado, semicuidada.

73. Borde, mano, fino, medio, reductora, alisado, semicuidada.

74. Borde, mano, grueso, oscuro, reductora, sin tratamiento, tosca.

75. Borde, mano, grueso, oscuro, reductora, sin tratamiento, tosca.

76. Borde, mano, medio, medio, reductora, sin tratamiento, tosca.

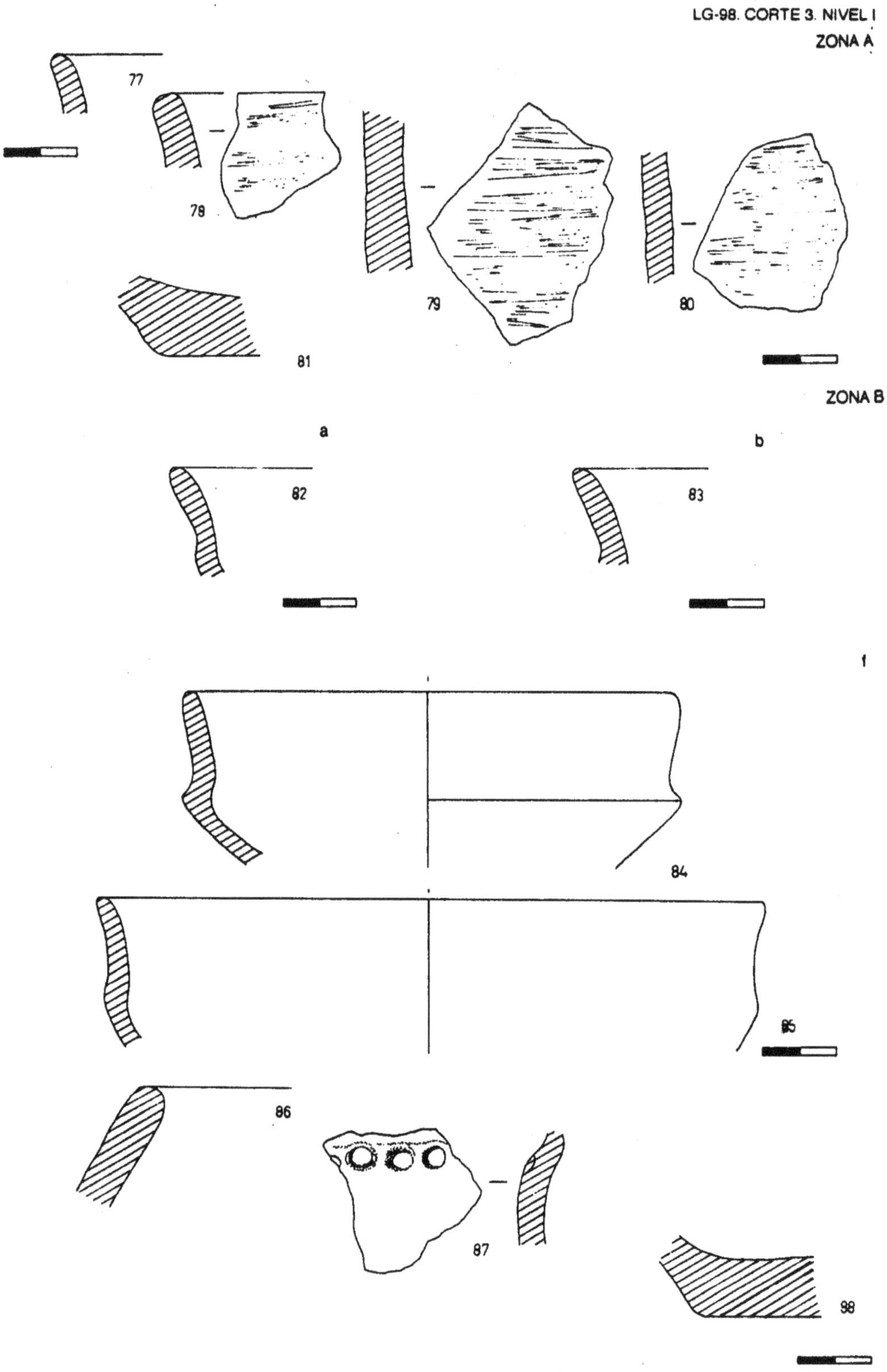

7.12 drawings pottery profiles Corte 3 (Niv. 1) Zona A (77-98)

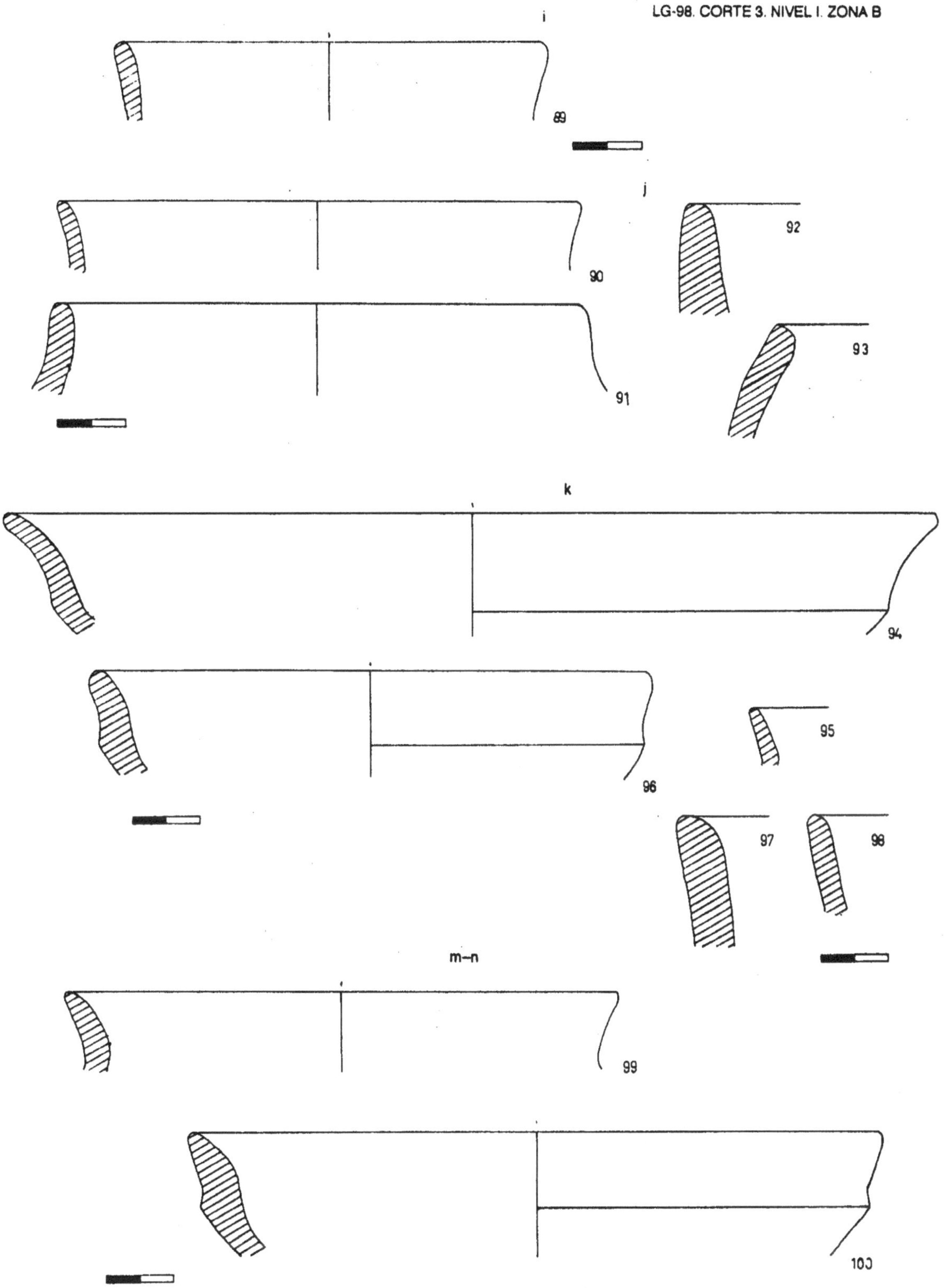

7.13 drawings pottery profiles Corte 3 (Niv. 1) Zona B (89-100)

LG 98 CORTE 3

Nivel I. Zona A

77. Borde, mano, medio, medio, mixta, alisado, semicuidada.

78. Borde, mano, medio, oscuro, mixta, escobillado, tosca.

79. Cuerpo, mano, grueso, oscuro, mixta, escobillado, tosca.

80. Cuerpo, mano, grueso, oscuro, mixta, escobillado, tosca.

81. Base, mano, grueso, oscuro, mixta, alisado, tosca.

Nivel I. Zona B

(a)
82. Borde, mano, fino, oscuro, reductora, espatulado, semicuidada.

(b)
83. Borde, mano, fino, oscuro, reductora, espatulado, semicuidada.

(f)
84. Borde, mano, fino, oscuro, reductora, espatulado, cuidada.

85. Borde, mano, fino, medio, reductora, alisado, semicuidada.

86. Borde, mano, grueso, medio, mixta, sin tratamiento, tosca.

87. Cuerpo, mano, grueso, medio, mixta, sin tratamiento, impresa, tosca.

88. Base, mano, grueso, medio, mixta, sin tratamiento, tosca.

Nivel I. Zona B

(i)
89. Borde, mano, fino, oscuro, reductora, bru–ido, cuidada.

(j)
90. Borde, mano, fino, oscuro, reductora, bru–ida, cuidada.

91. Borde, mano, medio, oscuro, reductora, espatulado, semicuidada.

92. Borde, mano, medio, medio, reductora, alisado, semicuidada.

93. Borde, mano, medio, oscuro, mixta, sin tratamiento, tosca.

(k)
94. Borde, mano, fino, medio, oxidante, alisado, semicuidada.

95. Borde, mano, fino, oscuro, mixta, espatulado, cuidada.

96. Borde, mano, medio, oscuro, reductora, alisado, semicuidada.

97. Borde, mano, medio, oscuro, reductora, alisado/espatulado, semicuidada.

98. Borde, mano, medio, oscuro, mixta, alisado, semicuidada.

(m)
99. Borde, mano, fino, medio, oxidante, mixta, alisado, semicuidada.

100. Borde, mano, fino, medio, reductora, alisado, semicuidada.

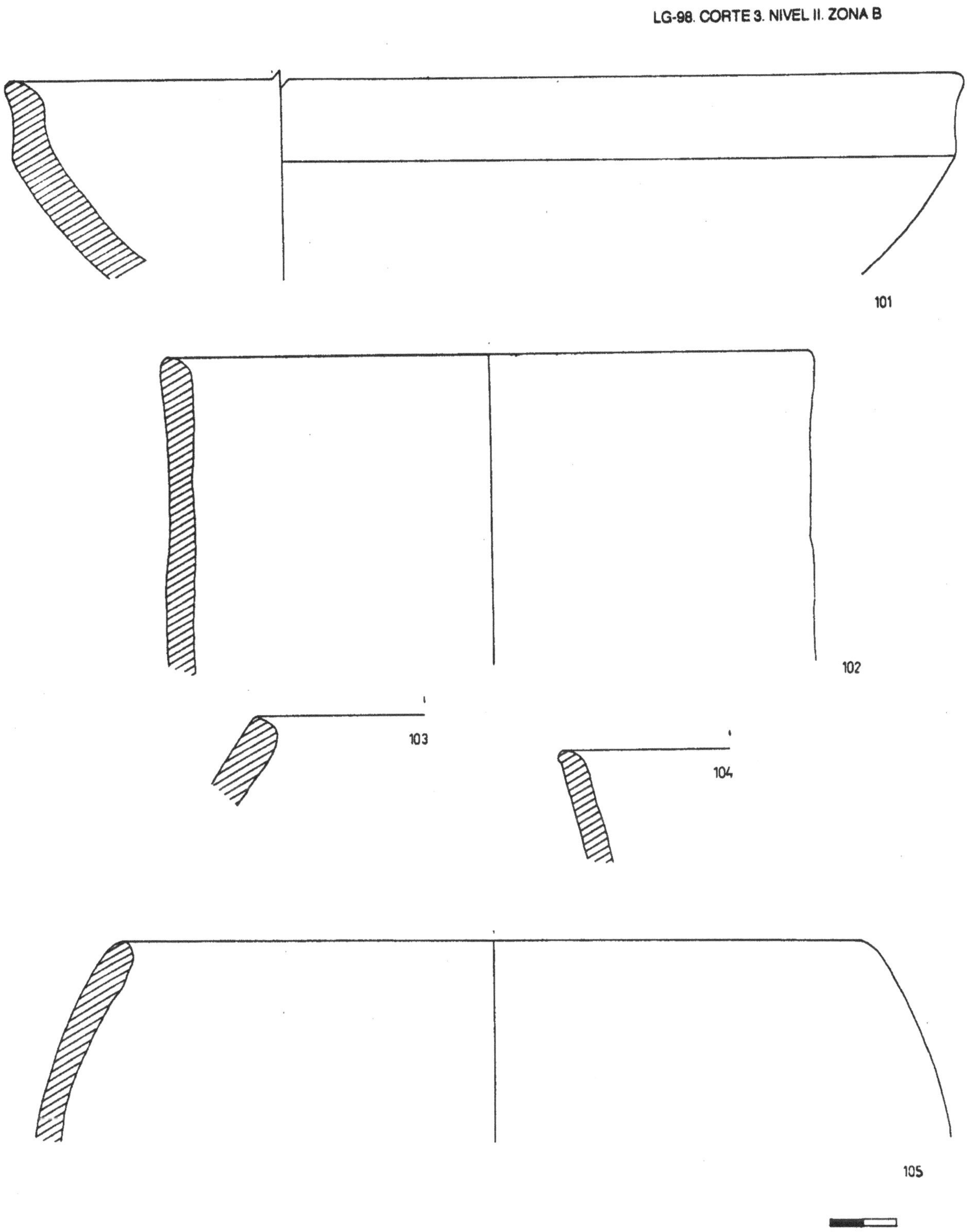

7.14 drawings pottery profiles Corte 3 (Niv. II) Zona B (101-105)

LG 98 CORTE 3 **Nivel II**

101. Borde, mano, medio, medio, oxidante, sin tratamiento, tosca.

102. Borde, mano, medio, medio, oxidante, sin tratamiento, tosca.

103. Borde, mano, medio, oscuro, oxidante, sin tratamiento, tosca.

104. Borde, mano, medio, oscuro, oxidante, sin tratamiento, tosca.

105. Borde, mano, medio, medio, oxidante, sin tratamiento, tosca.

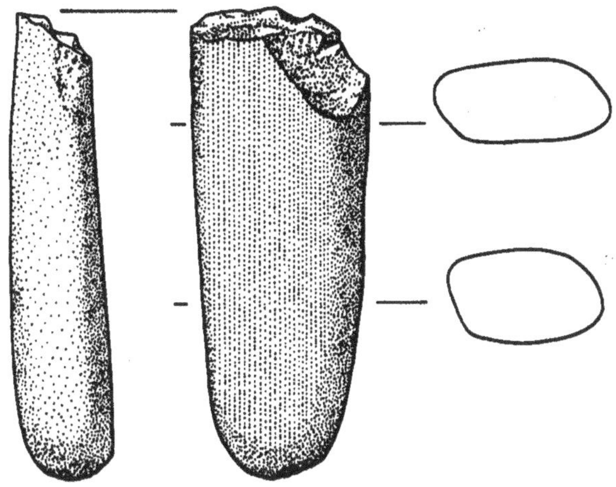

7.15 drawing trench 3 Log-200998 weight **185 grams**

Excavated in the lower level approximately 60 cm from the surface, in the north west corner of trench/3, Map/area E. This small loom weight fragment of **granite** was probably used in a habitation area.

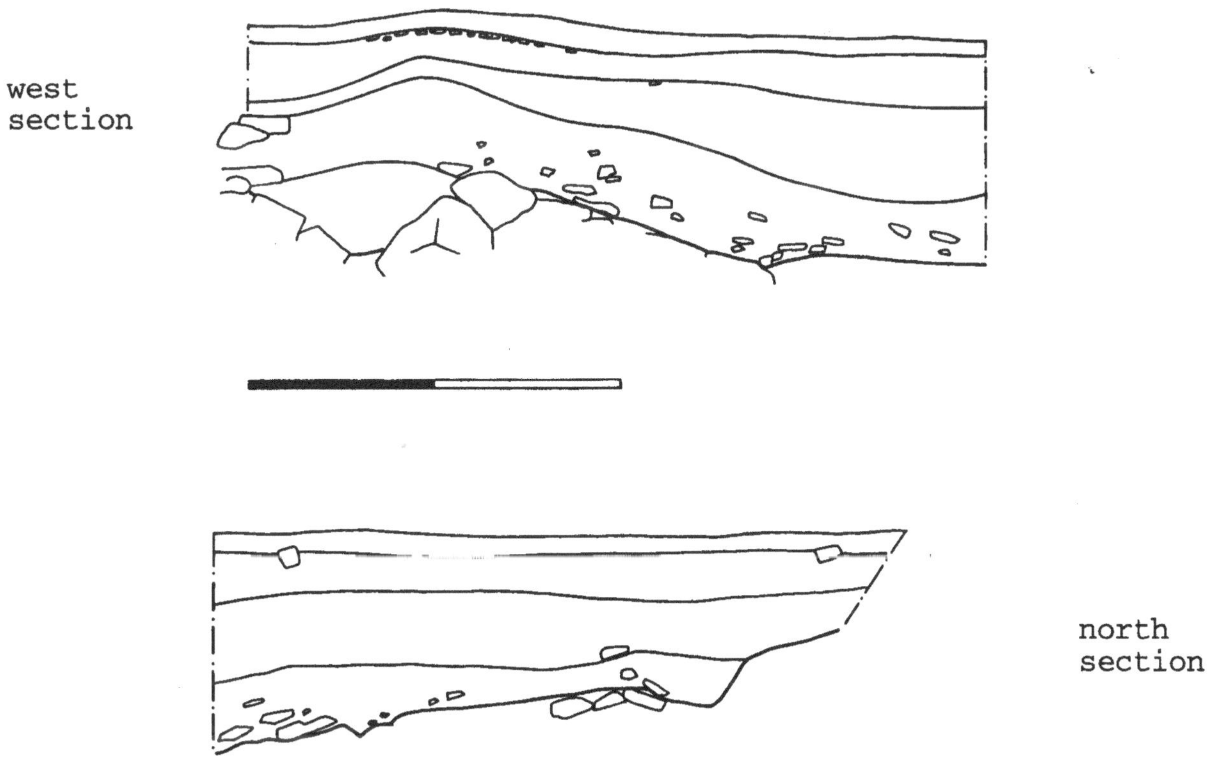

7.16 drawings Corte 3 (Nivel 1) West and North profiles sections

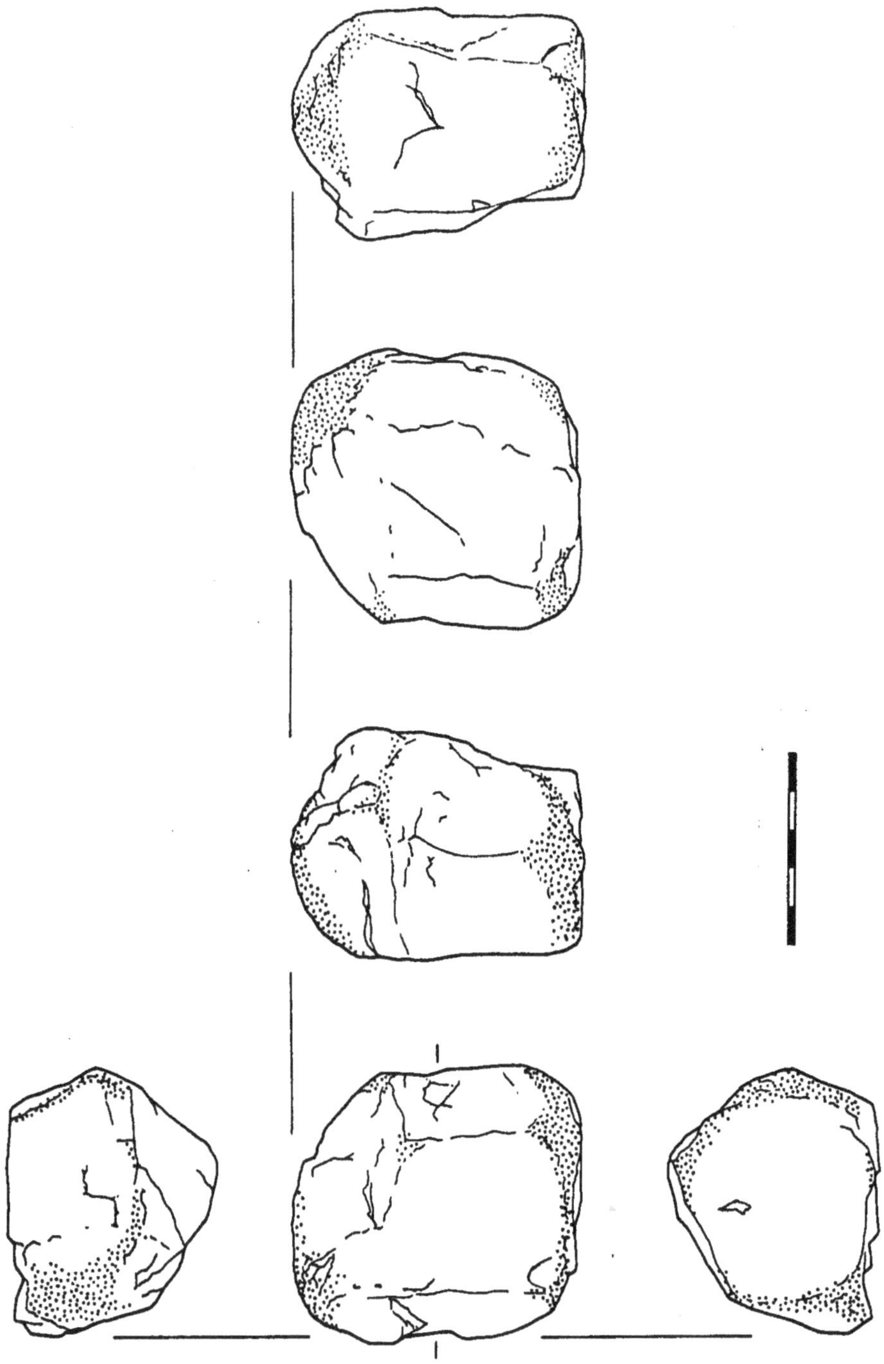

7.17 drawing Trench/3 Surface **quartz** hammer/crusher
Log98/H-080998-[Zona/A-Sup-(10)], weight **450 grams**
A hammer/crusher from the surface of Zona/A, Trench/3

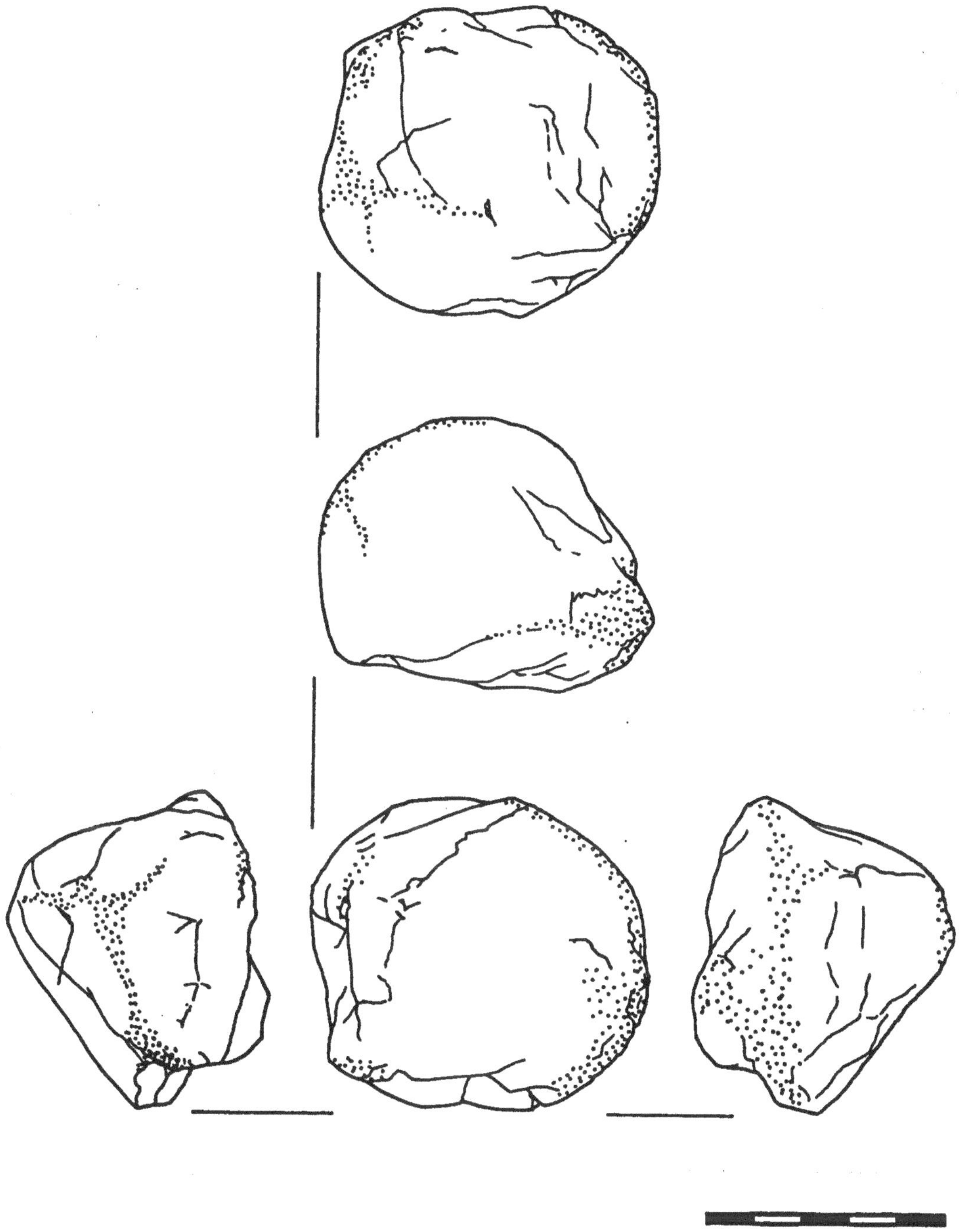

7.18 drawing Trench/3 Surface A **quartz** hammer/crusher
Log/H-090998-[Zona/B-Nivel/Sup-(17)], weight **270 grams**

This small hammer/crusher was found on the surface in the Trench/3 square, a possible cassiterite crushing stone tool.

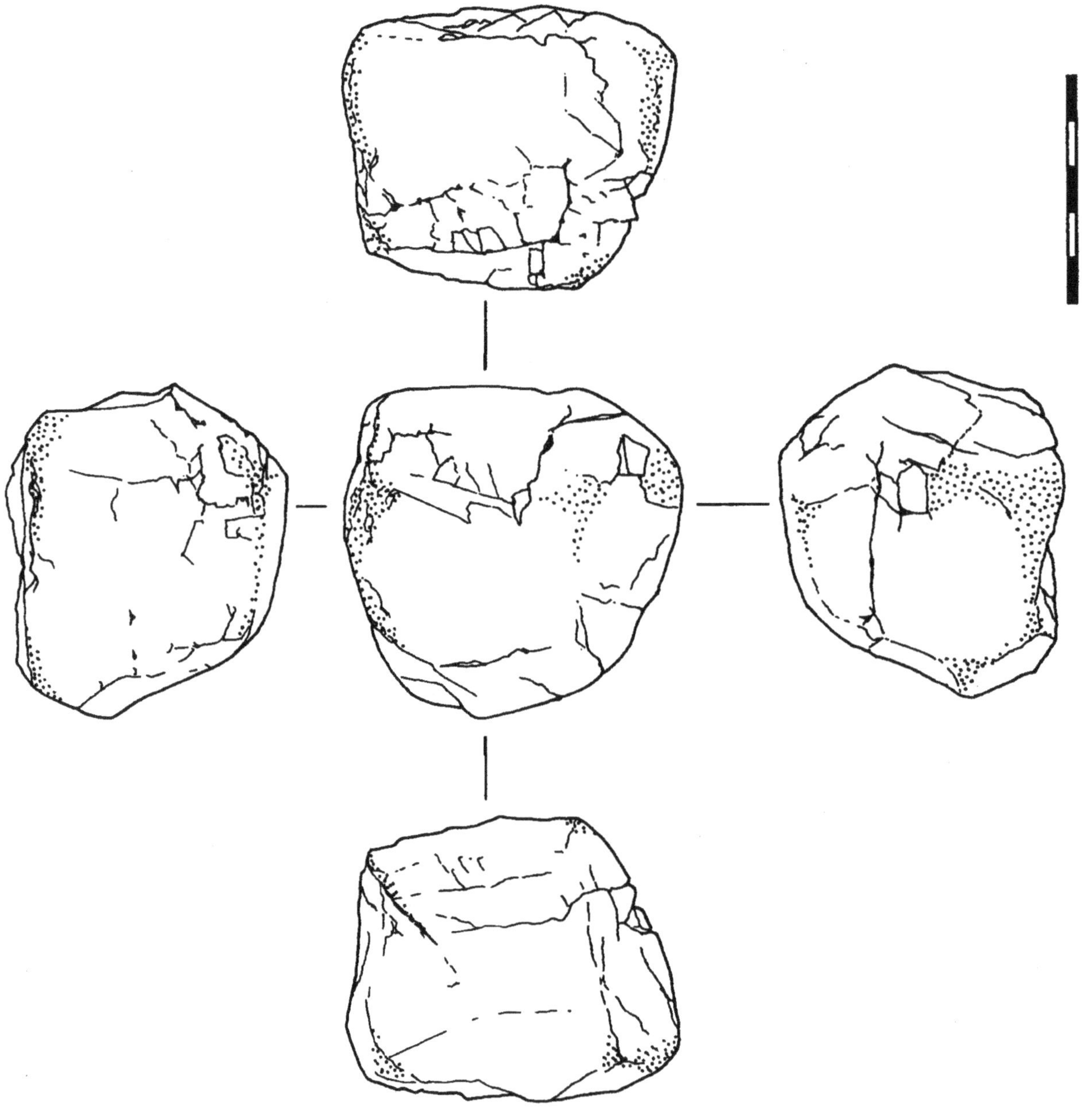

7.19 drawing Trench/3 Surface A **quartz** hammer/crusher
Log/H-090998-[Zona/B-Nivel/Sup-(19)], weight **465 grams**

This small hammer/crusher was found on the surface of the Trench/3 excavation square.

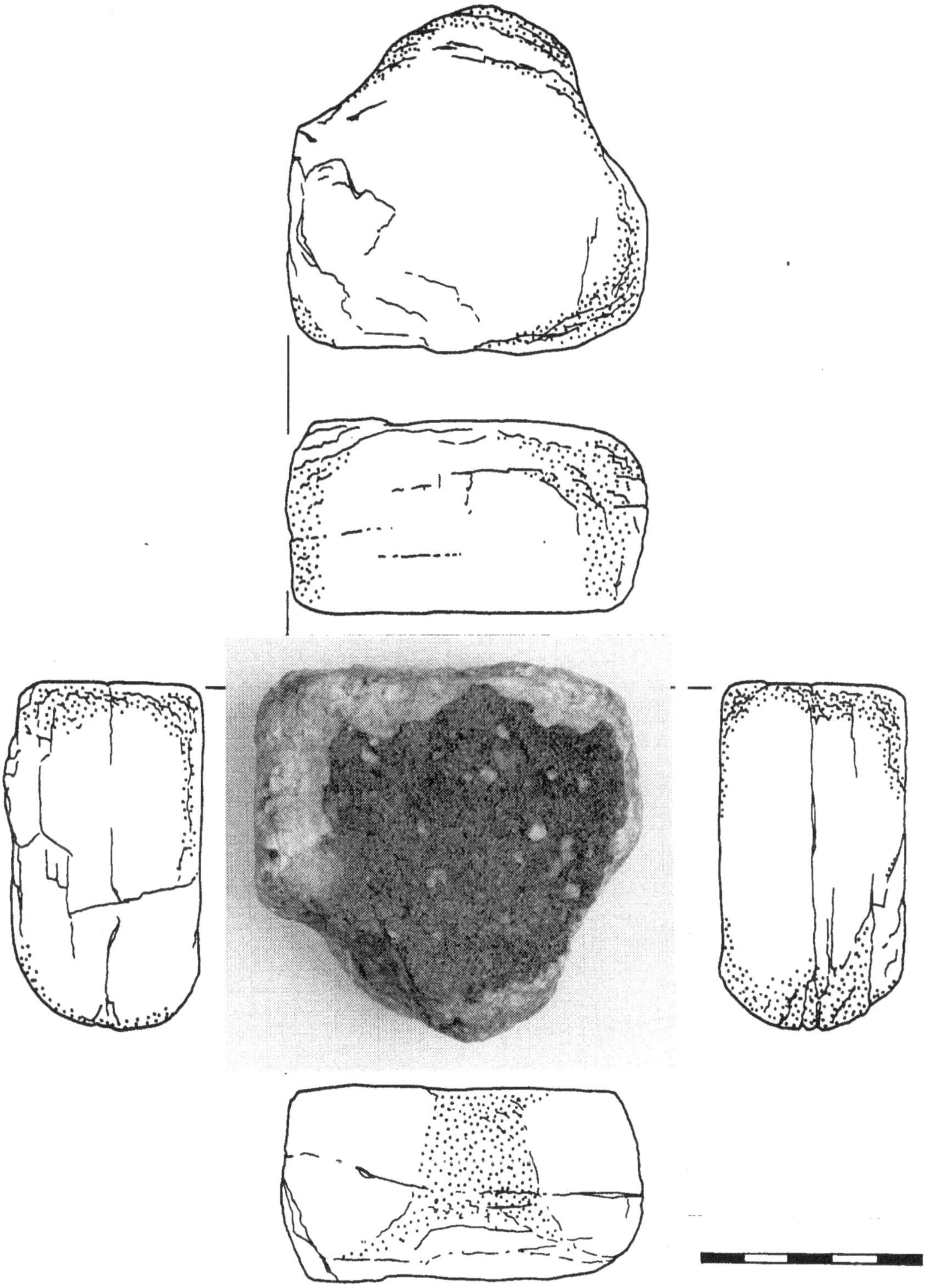

7.20 drawing Trench/3 Surface A quartz **hammer/crusher**
Log/H-090998-[Zona/B-Nivel/Sup-(18)], weight **565 grams**

This hammer/crusher was found on the surface of the Trench/3 excavation square.

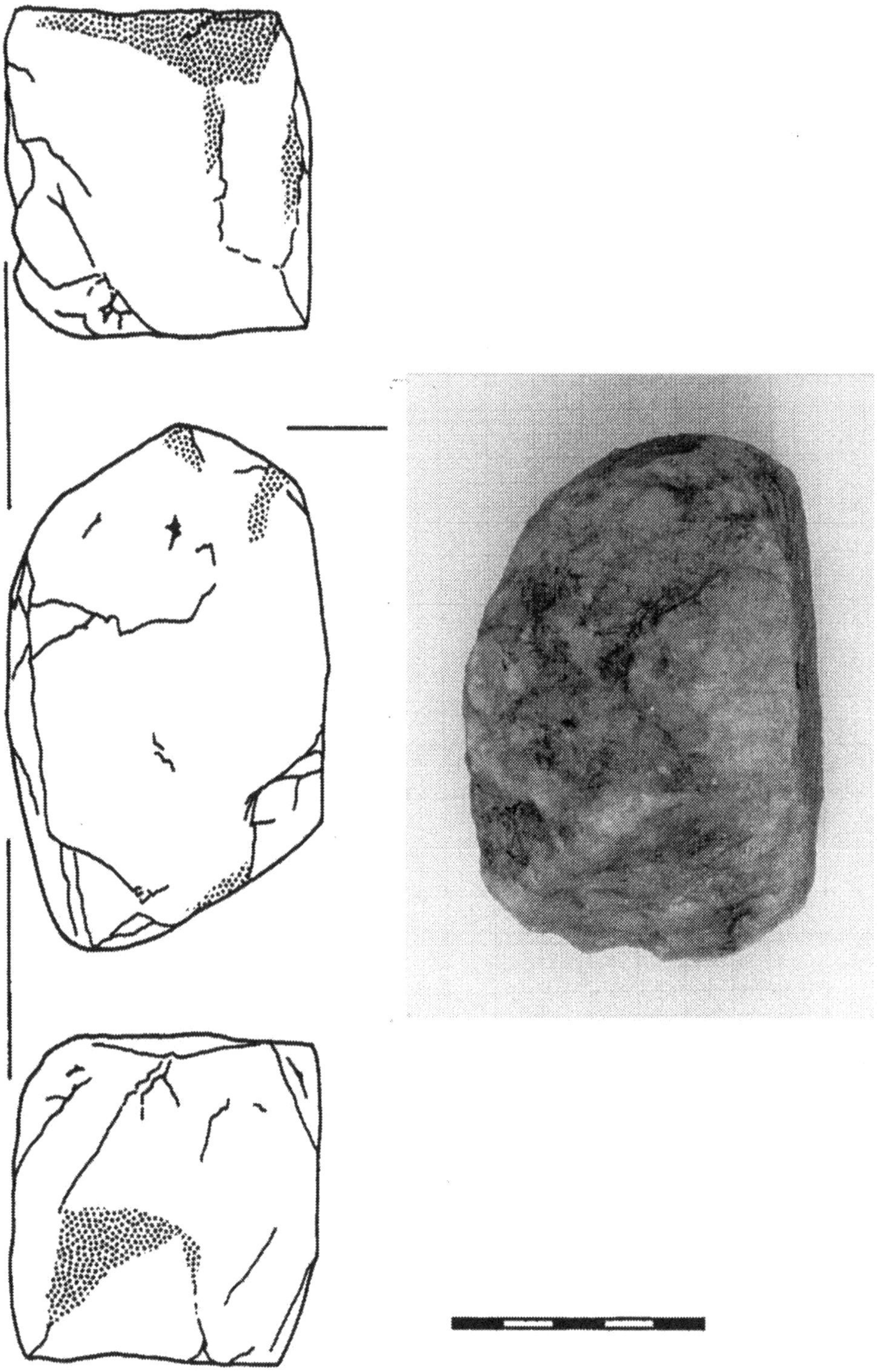

7.21 drawing Trench/3 Nivel/I(e) A **quartz** hammer/crusher
Log98/H-100998-[Zona/B-Nivel/I(e)], weight **665 grams**

A hammer/crusher excavated in level I (e) does not seem to have had much use.

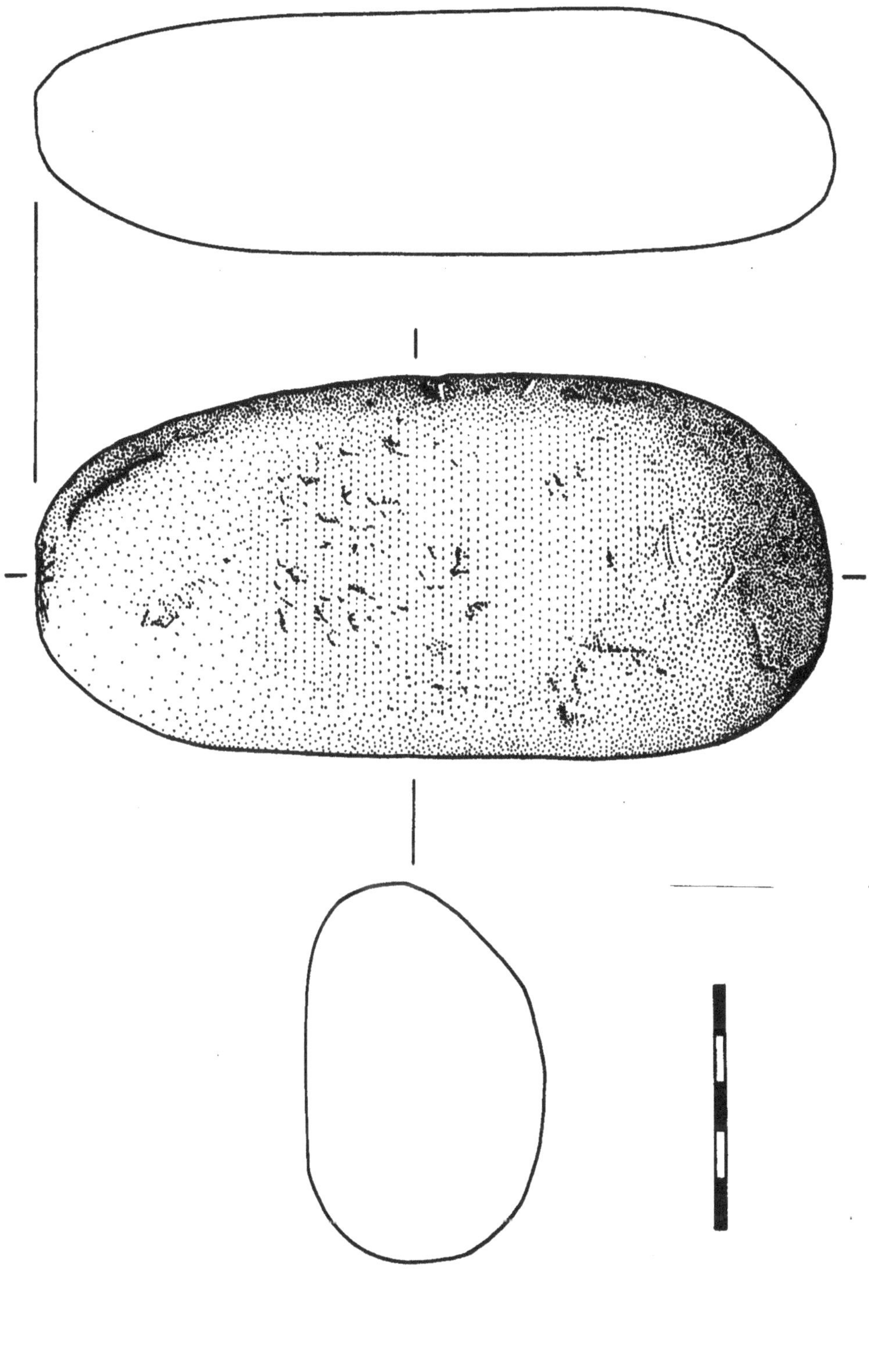

7.22 drawing Trench/3 [Nivel/I( )] A **granite** grinder/hammer
Log98/G-100998-[Zona/B-Nivel/I-( )], weight **1.49 Kilos**

This stone tool was excavated in level I ( ) Trench/3. It is difficult to be sure if this stone tool had mining or habitation use. It is possible that this stone was used as a rubbing stone and had been used in association with a kitchen quern.

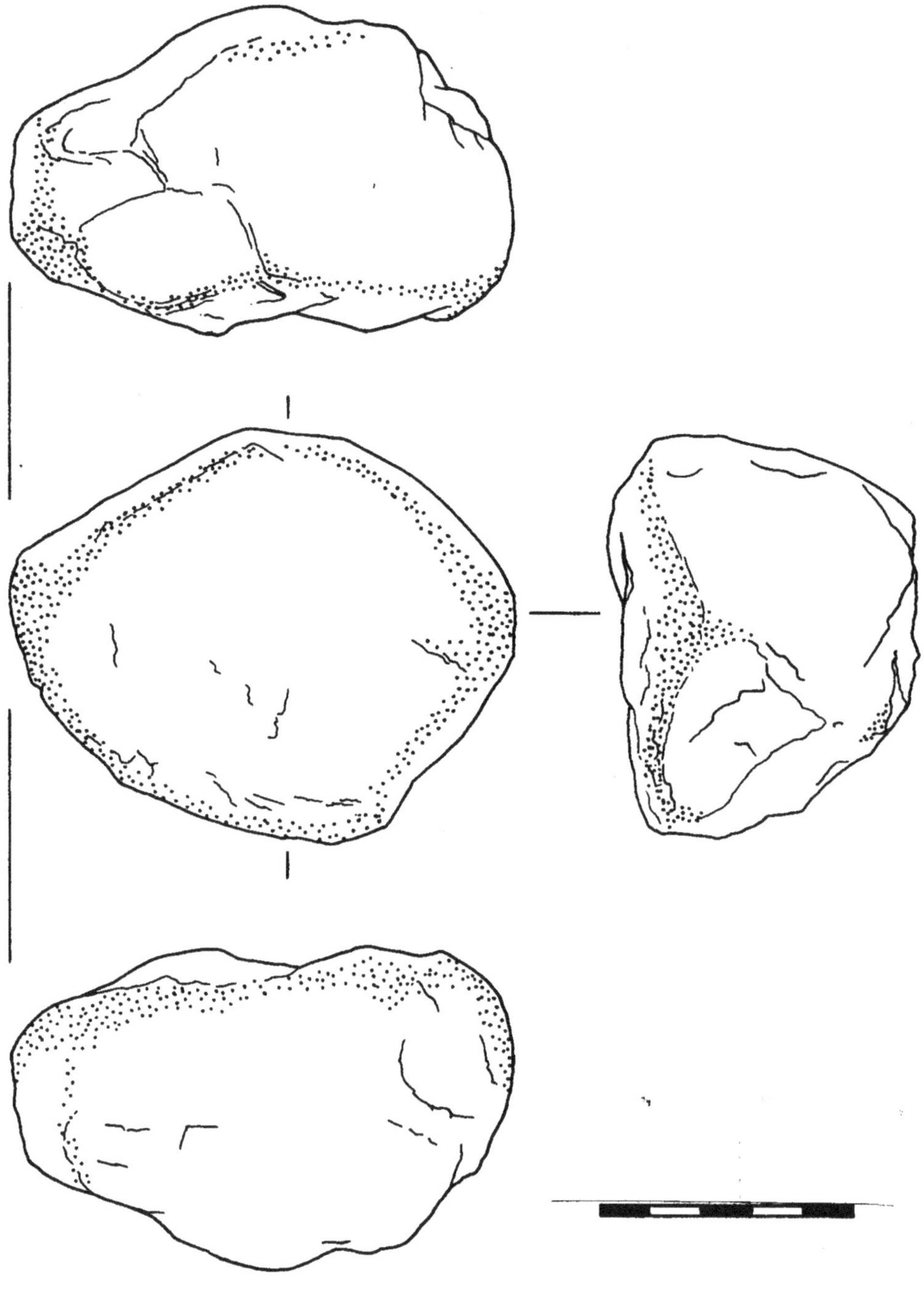

7.23 drawing Trench/3 [Nivel/I(j)] A **quartz** hammer/crusher
Log98/H-100998-[Zona/B-Nivel/I-(37)], weight **630 grams**

A nicely shaped hammer excavated from [level/I(j)] in Trench/3

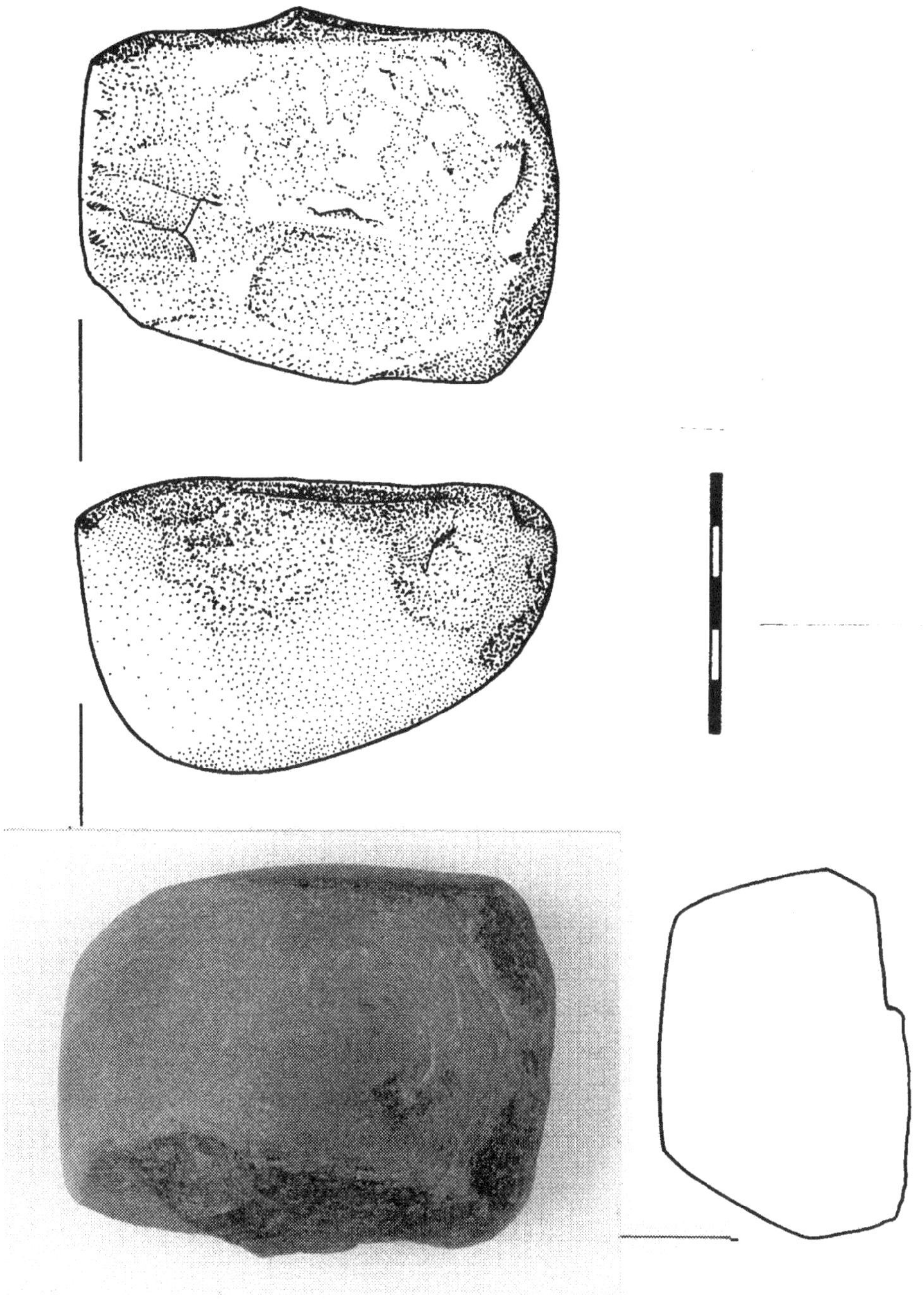

7.24 drawing Trench/3 [Nivel/I(k)] A **granite** hammer/crusher
Log98/H-090998-[Zona/B-Nivel/I(k)-(45), weight **590 grams**

An excavated fragment of a hammer/crusher found in [level I/k] Trench/3. It is possible that this stone might have been used as a grinder or polisher.

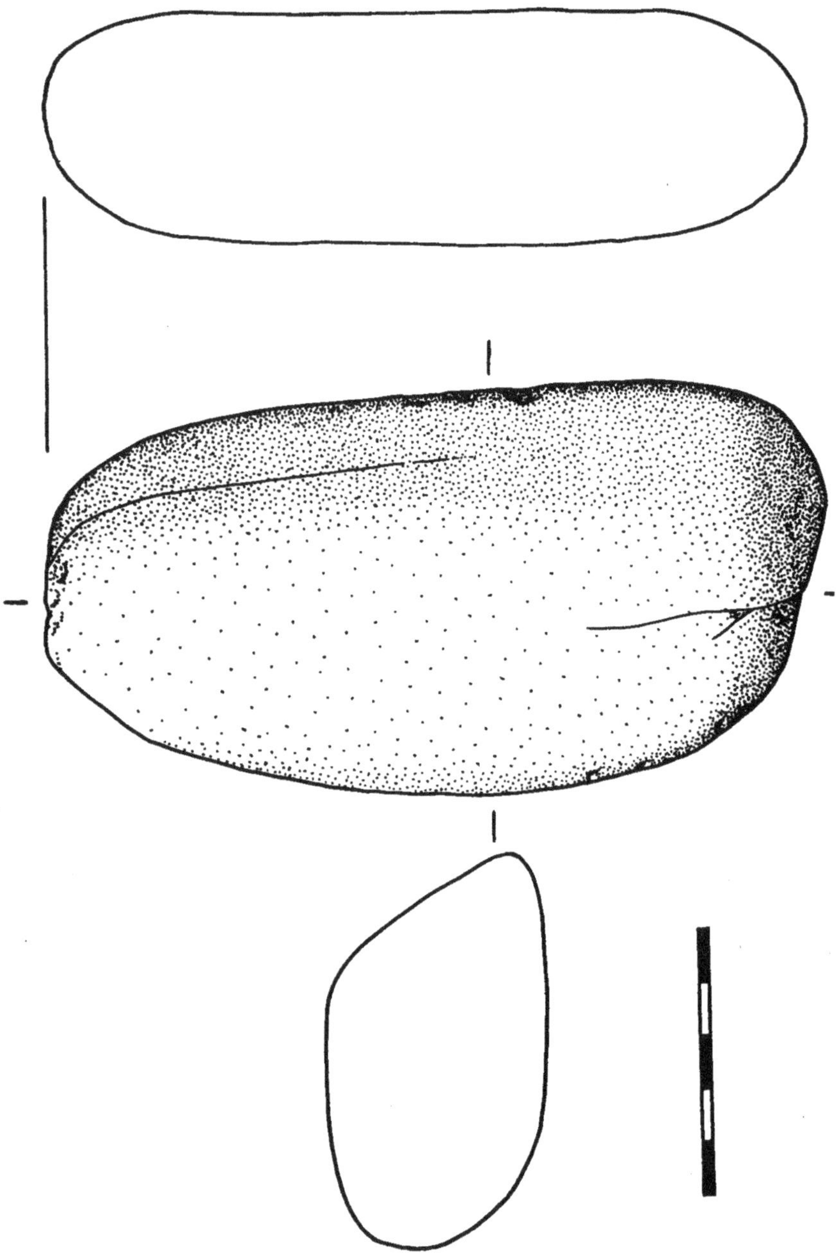

7.25 drawing Trench/3 [Nivel/I(k)] a **metamorphosed slate** stone
Log98/G090998-[Zona/B-Nivel/I(k)-(46)], weight **735 grams**

An excavated fragment of a grinding stone found in [level I/k] Trench/3

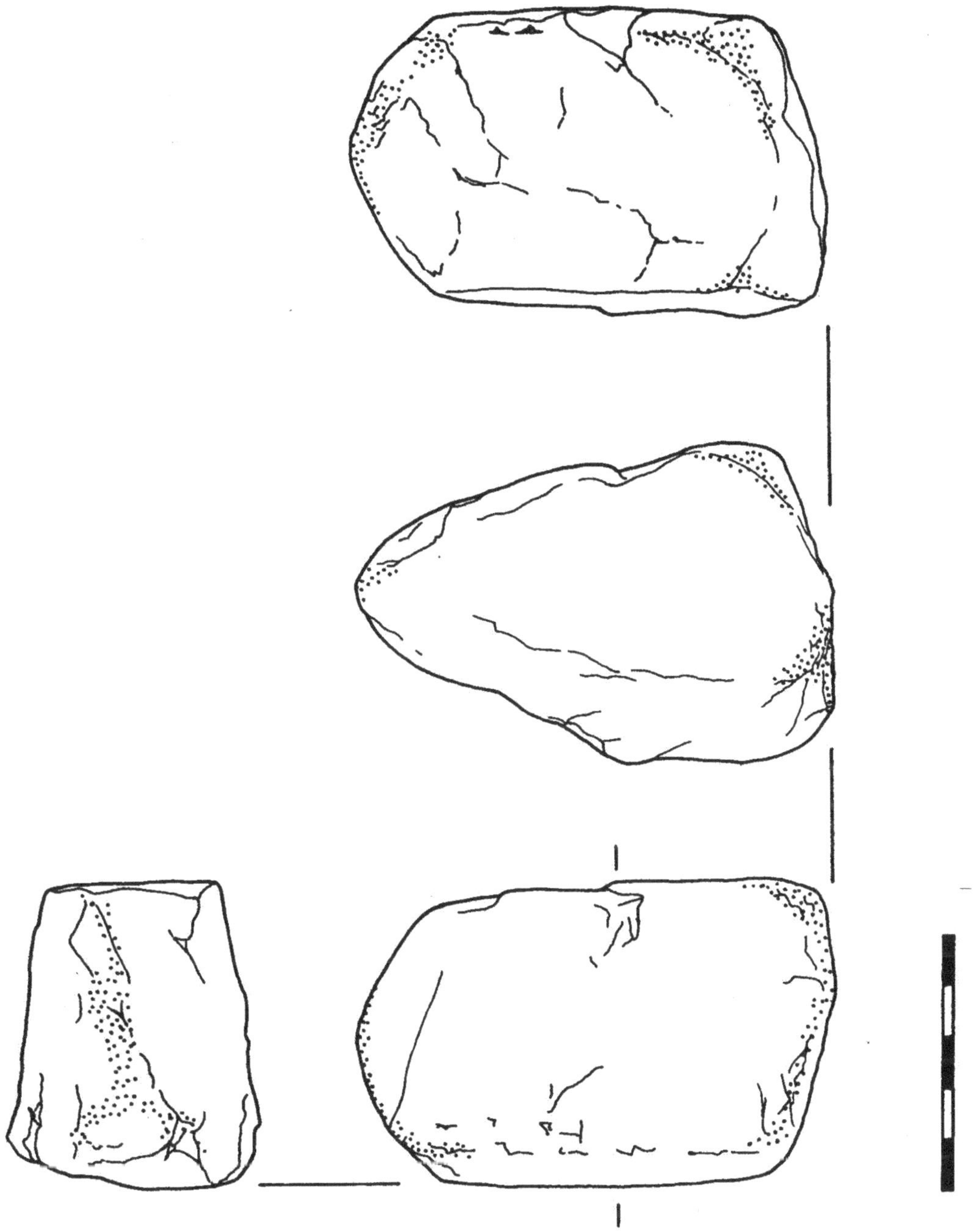

7.26 drawing Trench/3 [Nivel/I(p)] A **quartz** hammer/crusher
Log98/H-140998-[Zona/B-Nivel/I(p)], weight **180 grams**

A small hammer excavated in [level I (p)] Trench/1

[Trench/4]
GPS reading

N 38° 19' 30.0"
W 05° 30' 31.1"

Trench/4 is located on the southern boundary of Map/Area A and Map/Area B on the south side of a wall of standing stones which seems to delineate the higher Map/Area A from the lower Map/Area B. The small two metre north/south by one metre east/west square was excavated by Andrews and Bridgman.

The objective of the excavation of this small square was to try to put a firm date on the placement of the stone wall, to see if it was of Late Bronze Age origin or of a more modern construction.

Just below the existing surface there appeared a very obvious level of Late Bronze Age pottery. This pottery level was present in all parts of the square. The Late Bronze Age pottery floor level was approximately five centimetres deep. In removing this layer of pottery it was concluded that the pottery layer did go underneath the stone wall and very possibly did extend into Map/Area B (Plan Trench/4).

Once the layer of pottery was removed the trench was dug down for another ten centimetres. At this level the excavators started to encounter rock rubble. The further and deeper excavation only took place in a very small section of the square, in the north west corner.

Bed rock was not reached in in any part of the Trench/4 excavation. (Photo **8.2**) To reach bedrock it probably would have been necessary to expand the trench to at least twice
its surface area and the time did not exist to do this.

Trench/4 produced a lot of pottery for such a small area and did show that the Late Bronze Age pottery layer seems to be represented in all of the areas of the Cerro that were excavated during 1998. No organic or carbon remains were found in Trench/4.

The stone rubble which started to appear in Trench/4 could possibly represent remnants of stone foundations from Late Bronze Age dwellings. Further excavation work is necessary in the future in the Trench/4 area, probably opening up at least a four metre by four metre square.

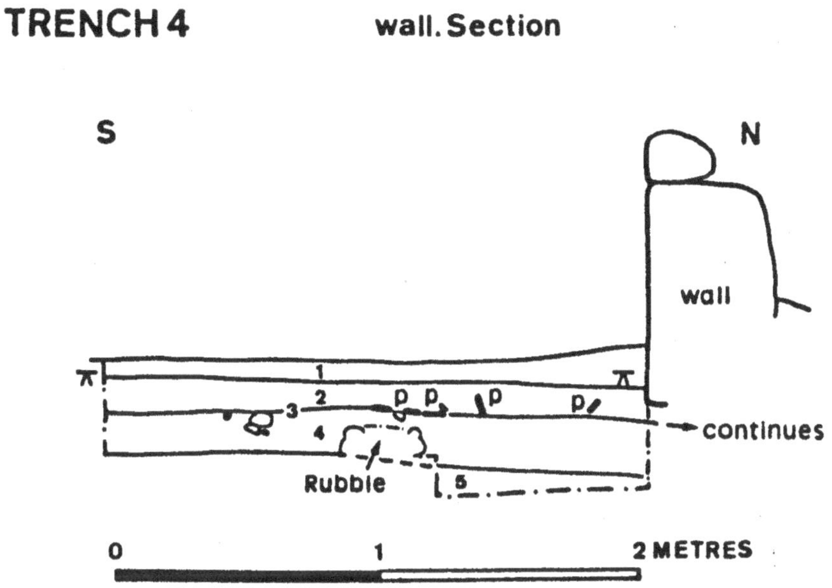

8.1 drawing
west side drawn section profile trench/4 showing that pottery (levels 1 & 2) continues under large standing stone wall

8.2 photograph
trench/4 finished excavation looking to the the North

SECTOR A-B CORTE 4

Apenas distante unos 50 m. al norte del Corte 1, esta zona más interior que la precedente sigue formando parte del sector más occidental del cerro de San Cristóbal. Con unas dimensiones de 2 por 1 m., este pequeño sondeo fue planteado junto a un muro de grandes piedras hincadas -podría decirse casi de carácter ciclópeo- que a primera vista nos suscitaron algunas dudas sobre su antigüedad. Localizado en una zona en apariencia intacta, sin embargo, en las proximidades de la excavación abundan los socavones y los amontonamientos de tierra y cascajo que delatan la intensidad de los trabajos mineros en este sector del yacimiento (Fig 8). La estratigrafía obtenida por Phillip Andrews en este Corte reportó la siguiente sucesión estratigráfica:

-Nivel Superficial: Capa superficial de tierra vegetal, color grisáceo, textura muy suelta y unos 0.10 m. de espesor. No contenía restos cerámicos ni de ningún otro tipo.

-Nivel I: Estrato de tierra de unos 0.20 m. de profundidad, color pardo oscuro y con tan sólo ocho fragmentos cerámicos, de los cuales siete resultaron de factura tosca y uno más cuidado, perteneciente a una cazuela de tipología tartésica muy evolucionada. Pero el interés real de este Nivel radica en que se prolonga por debajo del muro de gruesas piedras hincadas, lo cual parece confirmar la modernidad de su construcción. Justo en su base detectamos un lecho cerámico de fragmentos cerámicos no rodados que también se prolonga de forma clara por debajo de la citada estructura de aparejo ciclópeo.

El volumen cerámico recuperado en tan reducida extensión supera los 400 fragmentos (423) a los que hay que añadir un pequeño cato rodado posiblemenete utilizado como alisador y un par de fragmentos de martillos de cuarzo con muestras evidentes de uso. Dentro del conjunto cerámico, las piezas "cuidadas" o "semicuidadas" representan alrededor del 12% (51 fragmentos), cuyo repertorio morfológico se corresponde casi exclusivamente con cazuelas carenadas de perfil evolucionado. Por su parte, la producción "tosca" tiene en las ollas globulares de cuello más o menos desarrollado y fondo plano la forma más representada, que en cinco ocasiones conservan acabados "escobillados" interiores y/o exteriores. Así mismo, en alguna pieza asociada con toda probabilidad a dicho tipo de vasijas conserva algún mamelón triangular.

-Nivel II: Capa de granito descompuesto de unos 0.20 m. de espesor completamente estéril que se asienta sobre la roca.

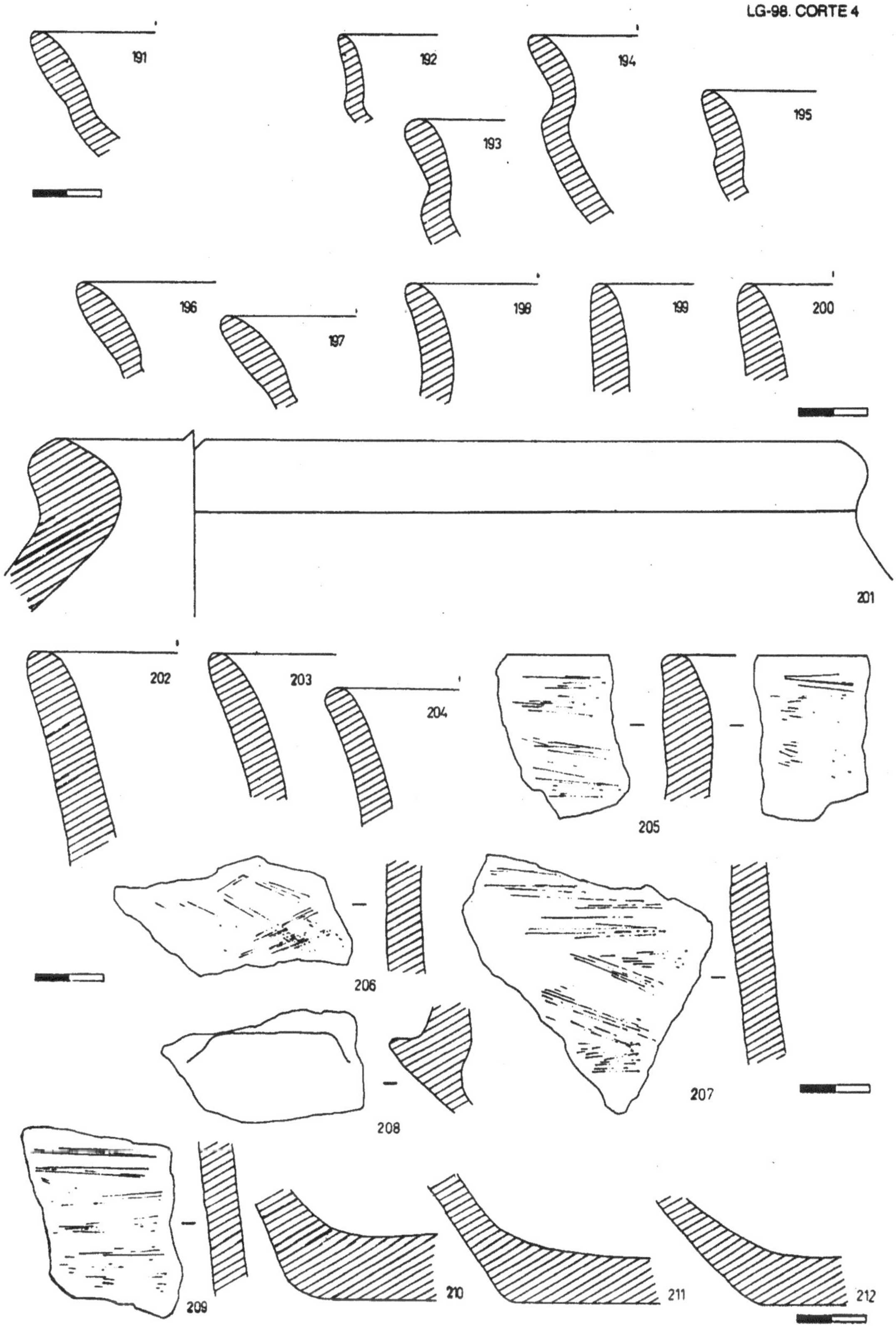

8.3 drawings pottery profiles Corte 4 (Niv. I) (191 212)

LG-98 CORTE 4

Nivel Superficial

191. Borde, mano, medio, medio, mixta, alisado, semicuidada.

Nivel I

192. Borde, mano, fino, medio, reductora, bruñido, cuidada.

193. Borde, mano, medio, medio, oxidante, alisado, cuidada.

194. Borde, mano, medio, oscuro, reductora/oxidante, bruñido, cuidada.

195. Borde, mano, fino, medio, reductora, espatulado, cuidada.

196. Borde, mano, medio, medio, mixta, alisado, semicuidada.

197. Borde, mano, fino, oscuro, reductora, alisado, semicuidada.

198. Borde, mano, fino, medio, reductora, bruñido, cuidada.

199. Borde, mano, medio, medio, mixta, mixta, alisado, semicuidada.

200. Borde, mano, medio, oscuro, reductora, alisado, semicuidada.

201. Borde, mano, grueso, medio, mixta, sin tratamiento, tosca.

202. Borde, mano, grueso, oscuro, mixta, sin tratamiento, tosca.

203. Borde, mano, medio, oscuro, oxidante, sin tratamiento, tosca.

204. Borde, mano, grueso, oscuro, reductora, sin tratamiento, tosca.

205. Borde, mano, grueso, medio, oxidante, escobillado, tosca.

206. Cuerpo, mano, grueso, oscuro, mixta, escobillado, tosca.

207. Cuerpo, mano, grueso, oscuro, mixta, escobillado, tosca.

208. Mamelón, mano, grueso, oscuro, mixta, sin tratamiento.

209. Cuerpo, mano, grueso, oscuro, mixta, escobillado, tosca.

210. Base, mano, grueso, oscuro, mixta, sin tratamiento, tosca.

211. Base, mano, grueso, oscuro, mixta, sin tratamiento, tosca.

212. Base, mano, grueso, oscuro, mixta, sin tratamiento, tosca.

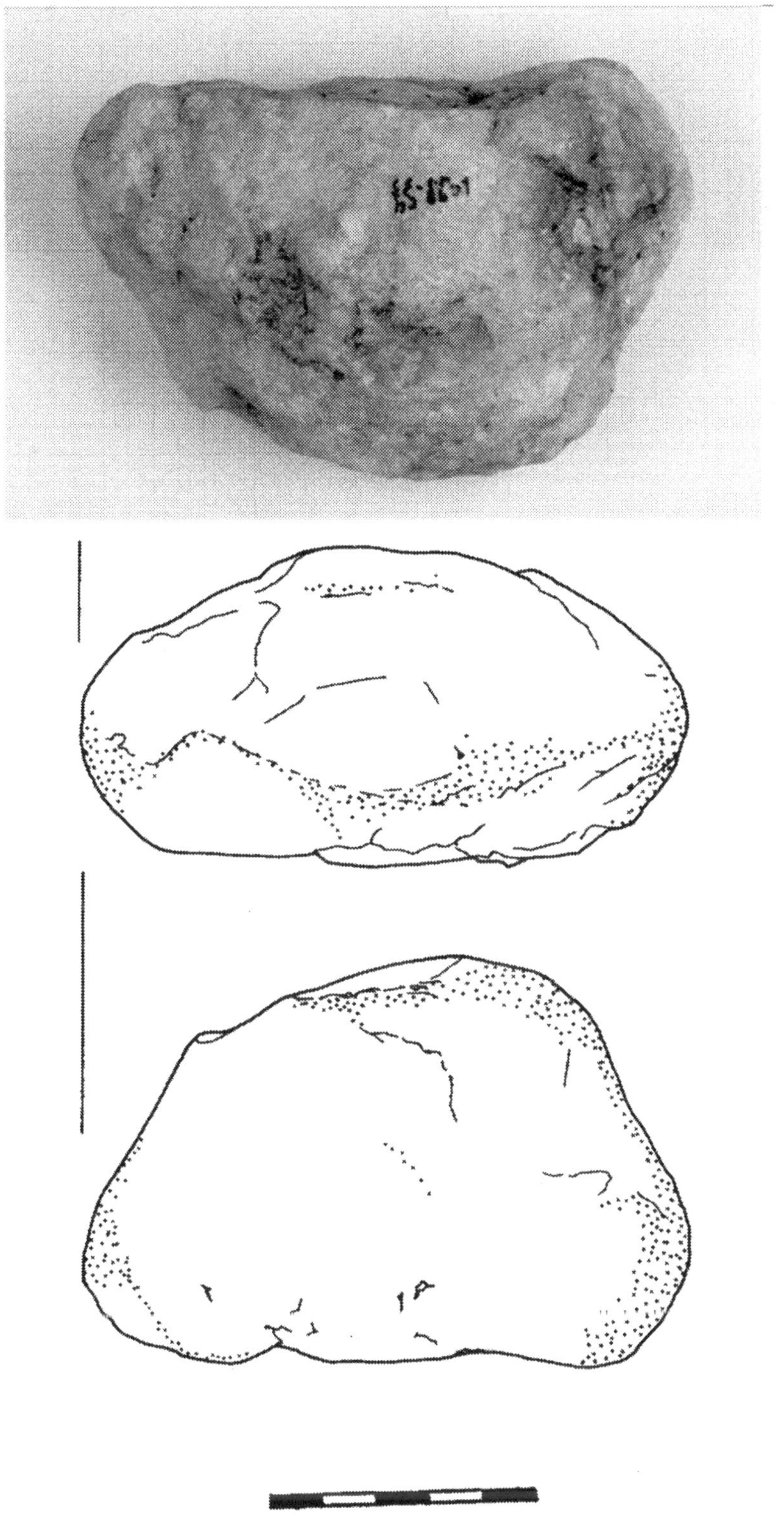

.4 drawing Trench/4 [Nivel/3] A **quartz** hammer/crusher.
Log98/H-140998 [Nivel/3-(34)], weight **565 grams**

A roughly shaped hammer/crusher excavated in layer 3 Trench/4

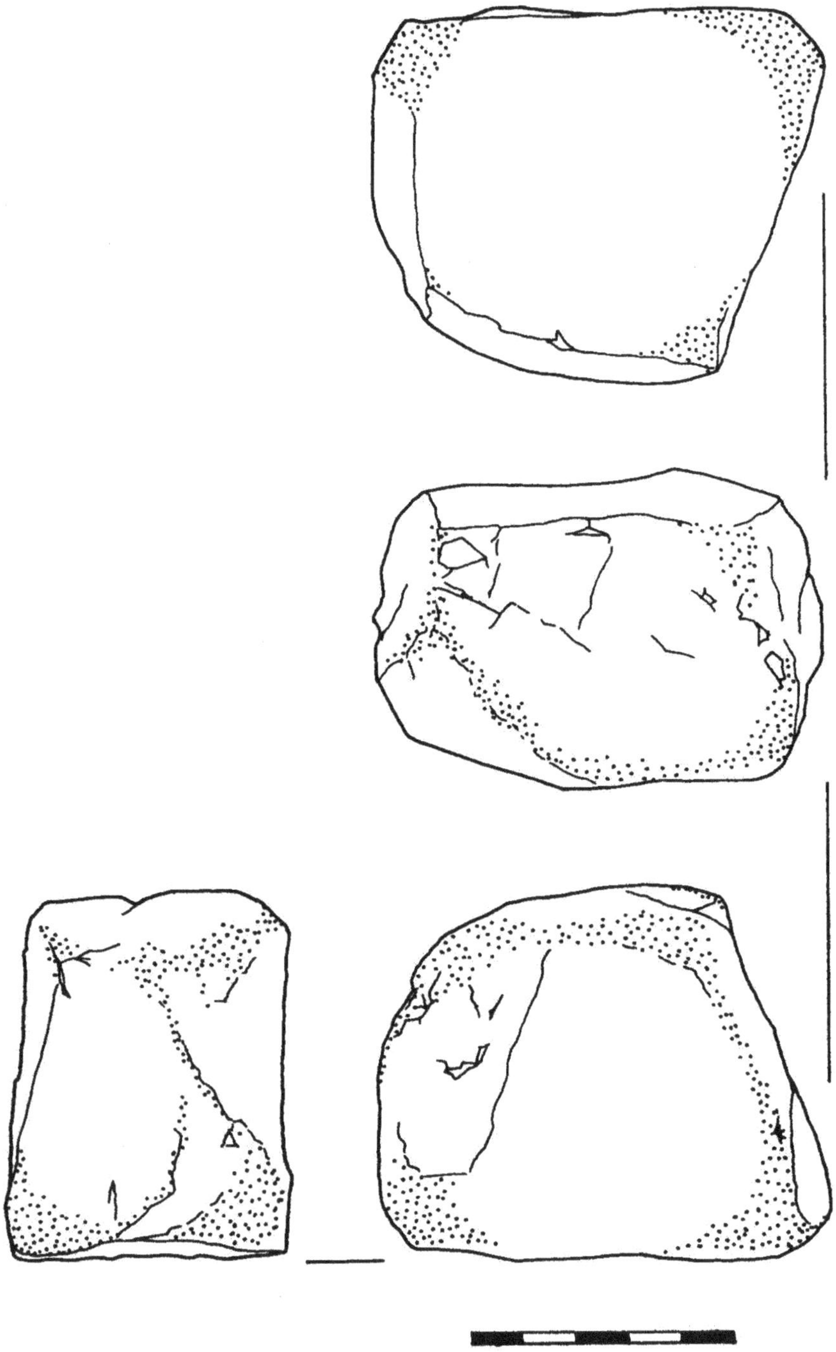

8.5 drawing Trench/4 Nivel/3 A **quartz** hammer/crusher
Log98/H-140998 [Nivel/3-(33)], weight **685 grams**

A roughly shaped hammer excavated from layer 3, Trench/4

[Trench/5]
GPS reading

N 39° 19' 34.8"
W 05° 30' 35.3"

Trench/5 was excavated by Anthony Bridgman and was located just above Mine/B on the northern side of Map/Area B, located in the final northern terrace of what is a series of terraces located in Map/Area B. The terraces located in Area B could possibly be either settlement or agricultural terraces, or mine working waste from the 1950's which was later levelled into farming terraces.

The size of Trench/5 was two metres north/south by one metre east/west and was excavated to a depth of approximately one metre. The trench was full of pottery from the surface downward. At approximately one meter depth the amount of pottery present had rapidly diminished and was being replaced mostly by small quartz fragments within the excavated fill, possibly mining rubble.

The excavated material from Trench/5 resembled a fine fill of decomposed granite and might have been washed into the area or partly levelled by human activity to form the terrace. Though different levels of fill pottery were present (section drawing **9.2**), all the pottery within these noted layers was solely of Late Bronze Age origin. Bed rock was not reached in Trench/5. No organic or carbon remains appeared in the excavated material.

9.1 photograph
final excavation photograph of trench 5

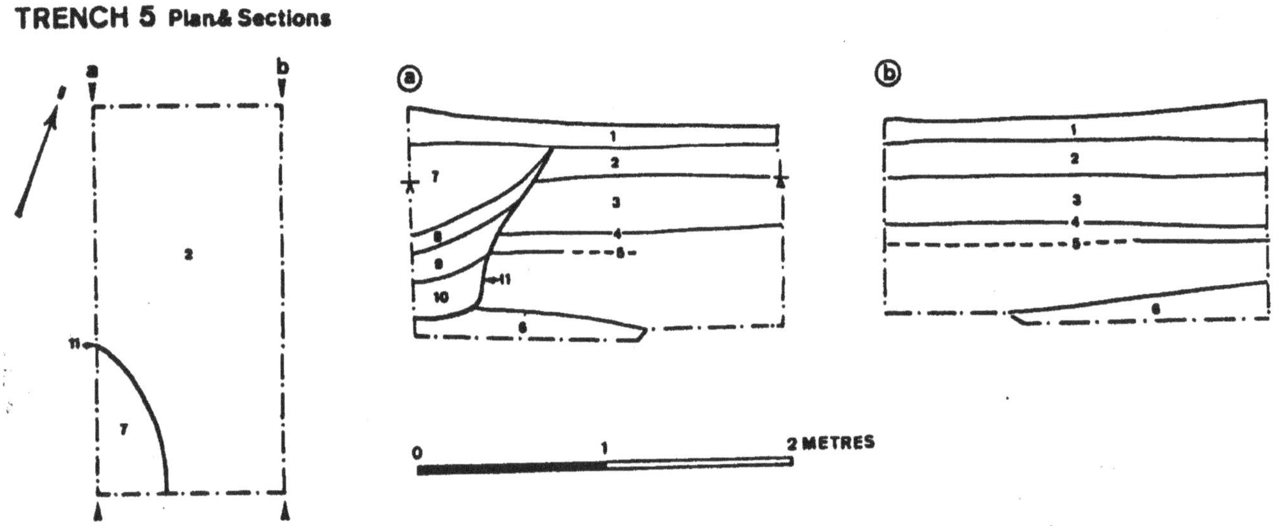

9.2 drawing
plan and east and west section drawings of trench 5

[Log/Cut]
GPS reading

N 39° 19' 32.5"
W 05° 30' 26.2"

The Log/Cut Area [a cut through a northern boundary bank] approximately nine metres wide by two metres high, is located exactly on the north end of the east/west boundary line between Map/Area D and Map/Area E. The cut across the bank was noted in this area in 1994 during earlier survey work on the Cerro.

The cut is through what could be considered a boundary bank wall, possibly covering an earlier stone wall structure. The existing cut was probably made during the modern mining operations of the 1950's. It was decided to clean back the exposed eastern side of the cut bank with the hope of finding a stone wall profile and in situ pottery evidence which might help to date the origin of this northern Cerro de San Cristobal bank.

An area approximately six metres wide and two metres high of the east bank was cleaned back by Gilmour and Andrews. The cutting and cleaning back of the east side of the earthen bank section did reveal quite a few stones located within the bank profile, (Plan **10.1**) but did not produce any reliable evidence of an earlier stone wall structure.

Only three pieces of pottery probably of a Late Bronze Age date appeared in the middle section of the east bank during the cleaning work. The cleaning back therefore did not offer any conclusive proof of a man made wall structure or any real firm dating evidence of the formation period of the east bank section profile.

The boundary bank seems to continue further along the northern side of Map/Areas D, C and B. The bank has been cut through again in Map/Area D. It might make sense some time in the future to clean back part of the exposed cut bank profiles in Map/Area D to see if any structure or dating evidence might exist in that location.

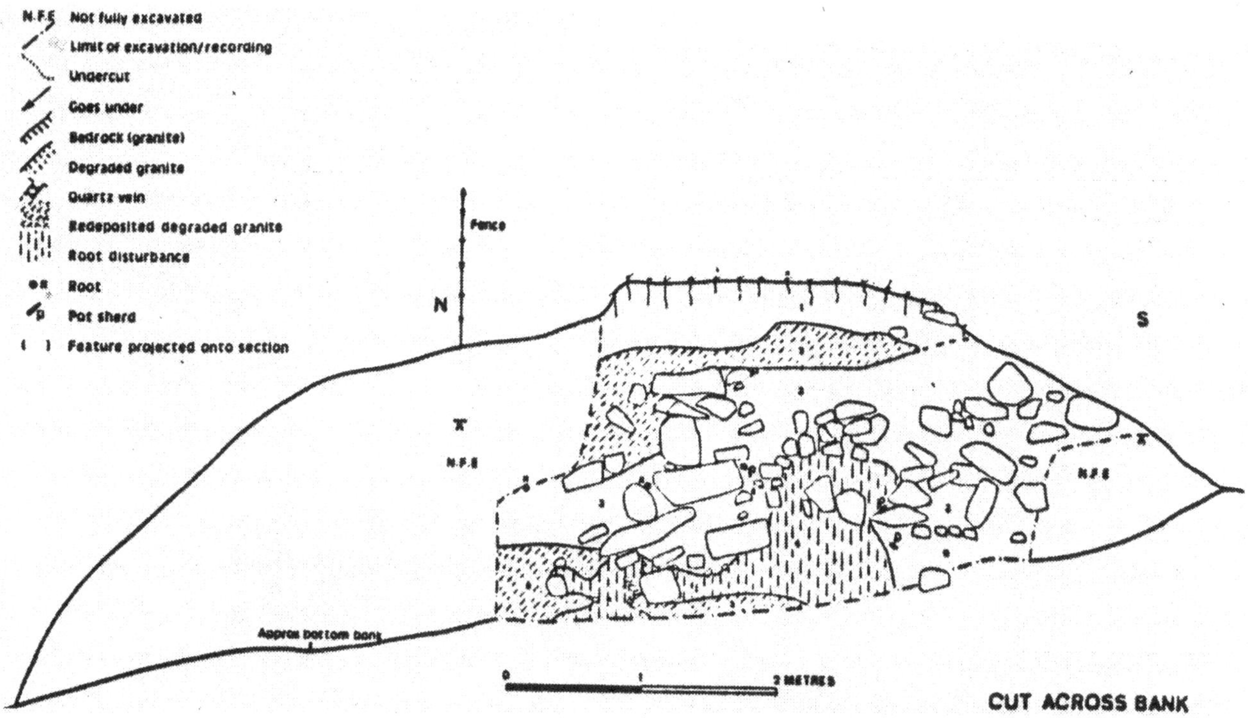

10.1 drawing
final drawing of cut across bank

10.2 photograph
finish clearing back cut across bank/ log/cut

[Mine/A]
GPS reading

N 39° 19' 18.5"
W 05° 30' 14.2"

11.1 photograph
mine/A view to south just after clearing area of light surface vegetation

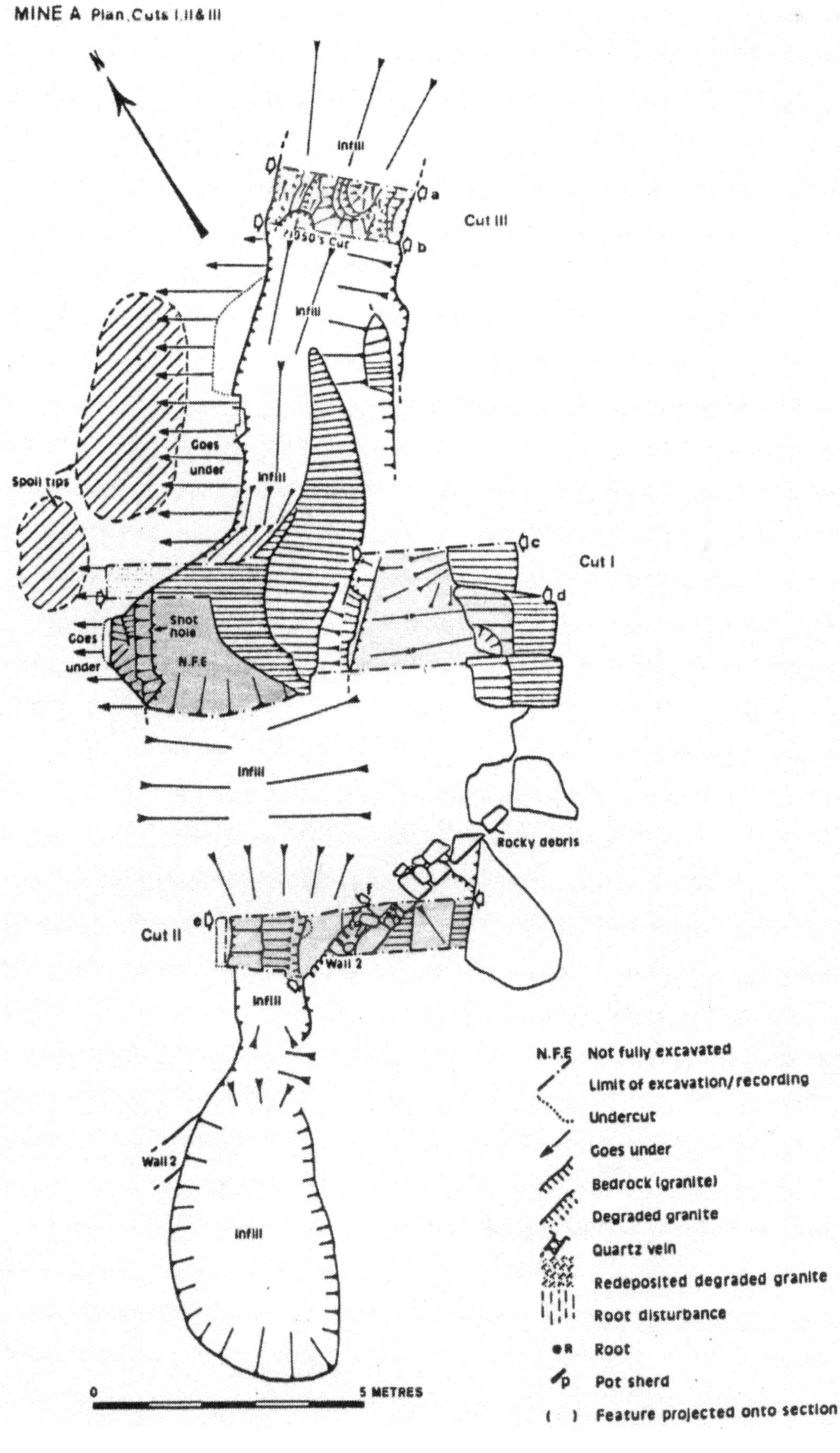

11.2 drawing mine/A cuts I, II & III

[Mine/A]
GPS reading

N 39° 19' 18.5"
W 05° 30' 14.2"

Mine/A is located in the south east corner of Map/Area H. It consisted of a partly exposed large trench cut mine which probably had been worked and partly back filled in the 1950's. The trench runs in a south/east - north/west direction. The majority of the mineral veins found on the Cerro de San Cristobal lie in this orientation. Mine/A was excavated by Andrews, Bridgman and Gilmour.

Within the Mine/A zone four separate small excavations took place. It was thought that the modern mine trench workings might have been based upon earlier mining efforts which might have had prehistoric origins. It was therefore decided to dig out a section of the central area of the exposed trench mine to see if any prehistoric evidence of mining could be found.

The first excavation was carried in the central area of Mine/A. This excavation work did not uncover any ancient workings but only exposed a possible modern opening up of and deepening of a much shallower ancient open trench mine, which had possibly been following the quartz mineral veins found in granite in this location. The infill excavated during the excavation work contained Late Bronze Age pottery, stone hammer fragments plus part of a modern pair of iron sheep shears very close to the bottom of the excavation.

It was considered that the trench infill had been shovelled into the workings at the end of the modern mining process, possibly in the late 1950's. Therefore the excavated infill could not be considered to be of original late bronze age insitu stratigraphy, but only re-deposited late bronze age pottery and stone hammers, which probably had been taken from the surface area just to the west of the trench mine.

The Mine/A trench workings were running down at about a approximate 40° angle to the west, following the lie of the mineral carrying quartz veins in the host granite. Remaining evidence of the worked out quartz veins in the granite became exposed during the excavation of the Mine/A trench workings.

The central area of Mine/A trench was excavated out in a two and half metre by approximately two metres wide section to a depth of approximately four metres from the existing surface. At this depth it was decided by the excavators that it was too dangerous to go any deeper due to the western side granite rock over hang which showed considerable cracking from dynamite blasting done in the 1950's.

No evidence of early mine workings were found during the excavation and the bottom of the supposed modern mining operation of the 1950's was not reached. What were considered to be modern metal pick axe or chisel marks appeared on both sides of the 40° west sloping trench along with remnants of modern blast shot holes exposed in the western wall, giving further evidence of modern mine workings.

SECTOR H MINA "A"

El resto de los cortes realizados en Logrosán fueron planteados con carácter exploratorio en algunas de las minas -o en sus proximidades- aún visibles en la cima de San Cristóbal. Entre éstos, destacan los excavados en la denominada "Mina A": una enorme trinchera de dirección NE-SW, localizada en el sector H y posiblemente abierta sobre trabajos antiguos.

Al menos esa es la impresión de las secciones obtenidas en los cortes I, II y III abiertos en sentido transversal a la citada trinchera. El más destacado de todos ellos desde el punto de vista estratigráfico es el reconocido como Corte "Mina A-II", que proporcionó un total de doce unidades estratigráficas todas ellas con material protohistórico tipológicamente afín al del resto de los cortes.

Por su parte, las secciones del Corte "Mina A-III" (a pesar de la escasez de materiales) dejan entrever la explotación durante distintos períodos de esta veta (11.7 drawing).

Tal circunstancia y el relleno posterior de estas trincheras obligan a tomar con suma cautela los resultados estratigráficos obtenidos en nuestra primera intervención. De hecho y como podrá observarse más adelante, no descartamos en absoluto la cxistencia de inversiones estratigráficas en algunas de las secciones obtenidas en esta Mina "A", en función de las contradicciones tipológicas observadas en la evolución de determinados recipientes cerámicos establecida en las estratigrafías mejor conservadas y más divulgadas del Suroeste peninsular.

CORTE I

Descripción de materiales ceramica (**11.7** drawing)

CORTE II

Descripción de materiales ceramica (**11.12** drawing)

CORTE III

Descripción de materiales ceramica (**11.22** drawing)

11.4 drawing
excavated area cut I

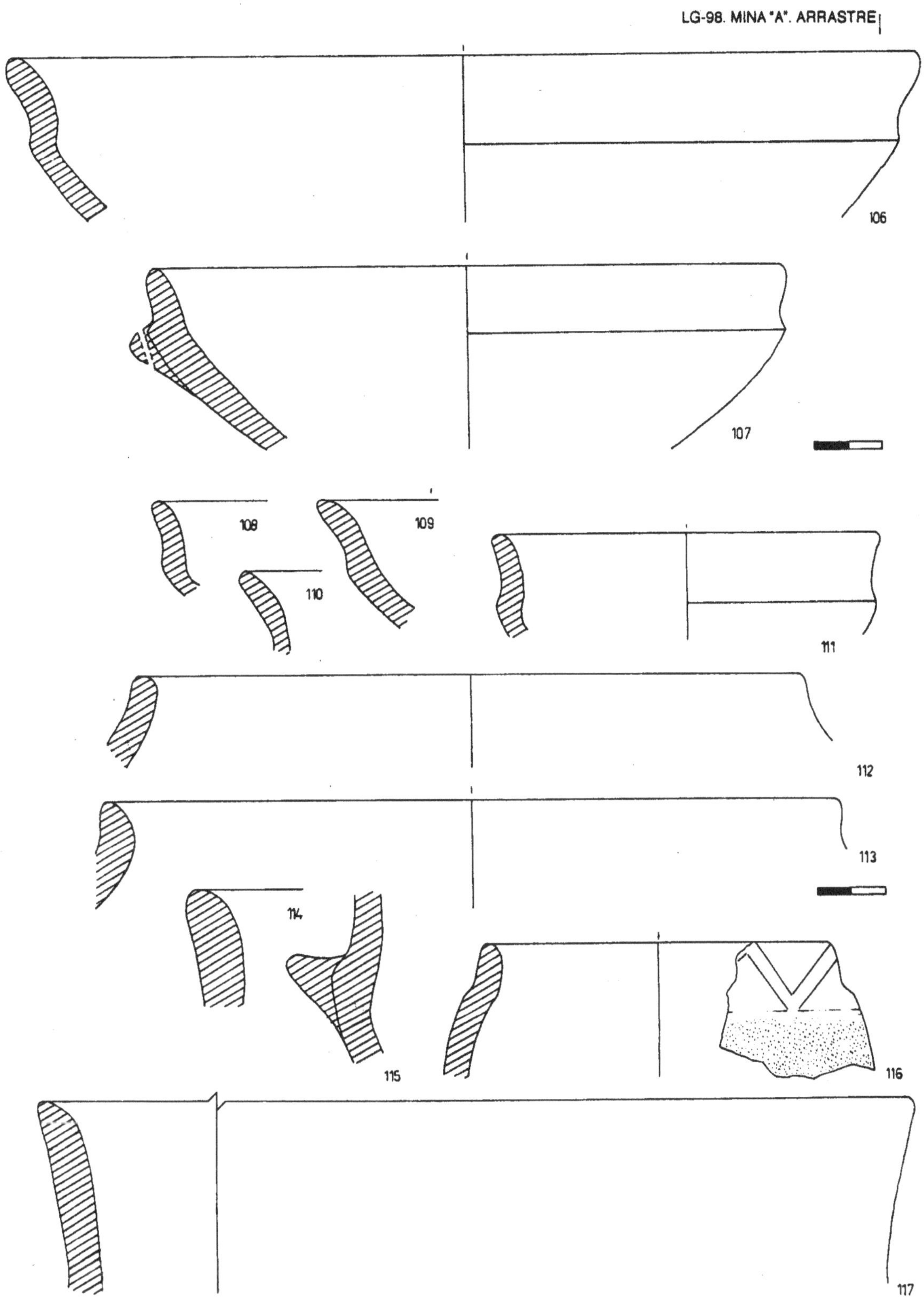

11.3 drawings pottery profiles mine A arrastre (106-117)

LG 98 MINA "A" **arrastre**

106. Borde, mano, fino, oscuro, reductora, bruñido, cuidada.

107. Borde, mano, fino, oscuro, reductora, bruñido, cuidada.

108. Borde, mano, fino, oscuro, reductora, alisado, semicuidada.

109. Borde, mano, medio, oscuro, reductora, bruñido, semicuidada.

110. Borde, mano, fino, oscuro, reductora, espatulado, semicuidada.

111. Borde, mano, fino, oscura, reductora, alisado, semicuidada.

112. Borde, mano, fino, oscuro, mixta, alisado, semicuidada.

113. Borde, mano, fino, oscuro, mixta, alisado, semicuidada.

114. Borde, mano, medio, oscuro, mixta, alisado, semicuidada.

115. Cuerpo con mamelón, mano, grueso, oscuro, mixta, sin tratamiento, tosca.

116. Borde, mano, medio, oscuro, mixta, alisado y sin tratamiento (trat.diferencial), incisa, tosca.

117. Borde, mano, grueso, oscuro, mixta, sin tratamiento, tosca.

Mine A Cut I

Mine/A/I dug by Andrews and Gilmour, was an eastern surface extension of the central trench. The excavated area was a surface area directly above the eastern side of the excavated sloping Mine/A. It was hoped that this area might expose a good stratigraphy of Late Bronze Age pottery and other evidence which could help prove that Mine/A had been worked in prehistory.

The excavated Mine/A/I square was approximately three metres wide east/west and two metres north/south and had a final excavated depth of approximately eighty centimetres.

There were ten different layers noted during the excavation work (**11.4** drawing page 92). Late Bronze Age pottery was found in all of the excavated layers, but it was thought that only layers 2, 3 and 9 represented original in situ pottery of the Late Bronze Age.

None of the Late Bronze Age pottery could be connected directly with prehistoric mining activity. Layers 1,4,5,7 and 10 represented areas which had been dug out in the 1950's and back filled at that time.

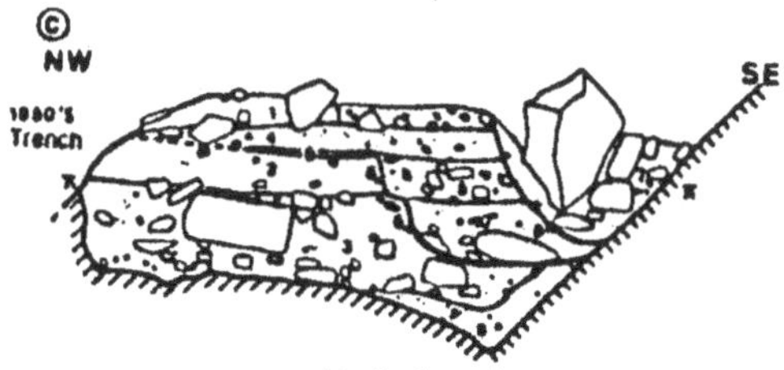

11.4 drawing
excavated area cut I

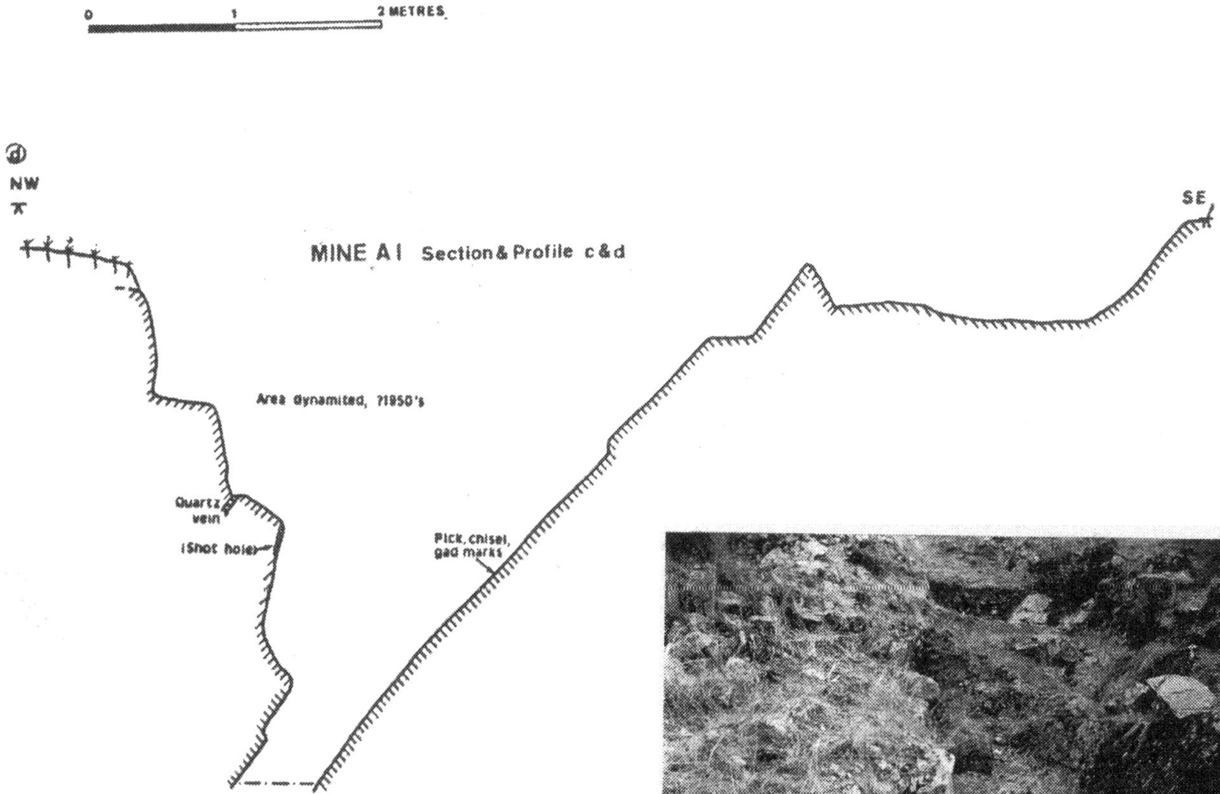

11.5 drawing
mine A excavation trench

N.F.E Not fully excavated
Limit of excavation/recording
Undercut
Goes under
Bedrock (granite)
Degraded granite
Quartz vein
Redeposited degraded granite
Root disturbance
R Root
P Pot sherd
( ) Feature projected onto section

11.6 photograph
mine A excavation final photograph

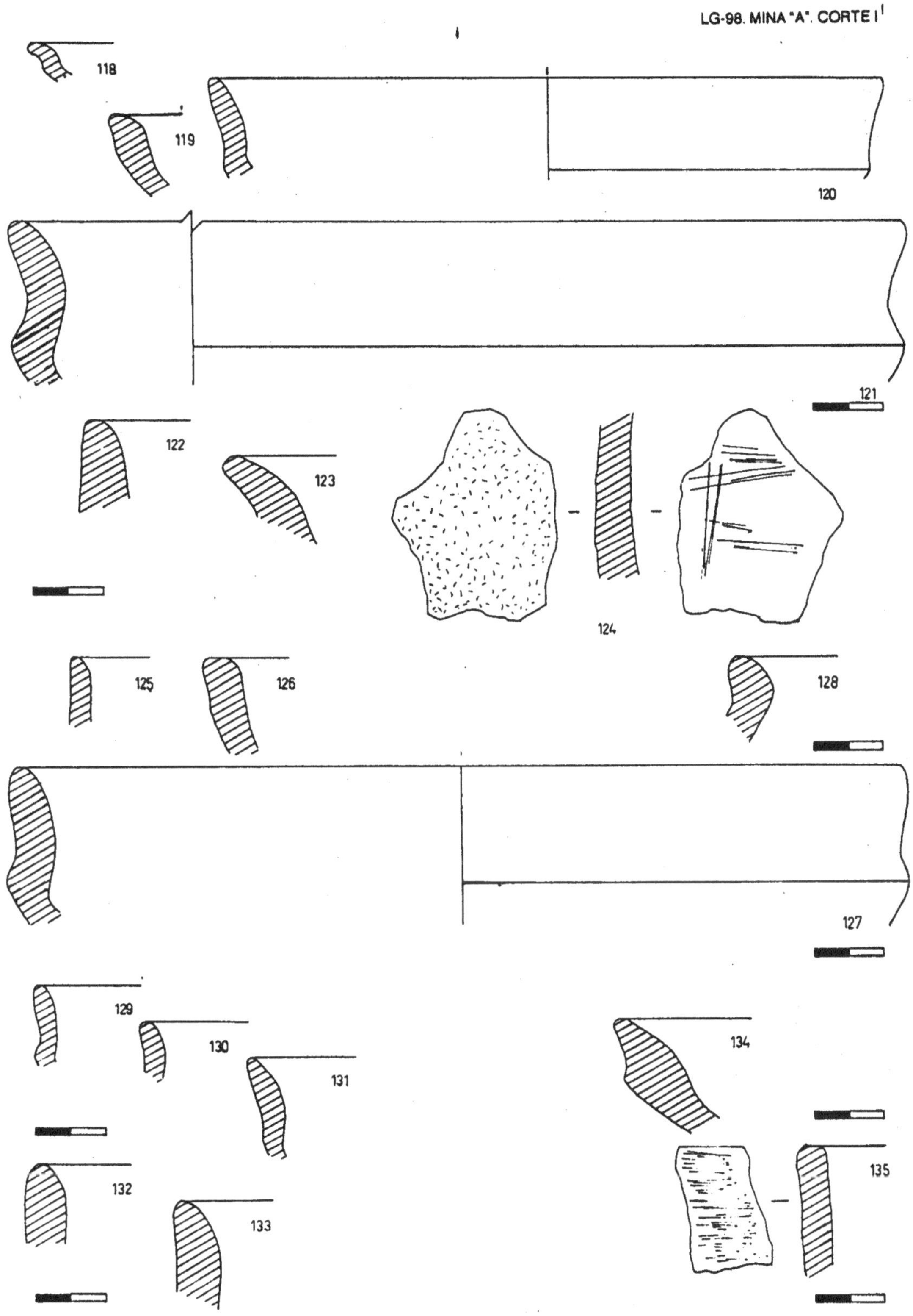

11.7 drawings pottery profiles mine A corte I (118-135)

LG 98 MINA "A" CORTE I

(present top soil)

118. Borde, mano, fino, oscuro, reductora, espatulado, semicuidada.

119. Borde, mano, fino, oscuro, reductora, espatulado, semicuidada.

120. Borde, mano, fino, medio, mixta, espatulado, semicuidada.

121. Borde, mano, fino, medio, mixta, espatulado, semicuidada.

122. Borde, mano, fino, medio, mixta, sin tratamiento, tosca.

123. Borde, mano, fino, medio, mixta, alisado, tosca.

124. Cuerpo, mano, grueso, oscuro, mixta, escobillada, tosca.

(buried soil below degraded granite layer)

125. Borde, mano, fino, medio, reductora, espatulado, semicuidada.

126. Borde, mano, medio, medio, reductora, alisado, semicuidada.

127. Borde, mano, fino, oscuro, reductora, espatulado, semicuidada.

128. Borde, mano, medio, oscuro, reductora, sin tratamiento, tosca.

(upper main brown subsoil)

129. Borde, mano, fino, oscuro, reductora, espatulado, cuidada.

130. Borde, mano, fino, oscuro, mixta, alisado, cuidada.

131. Borde, mano, medio, oscuro, reductora, alisado, cuidada.

132. Borde, mano, grueso, oscuro, reductora, sin tratamiento, tosca.

133. Borde, mano, medio, oscuro, reductora, alisado, tosca.

(lower parts of brown subsoil)

134. Borde, mano, medio, oscuro, reductora, espatulado, semicuidada.

135. Borde, mano, grueso, medio, reductora, escobillado, tosca.

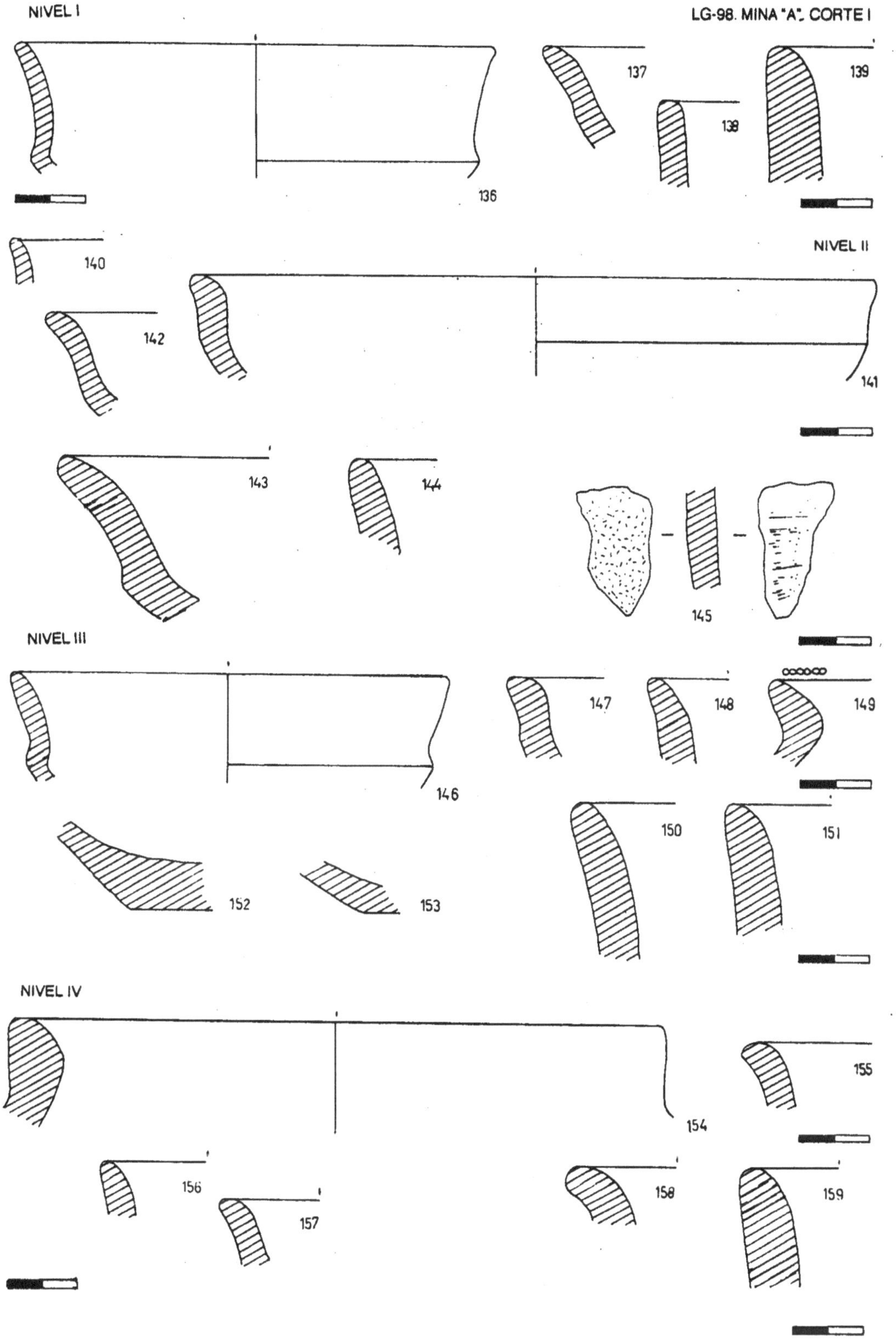

11.8 drawings pottery profiles mine A corte I (136-159)

LG-98 MINA "A" CORTE I

(Layer 1)

136. Borde, mano, fino, oscuro, reductora, espatulado, semicuidada.

137. Borde, mano, grueso, oscuro, reductora, alisado, semicuidada.

138. Borde, mano, fino, oscuro, reductora, alisado, semicuidada.

139. Borde, mano, medio, medio, reductora, alisado, tosca.

(Layer 3)

140. Borde, mano, fino, oscuro, reductora, bruñido, cuidada.

141. Borde, mano, medio, medio, mixta, alisado, semicuidada.

142. Borde, mano, fino, medio, oxidante, alisado, semicuidada.

143. Borde, mano, medio, oscuro, reductora, alisado, semicuidada.

144. Borde, mano, grueso, oscuro, mixta, sin tratamiento, tosca.

145. Cuerpo, mano, grueso, oscuro, mixta, escobillado, tosca.

146. Borde, mano, fino, medio, oxidante, alisado, semicuidada.

147. Borde, mano, fino, oscuro, reductora, alisado, semicuidada.

148. Borde, mano, medio, oscuro, reductora, alisado, semicuidada.

149. Borde, mano, fino, oscuro, reductora, bruñido, impresa, semicuidada.

150. Borde, mano, medio, oscuro, mixta, alisado, tosca.

151. Borde, mano, medio, medio, mixta, sin tratamiento, tosca.

152. Base, mano, grueso, oscuro, mixta, sin tratamiento, tosca.

153. Base, mano, fino, medio, mixta, alisado, tosca.

154. Borde, torno, grueso, medio, oxidante, alisado.

155. Borde, torno, fino, medio, oxidante, alisado.

(Layer 4)

156. Borde, mano, medio, oscuro, reductora, alisado, semicuidada.

157. Borde, mano, fino, medio, mixta, alisado, semicuidada.

158. Borde, mano, grueso, medio, oxidante, alisado, tosca.

159. Borde, mano, medio, oscuro, reductora, sin tratamiento, tosca.

Mine A Cut II

Mine/A/II was excavated by Bridgman. The area excavated was a cut approximately three metres in a general north/west direction and one meter wide in south/east direction and approximately two and one half metres deep when finished. The excavated central trench area again proved to be backfilled material inside what were considered to be 1950's - 1960's mine workings.

In the area of the eastern side of the cut Mine/A/II, the excavated layers 1, 3 and 4 seem to have been excavated during the modern mining process of the the 1950's and then re-deposited. The lower layers 5,6,7,8,9 and 10 seem to represent original in situ Late Bronze Age layers with pottery present.

A small area in the east side within layer 8 seemed to show evidence of prehistoric mining in the removal of a very narrow quartz vein. This small area showed no metal working tool marks, and very probably would have been created by using stone hammer/crushers to extract the quartz and proposed minerals that would have been present.

In the upper eastern area of Mine/A/II there were stone foundations of a wall. This stone wall represented the remnants of a later wall as it was lying on sterile earth well above the Late Bronze Age pottery layers.

11.9 photograph final excavation
late bronze age pottery layer and decomposed granite

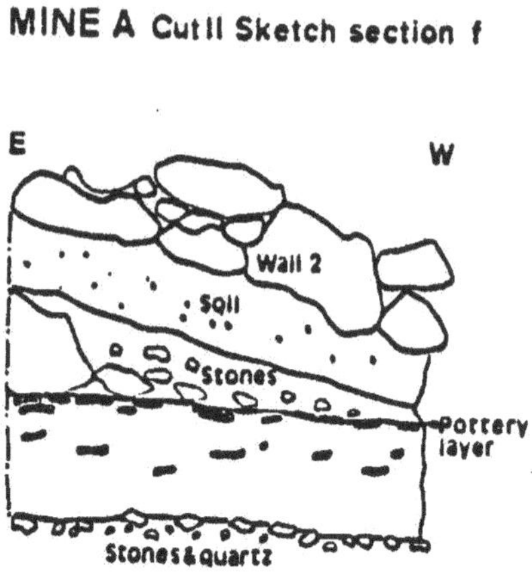

11.10 drawing cut II south

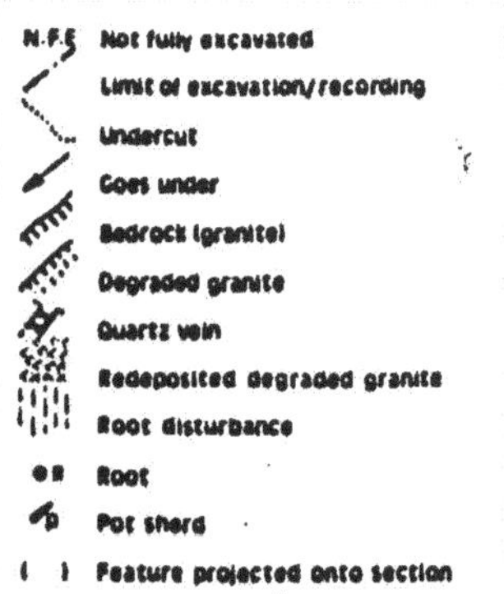

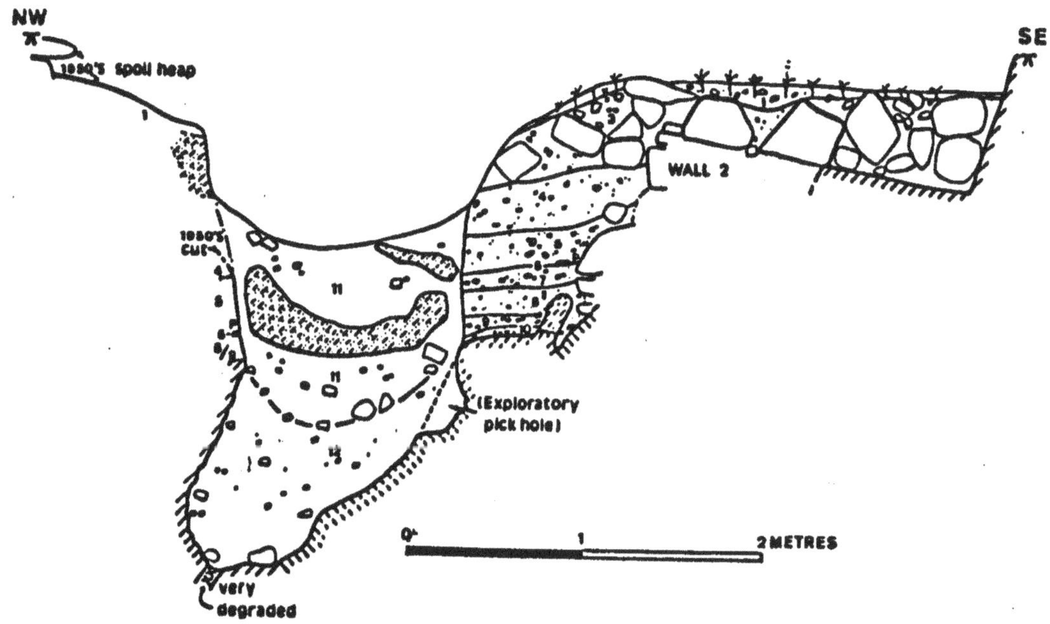

11.11 drawing mine A cut II north side

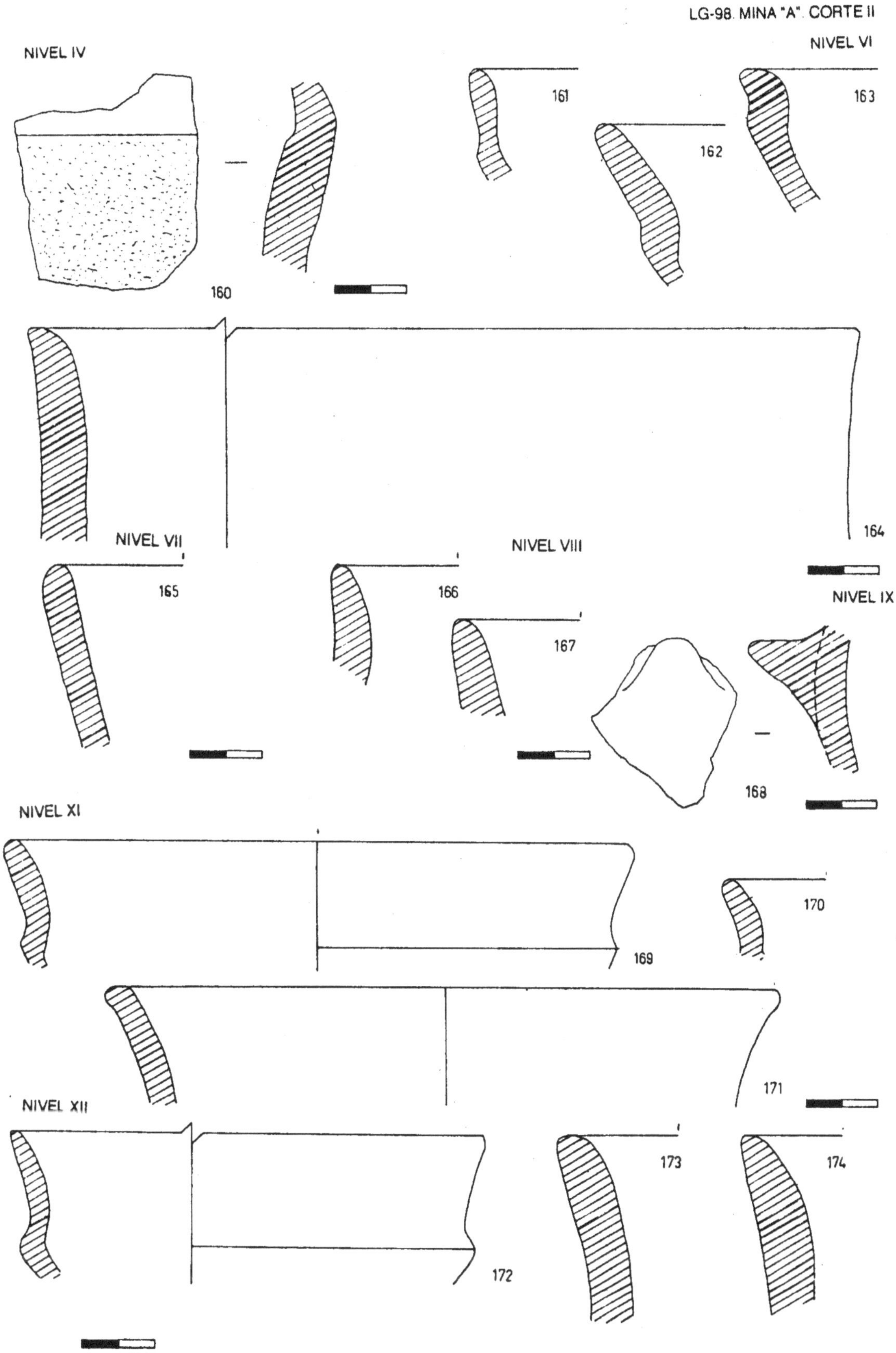

11.12 drawings pottery profiles mine A corte II (160-174)

LG 98 MINA "A" CORTE II

(U4)

160. Cuerpo, mano, grueso, oscuro, mixta, alisado y sin tratamiento (trat. diferencial), tosca.

(U6)

161. Borde, mano, fino, oscuro, reductora, espatulado, cuidada.

162. Borde, mano, fino, oscuro, reductora, espatulado, cuidada.

163. Borde, mano, fino, oscuro, reductora, espatulado, cuidada.

164. Borde, mano, fino, medio, mixta, alisado, tosca.

(U7)

165. Borde, mano, grueso, medio, mixta, sin tratamiento, tosca.

(U8)

166. Borde, mano, medio, medio, reductora, espatulado, semicuidada.

167. Borde, mano, fino, medio, reductora, espatulado, semicuidada.

(U9)

168. Cuerpo con mamelón, mano, grueso, medio, mixta, sin tratamiento, tosca.

(U11)

169. Borde, mano, medio, medio, mixta, alisado, semicuidada.

170. Borde, mano, fino, oscuro, reductora, bruñido, semicuidada.

171. Borde, mano, fino, medio, oxidante, alisado, semicuidada.

(U12)

172. Borde, mano, fino, oscuro, reductora, alisado, semicuidada.

173. Borde, mano, grueso, oscuro, reductora, alisado, semicuidada.

174. Borde, mano, grueso, medio, mixta, sin tratamiento, tosca.

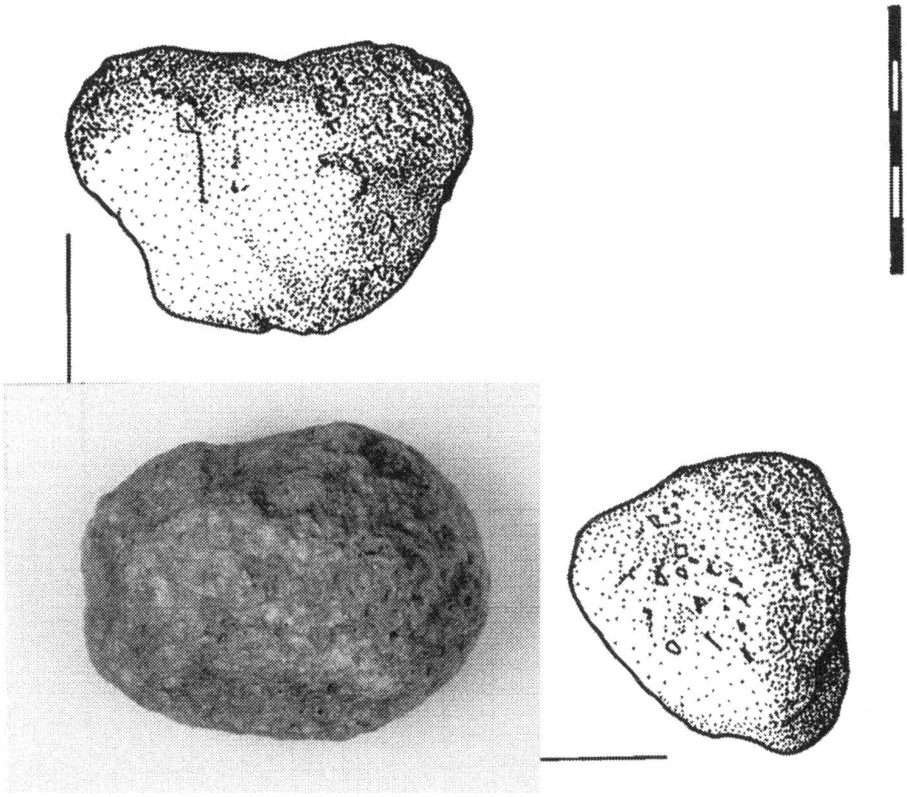

11.13 drawing (M/A/II) [Layer 11] A **granite** hammer/crusher,
Log98/H-110998 [Layer-11], weight **310 grams**

A small hammer/crusher excavated in layer 11 mine A cut II

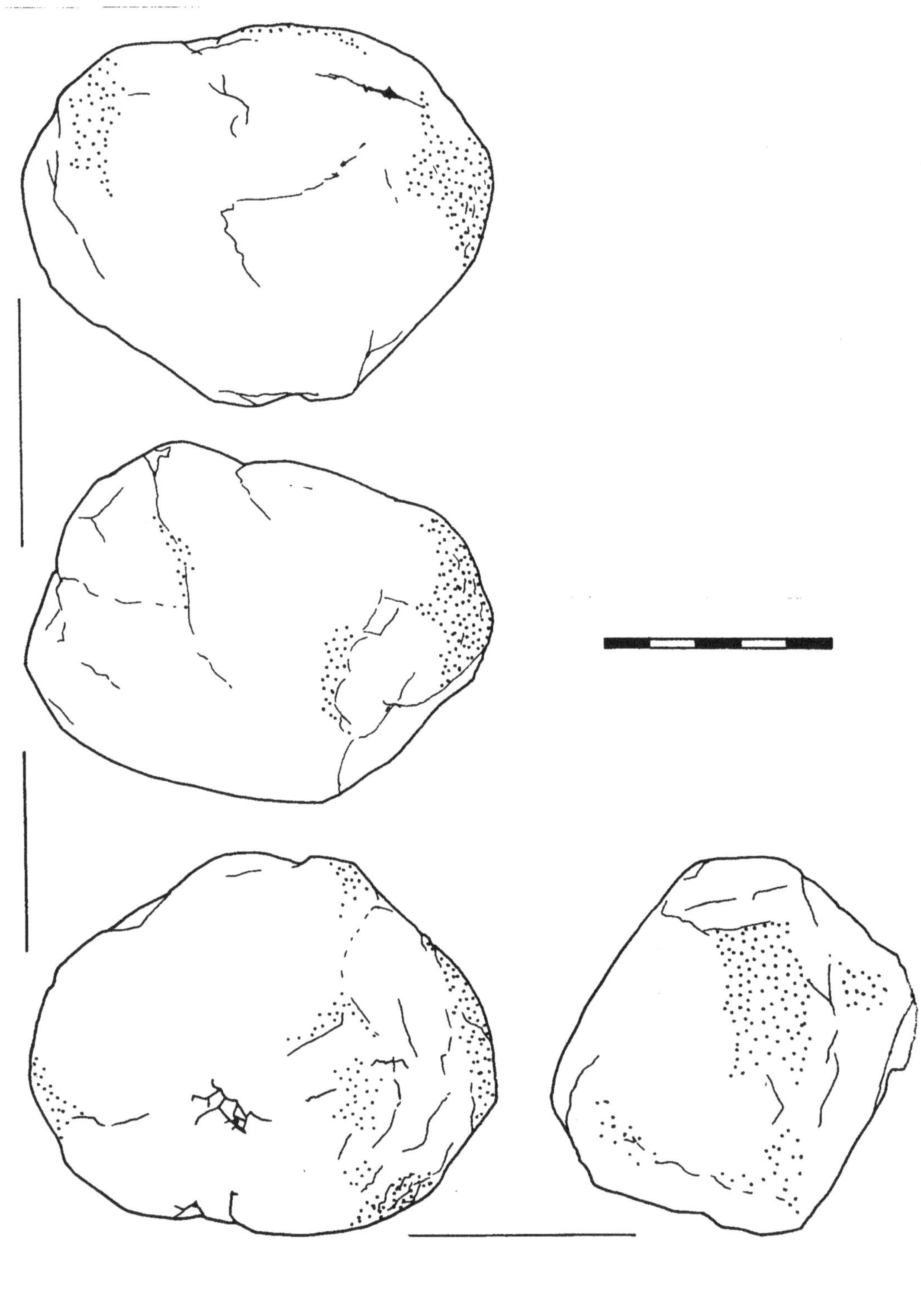

11.14 drawing (M/A/II) Layer 11 A **quartz** hammer/crusher
Log98/H-110998 [Layer-11], weight **845 grams**

A shaped hammer/crusher excavated in layer 11 mine A cut II

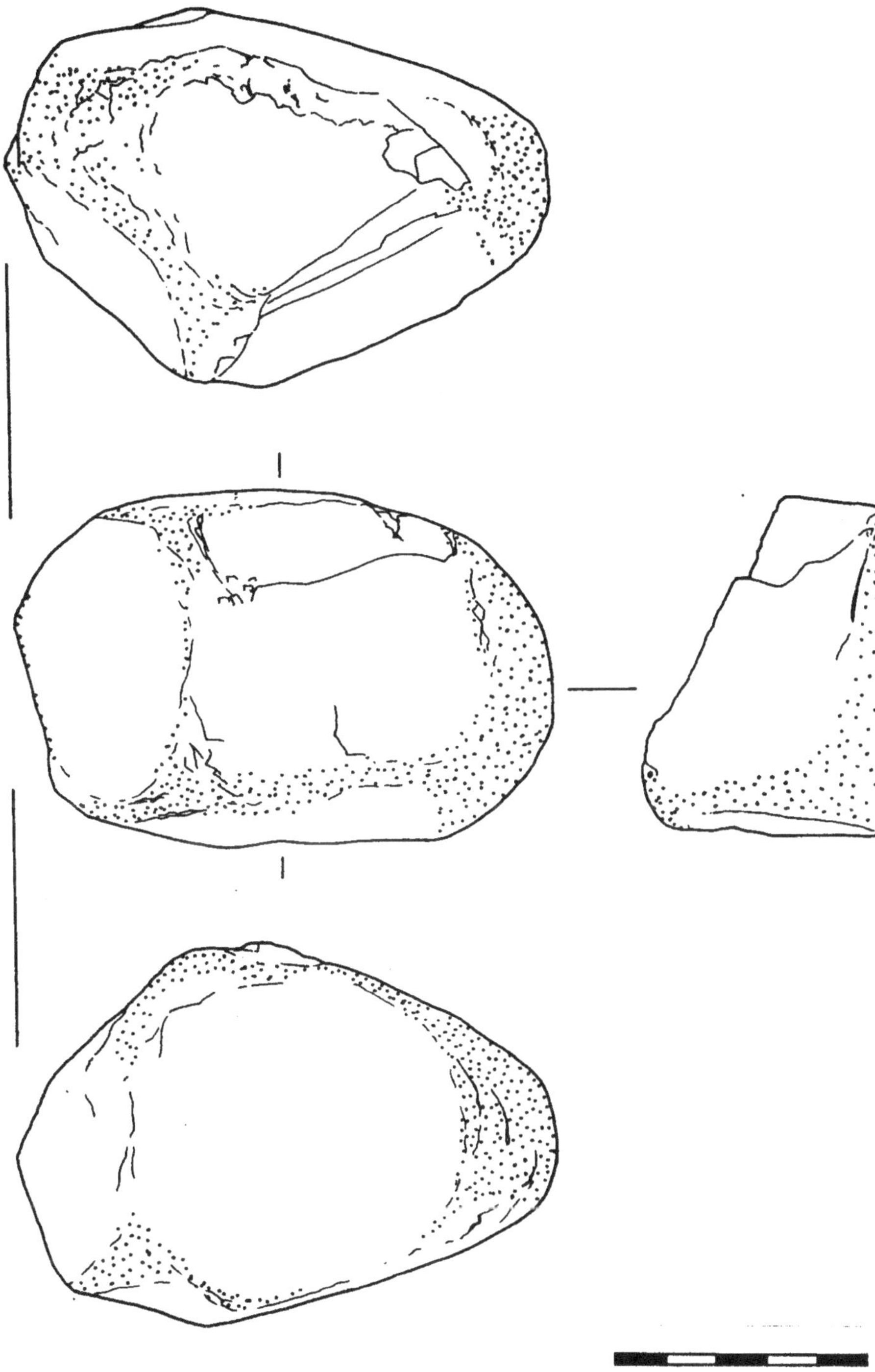

11.15 drawing (M/A/II) [Layer/4] A **quartz** hammer/crusher, Log98/H-100998 [Nivel/4], weight **670 grams**

A hammer/crusher excavated from layer 4, mine A cut II

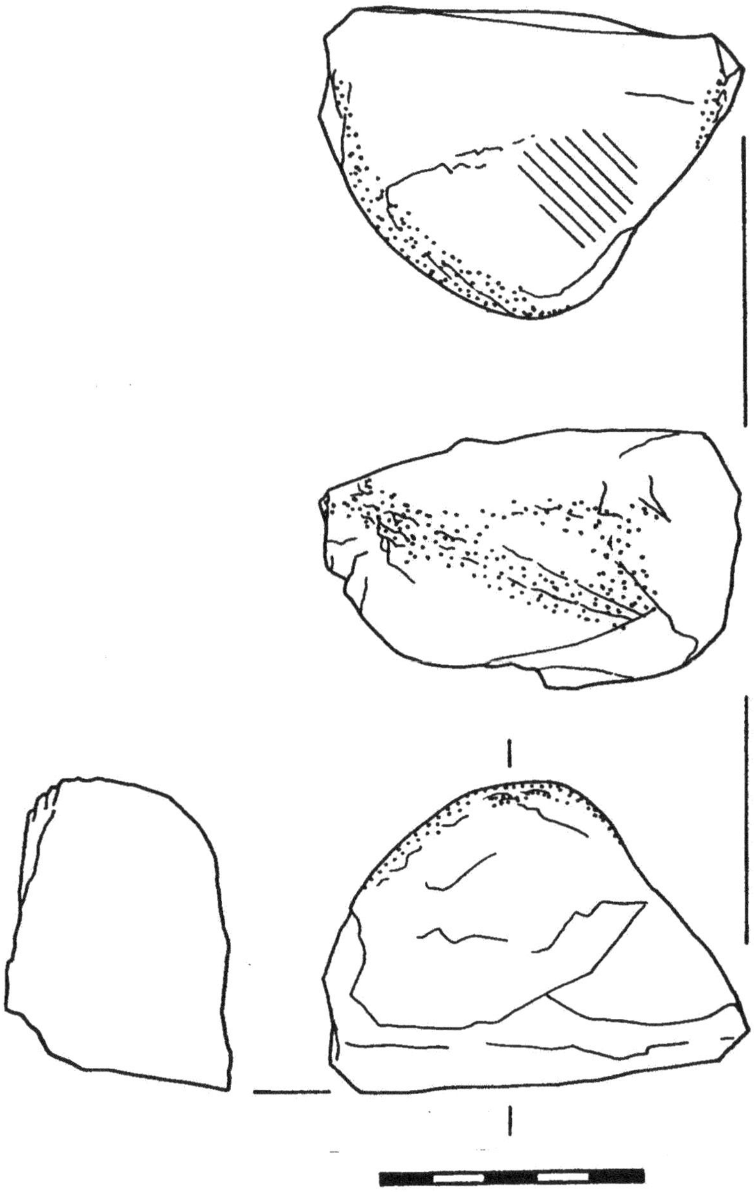

11.16 drawing (M/A/II) [Layer/4] A **quartz** hammer fragment, Log98/H-100998 [Nivel/4] weight **260 grams**

A very small fragment of a hammer excavated in layer/4, mine A cut II

Mine A Cut III

Mine/A/III was excavated by Anthony Gilmour and is located at the north/east end of the Mine/A trench. The excavated section was two and one half metres east/west by one metre wide north/south and had a final excavated depth of seventy centimetres.

The excavation of Mine/A/III located and exposed where the 1950's mine workings stopped in the southern half of the trench and evidence of earlier, possibly prehistoric mine workings appeared in the northern side of the trench.

There was little pottery and only one or two fragments of a quartz hammer crusher, in the excavated material. It could not be said that this area had definitely been sealed with a completely undisturbed Late Bronze Age pottery layer.

It was felt though by the excavator (Gilmour) that the trench contained evidence of prehistoric mining in the northern side, represented by the narrow trench workings of the quartz veins within the decomposed granite.

The very soft host granite rock showed no evidence of modern mining operations. No modern tool marks (pick or chisel) were visible on the granite.

The small trench workings exposed in the granite on the northern side of the Mine/A/III excavation seemed to resemble the granite quartz trench workings found in Trench/1 and the smaller trench workings found in the north/west corner of Trench/3.

The minerals being mined out of Mine/A as shown by the samples analysed below would point to both arsenopyrite and cassiterite being present in the quartz carrying mineral veins, with some trace amounts of bismuth also present.

Future excavation work needs to be done in the Mine/A area including further excavations to the north/east and to the south/west following the visible continuing line of the large trench mine.

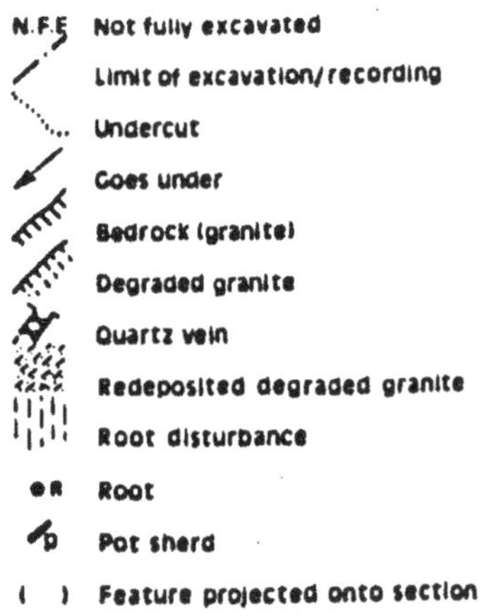

1.17 photograph excavation of mine A cut III

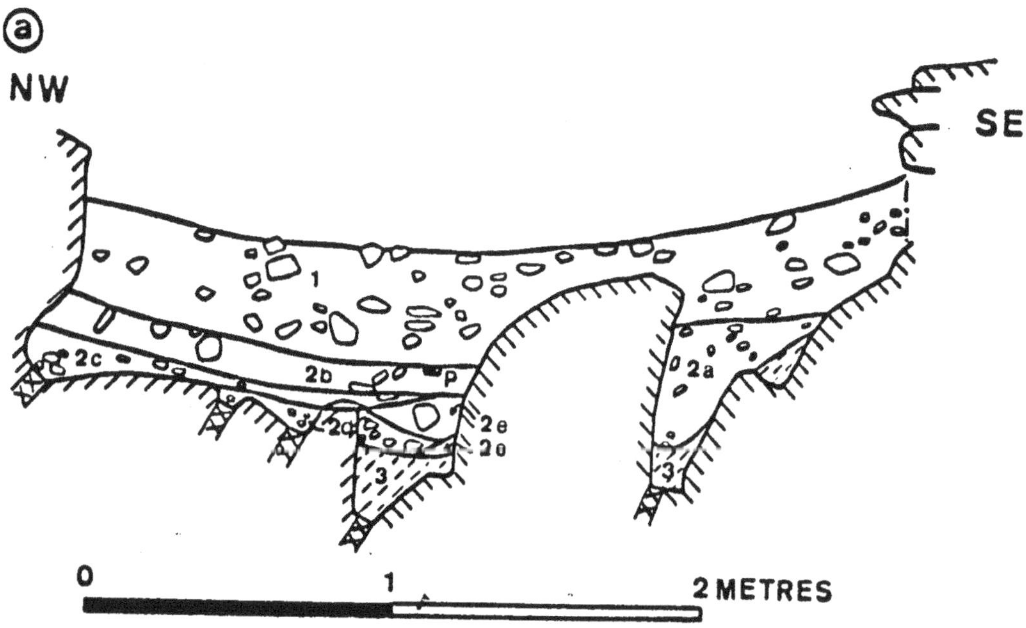

11.18 final drawing of mine A cut III north section a

11.20 photograph excavation of mine A cut III

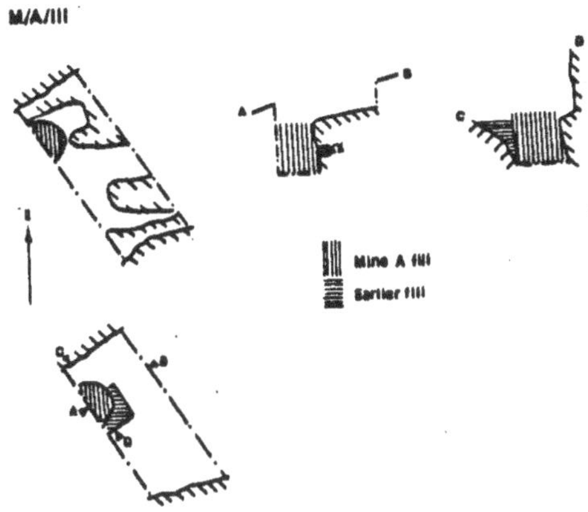

11.19 drawing M/A/III of fills

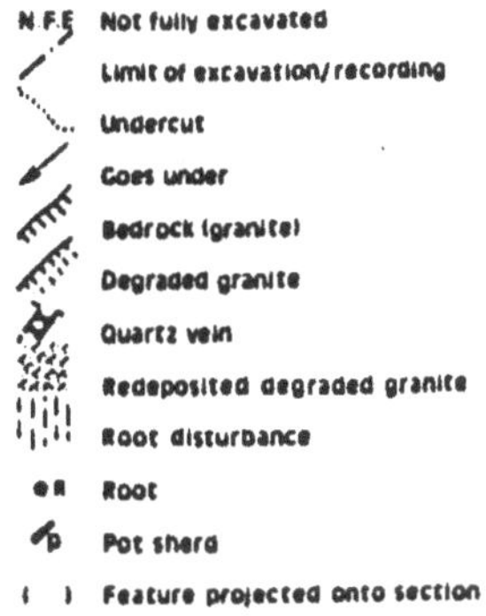

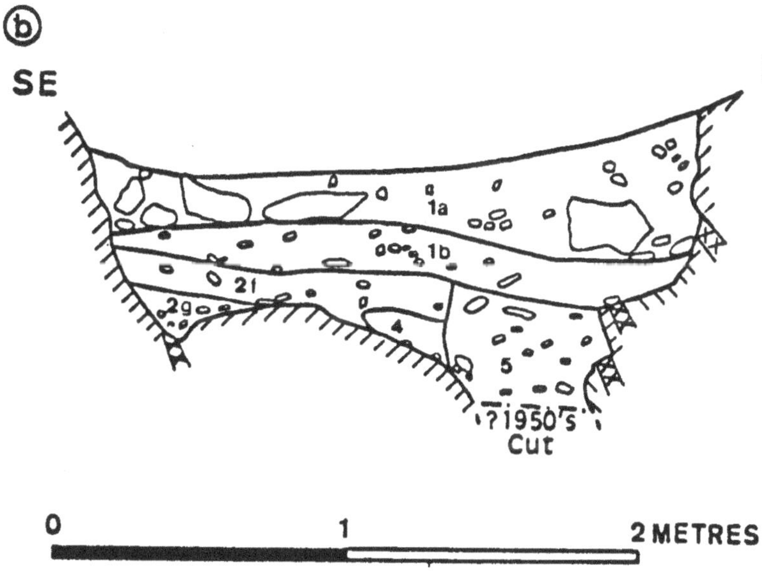

11.21 drawing south section of mine A cut III section b

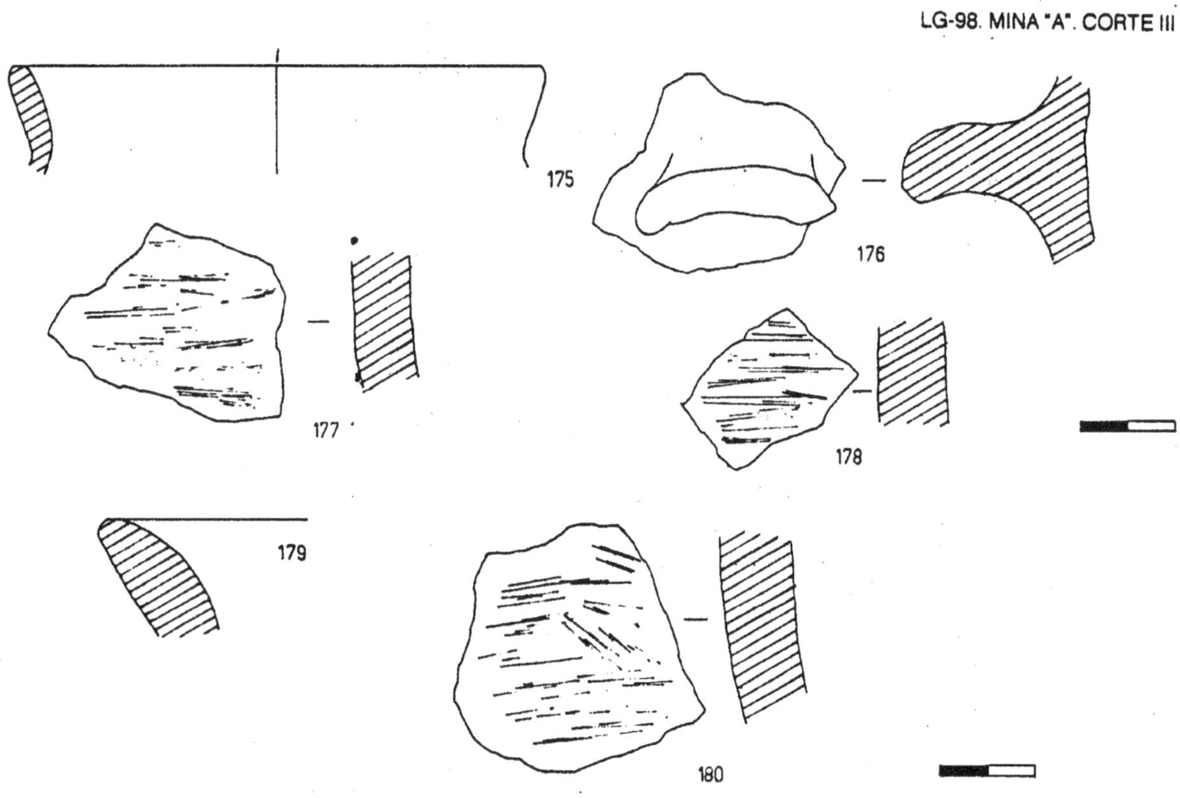

11.22 drawings pottery profiles mine A corte III (175-180)

LG-98. MINA "A". CORTE III

Layer 1

175. Borde, mano, fino, oscuro, reductora, bruñido, cuidada.

176. Asa, mano, grueso, oscuro, mixta, sin tratamiento, tosca.

177. Cuerpo, mano, grueso, oscuro, mixta, escobillado, tosca.

178. Cuerpo, mano, grueso, oscuro, mixta, escobillado, tosca.

Layer 2

179. Borde, mano, grueso, oscuro, mixta, sin tratamiento, tosca.

180. Cuerpo, mano, grueso, oscuro, mixta, excobillado, tosca.

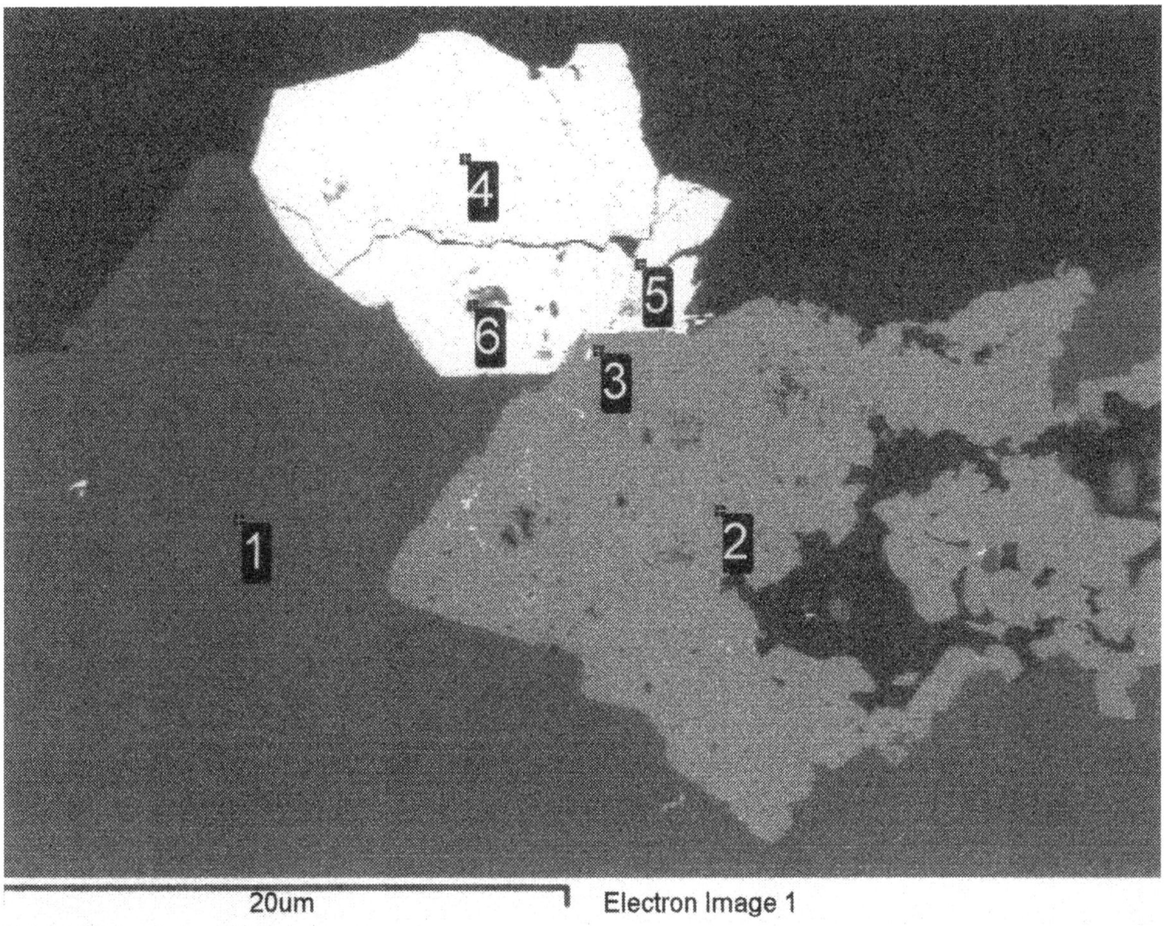

11.23 black and white scan microprobe Joel 733 (Sample 11)

logrosan/98		%	%	%	%	%	%	%	%	%
trench/3		**Al**	**Si**	**P**	**Fe**	**As**	**Sn**	**Bi**	**O**	**Total**
sample (11)	point 1		46.74						53.26	101
cut 3/excavated	point 2				15.22	30.47			43.34	91.03
middle vein	point 3			0.75	7.55	8.08		26.32		89.75
Mine /A	point 4						78.77		21.23	104
	point 5						65.72		29.76	100.48
	point 6	0.45			7.98	0.9	40.59		39.70	95.62

11.24 table analysis of mineral sample (11) Mine/A

The above analysis are the six points identified in the **Joel 733** black and white scan of (Sample 11).

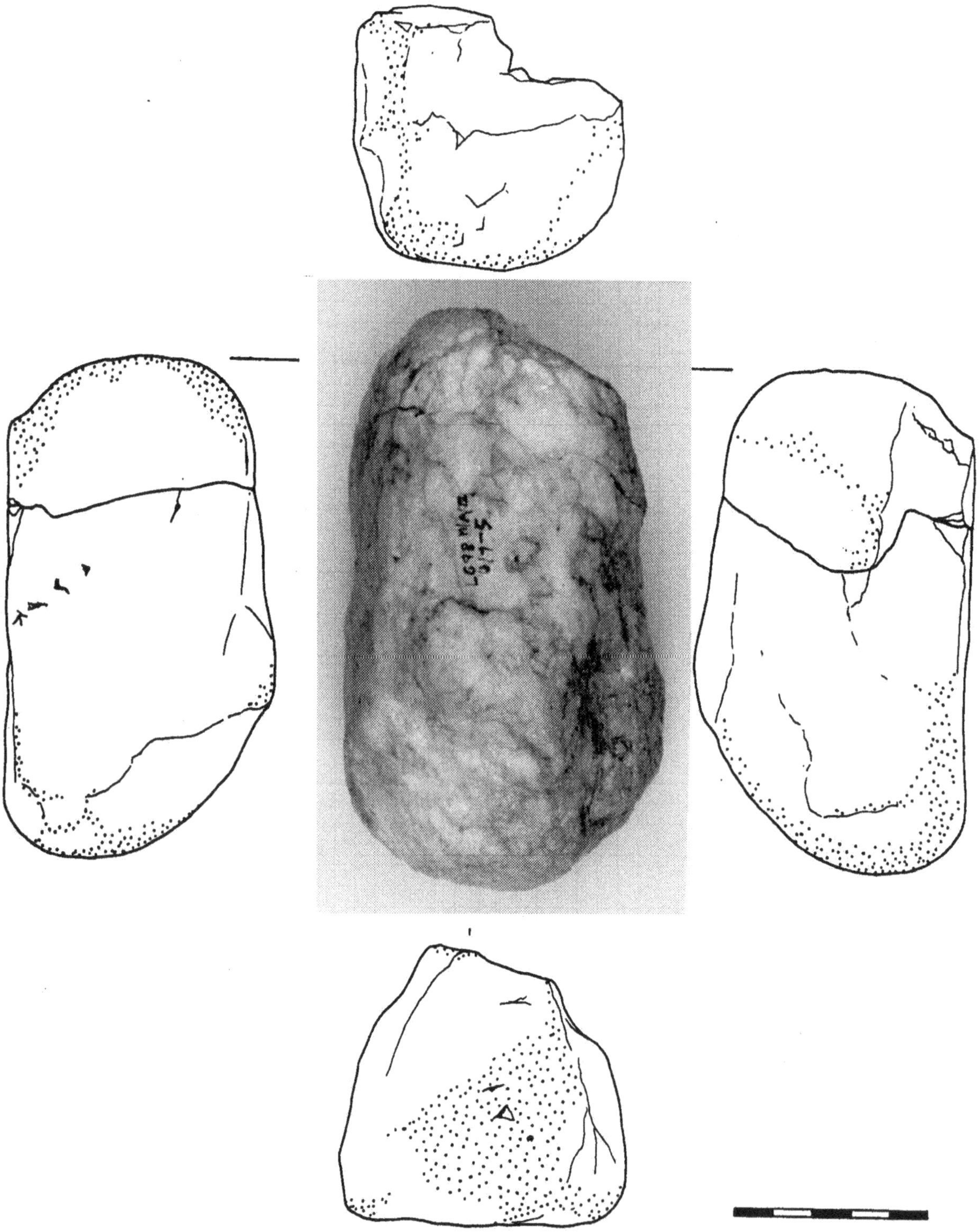

11.25 drawing M/A/III [layer/1] A **quartz** hammer/crusher
Log98/H-120998 [layer-1], weight **965 grams**

A shaped hammer broken into two pieces, excavated in what could be considered a 1950's re-deposited layer within the Mine/A/III excavation square.

logrosan/98		%	%	%	%	%	%	%	%	%	%	%
MINE/A	Points	**Bi**	**Sn**	**As**	**P**	**S**	**Fe**	**Si**	**Ti**	**Al**	**O**	Total
Arsenopyrite	Point-1			47.51		17.79	34.20	00.14				99.72
(Sample 1)	Point-2			21.04	0.23	00.15	33.30	00.11			25.30	80.02
surface-next to Mine/A	Point-3	93.60		01.85		01.25	04.16					100.56
Arsenopyrite	Point-1			45.63		17.07	33.30					96.04
(Sample 6)	Point-5			46.42		16.42	32.80					95.63
spoil tips/**surface**	Point-3			45.41		16.64	32.80					94.87
Mine/A	Point-2			26.19			19.80					45.99
	Point-4			28.15		02.98	16.70					47.83
Arsenopyrite												
(Sample 5)	Point-1			46.52		18.52	34.10					99.13
cut 3/excavated	Point-2			48.26		17.85	34.44					100.54
right vein Mine/A												
(Sample 11)	Point-3			35.26			27.30				30.40	92.97
cut 3/excavated	Point-4			35.47		00.15	26.80				29.00	91.37
middle vein Mine/A	Point-1	2.00	39.40	05.08	0.55		18.60	00.52			24.30	90.43
Arsenopyrite	Point-5		80.70					00.19				81.37
Cassiterite	Point-6		79.10					00.19				80.45
Bismuth	Point-2	50.30		13.10		00.43	13.10				16.90	93.94

11.26 Table minerals found near or in mine A

(Sample 1) a surface mineral sample collected just to the west of the Mine/A trench; when analysed this sample proved to
be Arsenopyrite with a high arsenic content and enriched inclusions of Bismuth (Black and White Scan).

(Sample 6) was collected in the supposed 1950's spoil heaps. When analysed this sample was also arsenopyrite with a high percentage of arsenic present and the arsenic was found in both sulphide and oxide areas (Black and White Scan).

(Sample 5) was collected from the excavated eastern quartz vein on the northern side of the Mine/A/III trench. When analysed was also arsenopyrite with a high percentage of arsenic present. The sample only represented a sulphide arsenic ore and had no oxygen sulphide present.

(Sample 11) was collected from the excavated central quartz vein also located on the northern side of the Mine/A/III trench. This sample when analysed proved to be a mineral with cassiterite and arsenic areas mixed together containing some very rich inclusions of bismuth.

The above samples strongly suggest that both cassiterite and arsenopyrite were was being mined out of the Mine/A trench.

Mine/B
GPS reading

N 39° 19' 34.8"
W 05° 30' 35.3"

Mine/B is located on the northern central side of the Map/Area B, and was excavated by Bridgman, Gilmour and Andrews. The Mine/B area was located at the bottom of an exposed circular cut about four metres in diameter and approximately three metres below the final terrace, just on the northern boundary of Map Area B.

Just visible on the bottom on the southern side of the circular cut were three partially exposed mine gallery openings; it was felt these three openings might represent part of a prehistoric mining gallery system.

The excavation work showed that there were actually only two small galleries present, not three, and that neither seemed to go on for any real distance. The left hand gallery running in only about one metre eighty centimetres and the right hand gallery running in approximately two and a half metres, both with a slight downward angle.

The pottery found during the excavation was all of Late Bronze Age origin, and seems to have fallen in or been washed in from the soil, rotted granite and stone covering which formed the last in a series of terraces in Map/Area B.

Quartz hammer fragments were also found in the excavated fill, but again it was thought that they had probably fallen down from the terrace directly above Mine/B and therefore could not be associated with any mining activity that formed the two galleries of Mine/B.

The excavators felt that the two short galleries found and partially excavated only represented modern exploration works from the 1950's. It was therefore decided not to expend any further excavation effort in the Mine/B area.

12.1 photograph general view of mine B before excavation

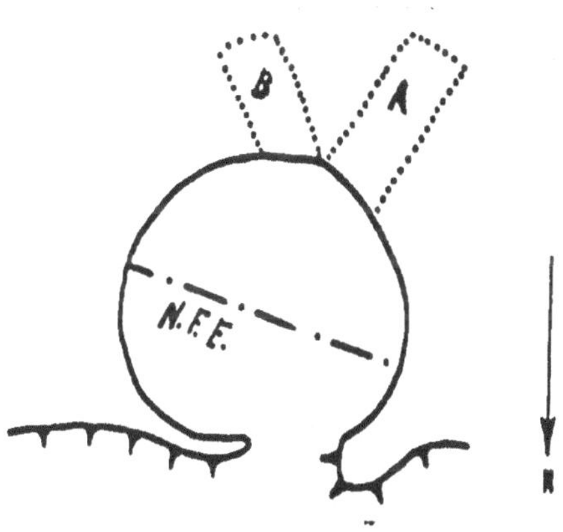

12.2 drawing mine B final plan and galleries

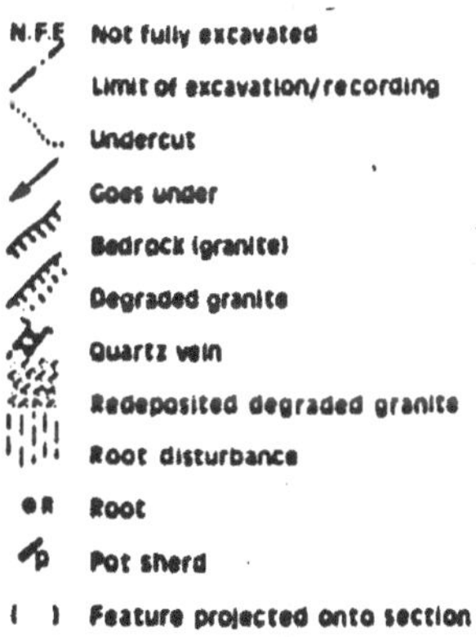

12.3 photograph general view of mine B after excavation

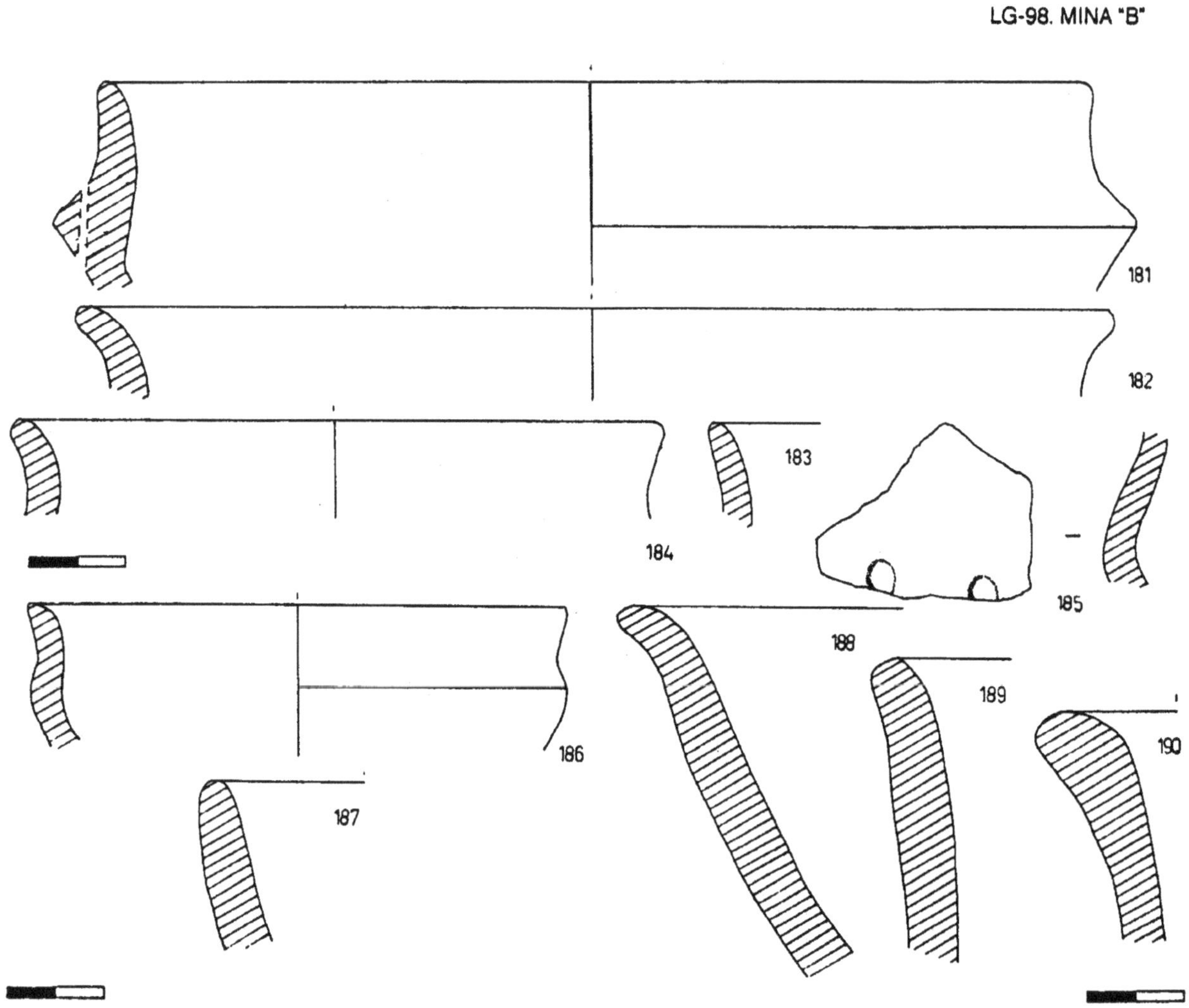

12.4 drawings pottery profiles mine B from excavated fill

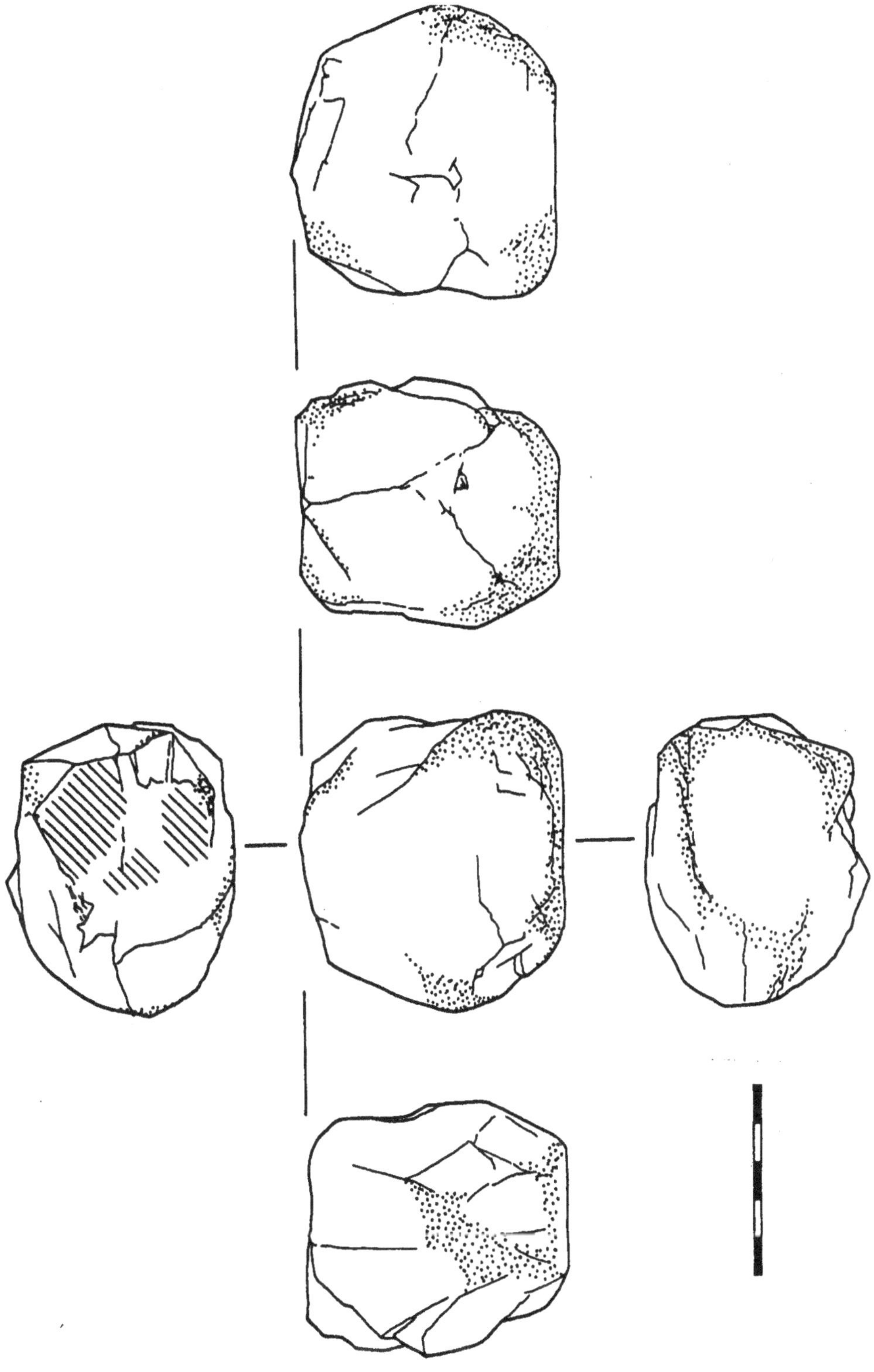

12.5 drawing mine B [infill] A **quartz** hammer/crusher,
Log98/H-020998-[llenar], weight **530 grams**

A complete hammer/crusher found when clearing the area in front of mine B.

12.6 drawing mine/B infill A **granite** hammer/crusher,
Log98/H-030998 [llenar], weight **465 grams**

A stone fragment found when clearing the collapsed infill in mine B. It could possibly have been used as a rubbing stone for very fine grinding work.

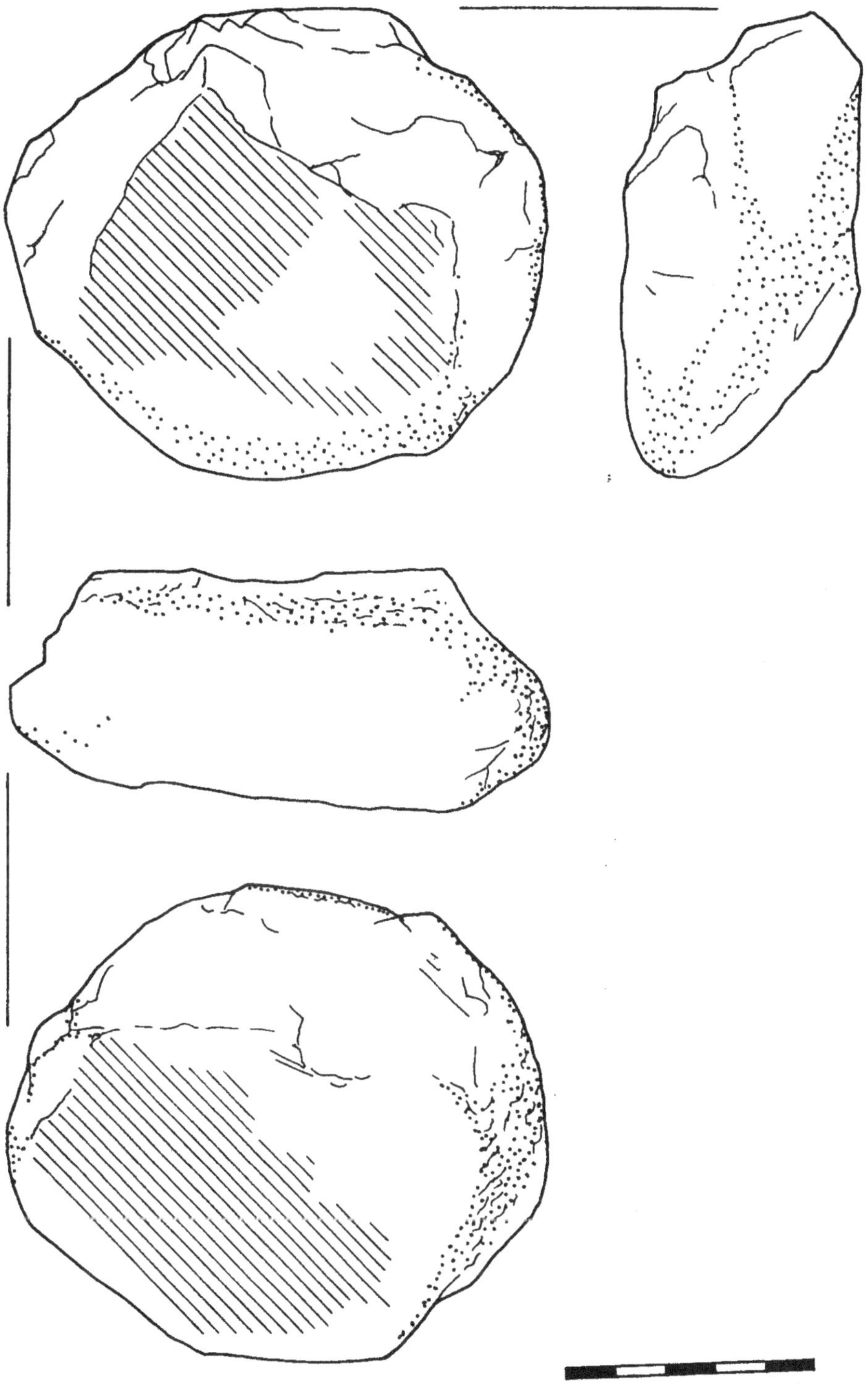

12.7 drawing Mine/B infill A **quartz** hammer/crusher, Log98/H-030998 [llenar], weight **620 grams**

A complete hammer found when excavating the re-deposited infill in mine B

logrosan/98		%	%	%	%	%	%	%	%	%	%	%
	Points	**Bi**	**Sn**	**As**	**P**	**S**	**Fe**	**Si**	**Ti**	**Al**	**O**	Total
Arsenopyrite	Point-1			41.26		11.23	30.60					83.14
Cassiterite	Point-2			37.00		07.49	27.10					71.71
(Sample 12)	Point-3			48.32		14.51	33.90					96.85
outside excavation areas	Point-5			47.65		15.46	34.80					97.94
eastern area/**surface**	Point-4			27.28			21.90					49.13
	Point-6		75.90									76.01
	Point-7		74.80				00.18					75.44
Cassiterite	Point-1		75.70									75.71
(Sample 14)	Point-2		71.10									71.11
outside excavation areas	Point-3		75.60									75.62
eastern area/**surface**	Point-4		74.00									73.96

13.1 analytical results Cerro surface mineral samples

(Sample 12) was collected on the surface from the eastern side of the Cerro. This mineral sample represents an interesting combination of arsenopyrite (Points 1-5) and cassiterite (Points 6-7) within the same sample. The percentage of arsenic was very high, 27% to 47%.

(Sample 14) represents a standard piece of cassiterite (tin/oxide) which appears on the Cerro de San Cristobal and contains approximately 75% of tin. There would be no need to pre-smelt this very rich cassiterite, when making bronze.

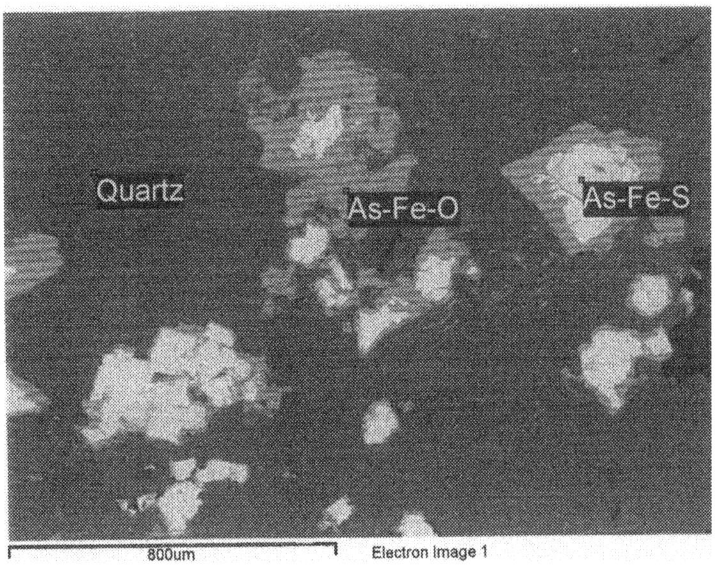

13.2 microprobe black and white scan (sample 12) Joel 733

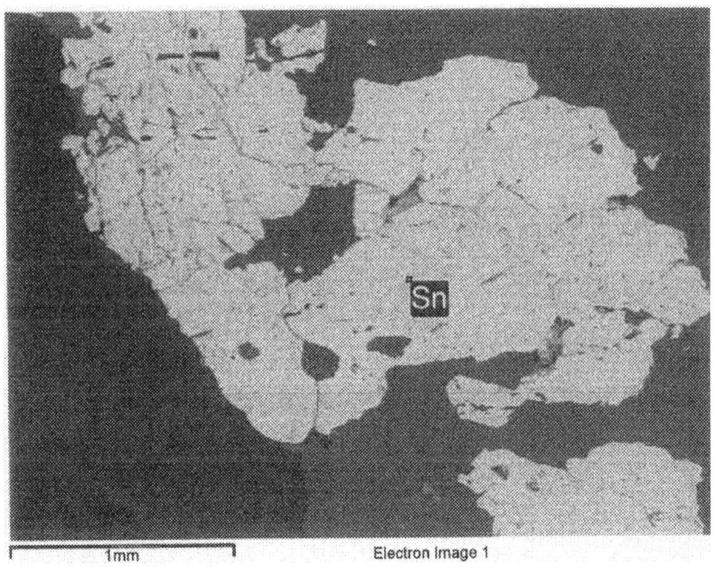

13.3 microprobe black and white scan (sample 12) Joel 733

logrosan/98	%	%	%	%	%	%
trench/3	**Si**	**S**	**Fe**	**As**	**O**	Total
Sample (12)						
As-Fe-S		7.33	13.82	23.54	46.35	91.04
As-Fe-0			18.62	33.55	39.17	91.34
quartz	31.31				59.68	90.99

13.4 table analysis mineral sample (12) Joel 733

RECONSTRUCCIÓN ESTRATIGRÁFICA Y ESTUDIO

DE LOS MATERIALES ARQUEÓLIGICOS

Como se desprende de la descripción de los resultados obtenidos en esta primera intervención arqueológica en Logrosán, cualquier valoración crono-estratigráfica de su ocupación protohistórica ha de ser considerada en términos de absoluta provisionalidad y necesariamente abierta a las precisiones que la investigación futura a buen seguro reportará.

La ausencia de construcciones sólidas, la impreción cronológica de los materiales recuperados, la inexistencia de restos orgánicos susceptibles de ser fechados mediante técnicas radiométricas y, sobre todo, el enorme arrasamiento del sitio provocado por la explotación minera moderna y por los popios agentes naturales constituyen, en nuestra opinión, argumentos más que sobrados para ser cautos al proponer la secuencia ocupacional de este lugar y la valoración de las relaciones interculturales fosilizadas en él.

A pesar de todo ello y en función de los trabajos realizados en 1998, nuestra propuesta inicial se concreta en la detección de al menos dos fases ocupacionales ("Logrosán I" y "Logrosán II"). La más antigua, "Logrosán I", nos sitúa ante una imprecisa ocupación prehistórica, con serias dudas sobre su adscripción al Neolítico Final o al Bronce Tardío. Por su parte, "Logrosán II" parece centrarse en los primeros siglos del Ier. milenio a. C., dentro de un ambiente cultural flexiblemente valorado durante el Bronce Final y el tránsito al Orientalizante.

FASE I: LOS IMPRECISOS ANTECEDENTES PREHISTÓRICOS

Estratigráficamente estaría representada en el Nivel II de los cortes 2 y 3, si bien no descartamos una posible vinculación con ésta del estrato de base -también reconocido como Nivel II- del Corte 1. Como se recordará, dicho estrato, compuesto por una tierra de textura muy fina y con abundantes restos de piedra machacada, no proporcionó ningún tipo de evidencia material que facilitara la fechación aproximada de la trinchera minera de perfil en U que colmataba.

Poco más aportan los restos recuperados del sector E-F. Asociados igualmente al estrato de base, conformado también por tierras finas y abundante ripio, dichos restos se resumen apenas en la duda que nos suscitó en el Corte 2 un rebaje en la roca sobre su posible relación con un "fondo de cabaña" y un reducido muestreo cerámico repartido entre los cortes 2 y 3 con evidentes limitaciones para su precisa adscripción crono-cultural.

Respecto al rebaje en la roca, parece evidente que su contrastación pasa por una necesaria ampliación del Corte 2 hacia el E. En cualquier caso y de confirmarse su existencia, no resultaría en absoluto extraño la constatación en este lugar de un tipo de vivienda enraizada en las tradiciones constructivas de la Prehistoria Reciente y ampliamente constatada hasta el tránsito de la Edad del Hierro por gran parte del territorio peninsular.

Por otro lado, el repertorio cerámico vinculado a esta precaria fase inicial de Logrosán o "Logrosán I" apenas rebasa la docena de fragmentos, entre los cuales se reconocen un par de vasos de paredes entrantes, una cazuela troncocónica, un recipiente de paredes verticales, un cuenco abierto y otro con mamelón y con decoración de "punto en raya".

Con tan escaso bagaje material, puede comprenderse que cualquier propuesta crono-cultural precisa puede resultar particularmente comprometedora. Pero tal incertidumbre se acrecienta aún más si tenemos en cuenta que cerámicas de características tipológicas similares a éstas se constatan en nuestra región en contextos adscritos indistintamente al Neolítico Final y al Bronce Tardío.

Entre los primeros, son de referencia obligada las ocupaciones en cueva de la Sierra de Montánchez, Maltravieso, Conejar y quizá también Boquique y, en particular, el estrato de base del poblado al aire libre del Cerro de la Horca en Plasenzuela (Cáceres). Todos ellos parecen compartir un horizonte tecnológico en el que ocupan un lugar destacado las cerámicas de perfiles redondeados, decoradas con incisiones, impresiones simples o de punto en raya, aplicaciones y almagra junto a industrias microlíticas (González y otros, 1991; González Cordero, 1993).

El sitio mejor conservado es, sin duda, el de Plasenzuela, cuyo nivel fundacional ha despejado en parte las incertidumbres que han rodeado la adscripción crono-cultural de las referidas ocupaciones en cueva de la CMT (Sauceda Pizarro, 1984; Sauceda y Cerrillo, 1985).

Su correspondiente en el "Guadiana Medio" se encuentra en la Cueva de la Charneca, en Oliva de Mérida (Badajoz), la cual, a pesar de encontrarse alterada por ocupaciones posteriores y por actuaciones clandestinas, proporcionó en excavación un conjunto homogéneo de restos cerámicos representativo de un horizonte cultural tardo-neolítico, con amplios paralelos en Andalucia Occidental, la Meseta y sur de Portugal, fechable en el tránsito del IV al III milenio a.C (Enríquez Navascués 1986).

Pero, como hemos comentado anteriormente, cerámicas con decoración de "punto en raya" y recipientes muy próximos a los de "Logrosán I" también se conocen en lugares adscritos al Bronce Tardío. Entre éstos, destacamos especialmente la ocupación en cueva de Boquique-Valcorchero (Almagro Gobea, 1977) y Alange (Enríquez Navascués, 1988; Pavón Soldevila 1994 y 1998 a-b).

Conocidas las reservas que suscita el caso de Boquique, Alange es hasta el momento el único lugar con una ocupación de este período fechada por C14 en el 3080±90 BP. y claramente superpuesta a niveles del Bronce Pleno.

En el perfil tecnológico asociado a dicha fase ocupacional, destaca la notable disminución de las cerámicas de cochuras reductoras, un importante avance de los acabados alisados en detrimento de los espatulados y bruñidos y la definitoria presencia de elementos ligados a "Cogotas I".

En este mismo sentido, resulta reseñable la súbita aparición del "escobillado" o "cepillado" como tratamiento superficial de los vasos de aspecto tosco.

En cuanto a las formas, disminuyen, aunque sin llegar a desaparecer, los perfiles carenados deudores del Bronce Pleno y junto a ellos aparecen piezas tan personalizadas como la fuente carenada de perfil troncocónico.Un tipo de recipiente con el que parece vincularse claramente uno de los fragmentos procedentes d el Nivel II del Corte 3 de Logrosán.

Con los hallazgos de Alange podrían relacionarse también otros de tipología similar, constatados en las superficies de posibles poblados como los de Azagala en Alburquerque y el Cerro de la Barca de Herrera del Duque, en la CMG; y La Muralla de Alcántara y Villanueva de la Vera, en el "Tajo Medio".

En función de todo ello, I. Pavón (1998-a) ha planteado la hipótesis de que, en las postrimerías del II milenio a. C. y en un ambiente cultural marcado por la interacción con elementos meseteños, pudo activarse un progresivo reordenamiento poblacional en el que, junto a la continuidad de los núcleos preexistentes como el de Alange, se advierte una clara tendencia a ocupar lugares destacados y dotados de un gran dominio visual, o bien, inmediatos a vados y puntos de concentración forzosa del tráfico humano.

En suma, una red poblacional de raíces autóctonas que, aunque todavía mal conocida en su estructuración territorial y en sus fundamentos subsistenciales, profundiza en la tendencia marcada siglos atrás por Alange como respuesta a la aceleración progresiva de los contactos interregionales en todo el Suroeste peninsular.

Imbricar en dicho proceso esta Fase I de Logrosán no deja de ser tentador y sugerente al mismo tiempo. Sin embargo, sólo la continuidad de los trabajos en este lugar podrá aclarar el verdadero contexto crono-cultural de unos materiales y unos restos tan limitados como los obtenidos en esta primera intervención.

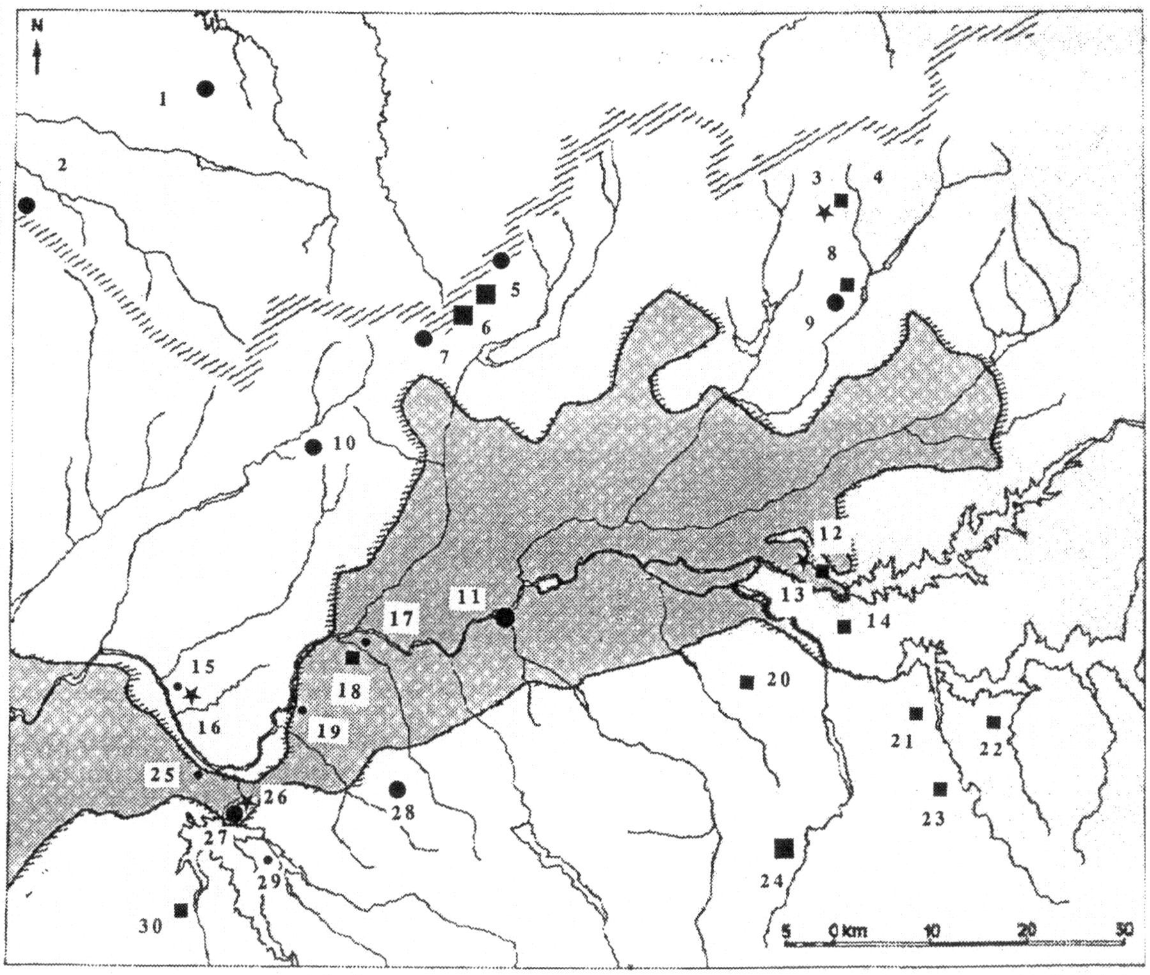

14.1 map. El poblamiento del Bronce Final en la CMG (sector orietal) contexto arqueológico de Logrosán.

1- poblado de El Risco,
2- poblado de Hatoqueo,
3- tesoro de Berzocana,
4- estela de Solana de Cabañas,
5- poblado de Los Alijares,
6- grupo de estelas de la comarca de Montánchez,
7- poblado de Montánchez,
8- estela de Logrosán,
9- poblado del Cerro de San Cristóbal de Logrosán,
10- poblado de La Navilla,
11- poblado del Cerro del Castillo de Medellín,
12- tesoro de Orellana la Vieja,
13- estela de Orellana la vieja,
14- estela de Esparragosa de Lares,
15- asentamiento de Morerías,
16- tesoro de Mérida,
17- asentamiento de Travieso,
18- estelas de Valdetorres,
19- asentamiento de Los Corvos,
20- estela de Magacela,
21- estela de Capilla,
22- estela de Zarzacapilla,
23- grupo de estelas de Cabeza del Buey y Benquerencia,
24- estela de Cancho Roano,
25- asentamiento de Holgados,
26- tesoro de Alange,
27- poblado del Cerro del Castillo de Alange,
28- poblado de La Oliva,
29- asentamiento de Atalaya,
30- estela de Bonhaval.

FASE II: EL BRONCE FINAL Y EL TRÁNSITO AL ORIENTALIZANTE

A pesar de estar profundamente dañada por los trabajos mineros modernos, esta segunda fase ocupacional de Logrosán fue, sin duda, una de la más intensas que haya conocido la cima de San Cristóbal. A ella corresponden los estratos Superficial y I de todos los sondeos excavados (cortes 1, 2, 3 y 4) así como la mayor parte de los niveles reconocidos en las secciones practicadas en la "Mina A" (cortes I, II y III).

Aunque en términos generales, pueda encuadrarse en los primeros siglos del Ier. milenio a. C., las diferencias constructivas y materiales observadas entre los los sectores sondeados parecen insinuar un proceso ocupacional en horizontal que en un futuro quizá permita distinguir subfases dentro de ésta. Como tendremos ocasión de comprobar de inmediato, tales diferencias entre los restos asociados a "Logrosán II" se concretan a priori en un mayor arcaísmo tipológico de los hallazgos procedentes de la mitad oriental del cerro respecto a los procedentes del sector más occidental, más evolucionados.

En función de todo ello, proponemos unos límites crono-culturales para esta segunda fase de Logrosán entre los momentos finales de los siglos IX y VII a. C.

Dicha propuesta cronológica, obligadamente imprecisa y necesariamente abierta a lo que puedan aportar en este sentido la continuidad de los trabajos, nos sitúa no sin problemas en un ambiente cultural previamente constatado en puntos como El Risco y Aliseda, en la "Penillanura Cacereña", y Medellín y Badajoz, en el VMG.

Lejos de ofrecer un horizonte tecnocultural homogéneo, las fases ocupacionales de dichos núcleos poblacionales implicadas en dicho segmento cronológico nos sitúan ante un panorama especialmente ásimétrico entre el Tajo y el Guadiana Medios al que ahora viene a sumarse "Logrosán II".

Como ya quedó planteado anteriormente, los restos constructivos más destacados de esta Fase son los los tramos de piedras hincadas -algunas de ellas restos reaprovechados de molinos barquiformes - documentados en el Corte 3 y posiblemente pertenecientes de sendas cabañas de planta oval. Si bien es verdad que no detectamos indicio alguno de hogares, acuñamientos de poste, pavimentos, bancos o cualquier otro tipo de estructura doméstica interior, no es descabellado pensar que nos encontremos ante los restos de espacios de habitación o almacenaje especialmente arrasados por los agentes naturales.

En este sentido, sólo pudimos documentar entre ambos tramos de piedras hincadas un área de trabajo exterior, casualmente conservado y muy probablemente relacionado con la trituración del mineral. Tal apreciación, como comentamos en su momento, se fundamenta no tanto en la abundancia de los subproductos propios de dicho proceso sino en la presencia de un considerable número de molederas y fragmentos cerámicos en torno a un molino barquiforme, cuyo análisis de microrrestos evidenció partículas de Cu, Pb y Sn entre las rugosidades de su parte activa.

Todo ello unido a la ausencia de elementos relacionables con la molturación de cereales o bellotas -fitolitos y almidones- invita a vincular dicho espacio de trabajo con el procesamiento de la casiterita extraído de las vetas de cuarzo que caracterizan el subsuelo de esta elevación.

En términos crono-culturales y salvando las diferencias regionales obligadas, el tipo vivienda delimitada por un zócalo de piedras registrado en este sector de la cima de Logrosán puede decirse que es uno de los característicos durante el tránsito entre el Bronce Final y la Primera Edad del Hierro en la mitad sur peninsular. Dejando a un lado el problema de las plantas circulares de zonas más o menos distanciadas de la nuestra como el Nordeste, el Alto Ebro e incluso la propia Meseta, apuntemos a grandes rasgos las similitudes y divergencias existentes entre el Tajo Medio, la fachada atlántica y el sur peninsular. Así, en la Cuenca Media del Tajo, las primeras referencias conocidas de casas ovales o circulares -cuyos antecedentes en la región extremeña se remontan al Calcolítico y al Bronce Pleno (González Cordero y otros, 1991: 15; Pavón Soldevila, 1998 a-b)- nos remiten a los descubrimientos de Valcorchero (Almagro Gorbea, 1977: 106), si bien los hallazgos mejor contextualizados corresponden a intervenciones recientes.

Es el caso de las cabañas documentadas en distintos sectores del poblado del Risco, donde su desarrollo entre el Bronce Final y una fase avanzada del Orientalizante es seguro. Más dudas, en cambio, ofrece la vinculación de un pequeño tramos de piedras hincadas a este tipo de vivienda excavado en el cercano poblado de Aliseda (Pavón y otros, 1998; Rodríguez y Pavón, 1999).

Por su parte, las referencias al Suroeste peninsular se enfrentan con las importantes limitaciones de conservación que ofrecen los poblados del Bronce Final portugués. A pesar de ello, se conocen algunas evidencias en Corôa do Frade, Neves II, Sabugal, Alegrios, etc., las cuales - haciendo nuestro un reciente comentario de R. Vilaça (1994: 609-610)- responden al prototipo de cabaña característico del Bronce Final-Hierro I en la mayor parte de la fachada atlántica.

Pero, en contra de lo que parece entreverse en el ámbito extremeño, se trata de construcciones que en su conjunto ofrecen claros signos de discontinuidad respecto a la tradición arquitectónica del Bronce Pleno de esta zona (Silva y Gomes, 1992: 110). Finalmente, la constatación de cabañas con zócalo de piedras en el ámbito tartésico durante la transición al Orientalizante cada vez cuenta con un mayor número de ejemplos, aunque con sus propios particularismos.

De este modo, a los primeros testimonios de cabañas ovales del estrato 14 de los Quemados fechadas en el siglo VIII a. C. (Luzón y Ruiz,1973), progresivamente se han ido incorporando otros hallazgos repartidos por su geografía nuclear y sus periferias. De este modo, en el occidente andaluz, sobresalen los casos de Montemolín (Chaves y De la Bandera, 1987), Acinipo (Aguayo y otros, 1987) y, quizá también, los registrados en los niveles inferiores del Cerro Macareno (Pellicer y otros, 1983: 57).

Sin embargo, mejor conocido resulta este tipo de vivienda en Andalucía Oriental, con evidencias en Granada (Galera, Cerro de los Infantes de Pinos Puente, Cerro de La Encina, Moraleda de Zafayona), Jaén (Cabezuelos) y Almería (Peñón de la Reina de Alboloduy), que se sitúan en su mayor parte entre los siglos IX y VIII a.C. (Jabaloy y otros, 1983).

Pero la lista de paralelos de estas cabañas de lastras verticales puede rastrearse hasta la Sierra de Crevillente, donde se constata en los inicios del Hierro Antiguo (675 a.C.) (González Prats, 1990: 40).

Pero más allá de las aportaciones crono-culturales que dichos paralelos reportan, parece claro que nos encontramos ante un tipo de vivienda que denota un concepto del espacio doméstico en apariencia bastante simplificado, en función de la inexistencia de compartimentos interiores.

Aunque algunos autores insisten en vincular la generalización de las cabañas ovales con la consolidación de un substrato de carácter indoeuropeo en la fachada atlántica y la Meseta (Almagro Gorbea, 1992: 8; Silva y Gomes, 1992: 110), dichas construcciones se vienen identificando de forma mayoritaria con sociedades estrechamente ligadas a unos esquemas de producción y a unos comportamientos socioculturales deudores de la Edad del Bronce, que paulatinamente fueron renovándose a partir del contacto con poblaciones mediterráneas.

En dicho contexto, sabido es que la aportación más notable se concreta en la implantación progresiva de las viviendas de planta rectangular y organización pluricelular, más acordes con los procesos de intensificación socioeconómica y cultural que caracterizan el Orientalizante.

En este sentido y a pesar de que este tipo de vivienda perdura en algunos poblados del "Tajo Medio" hasta una fase avanzada de su ocupación protohistórica, el pequeño tramo de muro recto documentado en el Corte 1 apunta la posibilidad de una pronta adopción de las casas rectangulares en Logrosán; aspecto éste que viene a sumarse a la ya larga lista de cuestiones pendientes de contrastación en futuros trabajos.

En cuanto al material arqueológico que define esta Fase, obligado es diferenciar entre los restos cerámicos y líticos recuperados. Como ya anticipamos en el apartado anterior, la producción alfarera de esta etapa está realizada a mano en su práctica totalidad, excepción hecha de un reducido número de piezas que por su morfología pudieron estar fabricadas a torno o cuanto menos ser imitaciones de recipientes torneados. Dentro de la alfarería modelada, se aprecian las tres categorías o grupos cerámicos habituales de este período a partir de sus características técnicas y morfológico-funcionales: "cuidadas" (grupo A), "semicuidadas" (grupo B) y "toscas" (grupo C).

Por su parte y debido a su ya comentada escasa representación, las posibles cerámicas a torno apenas permiten esbozar una incierta diferenciación entre algunos fragmentos "de cocción oxidante" (fina o tosca) y otros grises. Respecto a la identificación de formas concretas, conviene precisar de entrada que la imposibilidad de contar con recipientes completos en nuestra tarea clasificatoria ha reducido ésta a una mera agrupación de bordes, cuerpos y bases afines. En buena lógica, todo ello obliga a considerar de un modo flexible y abierto a futuras revisiones la síntesis tipológico-evolutiva que a continuación ofrecemos.

Las cerámicas a mano "cuidadas" se caracterizan en términos generales por sus arcillas depuradas, de color gris o negruzco, cochura reductora y cuidados acabados superficiales: finos alisados, espatulados o bruñidos.

El número de fragmentos considerados en esta categoría cerámica es de 88, lo que representa un 4.44% dentro del conjunto de la muestra (1.981). Entre todos ellos, tan solo una pieza ofrece algunos trazos bruñidos al exterior considerables como restos decorativos.

Desde el punto de vista morfológico, este grupo cerámico aparece prácticamente reservado a los perfiles carenados de pequeño y mediano tamaño: cuencos (Forma A.1), cazuelas (Forma A.2) y copas (Forma A.3), si bien hemos incluido en él algunas piezas de calidad intermedia.

Como es bien conocido, tal calidad técnica y tal homogeneidad morfológica han sido argumentos recurrentes para reconocer en ésta una producción estandarizada en cuya elaboración en no pocas ocasiones se ha planteado la posible utilización de moldes (Fig. 16).

Los cuencos (Forma A.1) se corresponden con pequeños vasos, cuyas proporciones oscilan entre los 10-15 cm. de diámetro y los 5-6 cm. de altura. Sus rasgos morfológicos más destacados podrían resumirse en los siguientes términos: perfiles abiertos, paredes uniformemente delgadas, cuerpos carenados a media altura marcadas mediante suave curvatura o fina arista y, por último, cuellos poco desarrollados con borde simple o ligeramente apuntado y engrosado. Por último, las bases de estos recipientes, aunque en este caso desconocidas, suelen ser redondeadas, con o sin ónfalo en el fondo.

La totalidad de los fragmentos tipificados como cuencos carecen de decoración, si bien consideramos muy probable la relación con alguno de ellos del ya citado fragmento amorfo con decoración bruñida al exterior procedente del Corte 2.

La tendencia del cuello a abrirse o cerrarse ha permitido diferenciar, a partir de muestreos más amplios, variantes de este tipo de recipientes en otros asentamientos contemporáneos a éste recientemente excavados en la "Penillanura Cacereña". Sin embargo, dado el carácter incipiente de nuestros trabajos en Logrosán, consideramos prematura cualquier precisión en este sentido, si bien podemos avanzar que las piezas recuperadas en la presente campaña se reparte casi a partes iguales entre las de cuello vertical y las de cuello saliente.

Los paralelismos tipológicos de estos recipientes nos remiten preferentemente a los poblados del Bronce Final Atlántico. De este modo, estos recipientes, deudores en gran medida de las tradiciones alfareras del Bronce del Suroeste (Schubart, 1975), resultan harto frecuentes entre las producciones de mayor calidad de los poblados que vertebran la diversidad comarcal de la fachada atlántica portuguesa.

Al Norte, sobresalen los casos de Bouça do Frade (Jorge, 1988), S. Julião y Barbudo (Martins, 1988); en las Beiras, son de cita obligada Sabugal, Alegrios e Moreirinha, Idanha-a-Nova, Castelo Velho do Caratao, Senhora da Guía y São Romão (Kalb, 1980; Vilaça, 1994; Senna-Martínez, 1993 y 1994); por último, en el centro-sur de Portugal, Outeiro do Circo, Cerradinha, Paso Alto (Parreira y Soares, 1980), Corôa do Frade (Arnaud, 1979), Moinho da Atalaia Oeste (Pinto y Parreira, 1978) y Alcácer do Sal (Silva y otros, 1980-81) pudieran considerarse los núcleos más representativos de un horizonte crono-cultural inscrito entre el 900 al 600 a. C., si bien las cronologías calibradas lo retrotraen a los siglos XII/XI-IX A.C. (Vilaça, 1994: 376). Pero, como ya apuntado en alguna ocasión anterior, la presencia de trazos bru–idos exteriores en una de las piezas registradas en esta campaña permite concretar, dentro de la amplitud geográfica de la fachada atlántica peninsular, una relación más directa con el Bajo Tajo ("Lapa do Fumo-Alpiarça").

Como es bien conocido, dicha decoración -continuadora quizá también de los motivos bruñidos y pseudoacanalados del Bronce Pleno- resulta especialmente frecuente en esta zona, a diferencia de los "bruñidos interiores" dominantes en el ámbito tartésico y sus "periferias".

Pero conviene recordar en este sentido que R. Vilaça (1994: 693) considera que dichos criterios al aplicarlos al ámbito de las relaciones interregionales han de valorarse con mayor flexibilidad y permeabilidad en función del creciente número de hallazgos. De hecho y a pesar de la atipicidad de los bruñidos exteriores en Andalucía Occidental, perfiles afines a los que nos ocupan se conocen en contextos arcaicos del Bajo Guadalquivir y Huelva (Aubet y otros, 1983: 72; Pellicer Catalán, 1987-88: 463; Ruiz Mata, 1995: fig. 9; Pérez Macías, 1983).

Por su parte, en la región extremeña, los hallazgos de Logrosán vienen a sumarse a los constatados en El Risco, Aliseda y Valcorchero, en la provincia de Cáceres, y Medellín (Almagro Gorbea, 1977), Nogales y Alange, en la provincia de Badajoz (Rodríguez y Pavón, 1999).

En función de las estratigrafías mejor conocidas hasta el momento, dichos recipientes vienen encuadrándose entre el 800 y el 650 a. C., si bien no se descartan cronologías iniciales más antiguas en puntos como Valcorchero, El Risco y Aliseda. Sea como fuere, la presencia de dichos vasos en la geografía extremeña viene considerándose como un argumento más de las fluidas interacciones socioeconómicas y culturales entre esta zona y el Atlántico durante el Bronce Final hasta la conformación plena del núcleo tartésico.

A partir de entonces, dicho marco de relaciones atlánticas, fundamentado en el impulso experimentado por intercambio de materias primas y metales, bascularía de forma relativamente rápida en favor del foco bajoandaluz, con el que se relacionan las cazuelas y copas carenadas igualmente presentes en "Logrosán II".

De sobra conocidas, las cazuelas (Forma A.2) son recipientes abiertos de tamaño diverso, cuyo rasgo morfológico más característico es la inflexión o carenación más o menos acusada del cuerpo a diferente altura. El borde indistintamente puede ser redondeado, plano o apuntado e incluso levemente engrosado.

Por su parte, los fondos suelen ser planos y sin pie. Aunque predominan los ejemplares de tamaño medio, las proporciones de estas piezas pueden oscilar entre los ejemplares que alcanzan los 25 cm. de diámetro (auténticas fuentes) y aquéllos otros (copas) que no debieron superar los 15 (Forma A.3). En función de los repertorios bajoandaluces mejor estudiados, se admite como válida la relación de 1/3 entre el diámetro del fondo y el diámetro máximo de la pieza.

En algunos de los ejemplos registrados en Logrosán, hemos detectado protuberancias o mamelones perforados a la altura de la carena considerados como elementos típicos de suspensión de estos recipientes. Cazuelas y copas son con diferencia las formas más representadas de esta categoría cerámica, aunque ninguno de los fragmentos registrados mostró restos de decoración bruñida interior.

Desde el punto de vista estrictamente morfológico, puede decirse que, como sucede en otros asentamientos de la región estudiados recientemente, las cazuelas y copas de Logrosán responden indistintamente a los denominados perfiles "arcaizantes" y "evolucionados" de las tipologías tartésicas (Ruiz Mata, 1979 y 1995; Pellicer Catalán, 1987-88).

Entre los primeros, se incluyen aquellos recipientes de borde simple o apuntado, cuello vertical o ligeramente saliente, carena alta y perfil troncocónico, cuya morfología parece claramente deudora de prototipos que se remontan al Bronce Pleno y Tardío.

Así parece confirmarlo su presencia en las fases I y IIa de Setefilla (Aubet y otros, 1983), Montemolín (Chaves y De la Bandera, 1987; Pellicer Catalán, 1987-88), Carmona (Pellicer y Amores, 1985) o en los niveles más antiguos del Cabezo de San Pedro, El Carambolo, El Casar, Puerto del Barco o Valencina de la Concepción (Ruiz Mata, 1979 y 1995: fig. 2), fechados entre los siglos IX-VIII a. C.

En Extremadura, el arcaísmo de estas piezas ha sido igualmente valorado a partir de los sucesivos hallazgos de Medellín (Del Amo, 1975), Sagrajas (Pavón Soldevila, 1998-a) y los más recientes descubrimientos del Risco (Enríquez y otros, e.p.) y Aliseda (Rodríguez y Pavón, 1999).

En Logrosán, este tipo de cazuela aparece representada con mayor profusión en los sectores E-F y H. Como se recordará, en ellos fueron excavados los cortes 2 y 3 así como las secciones practicadas en la Mina "A", si bien en estos sondeos bien pudieramos estar ante un posible caso de inversión estratigráfica provocado por el relleno de la trinchera moderna ya que los perfiles tipológicamente más arcaicos se infraponen a los más evolucionados.

Éstos, por su parte, nos sitúan ante recipientes más abiertos y carenas redondeadas que progresivamente van degenerando en perfiles ondulados. Tal proceso evolutivo es igualmente rastreable en los diferentes ámbitos regionales del núcleo tartésico (Ruiz Mata, 1995; Fernández Jurado, 1988-89; Aubet y otros, 1983), donde los ejemplares de cazuelas más tardíos alcanzan el siglo VI a. C.

En Extremadura, el proceso prácticamente es el mismo que en Andalucía Occidental, según se infiere de las ya referidas estratigrafías de Medellín, Badajoz o Aliseda. Pero dentro de las tipologías de cazuelas tartésicas publicadas hasta el momento, el repertorio de cazuelas y copas obtenido a partir de esta primer intervención en Logrosán nos resulta especialmente próximo al restituido en el poblado minero-metalúrgico de San Bartolomé de Almonte (Ruiz y Fernández, 1986), para el que sus excavadores proponen unos límites cronológicos comprendidos entre las postrimerías de los siglos IX y VII a. C.

En cuanto a la repartición topográfica dentro de la propia cima de San Cristóbal, estas cazuelas tipológicamente más evolucionadas se concentran, en contra de los perfiles arcaicos, en el sector más occidental del cerro, justamente donde fueron excavados los cortes 1 y 4. Todo ello invita a contemplar la posible existencia de una estratigrafía horizontal en sentido E-W, acorde por otro lado con el probable desarrollo de las explotaciones de los filones de casiterita en este lugar y la propia dispersión de los hallazgos próxima a las 10 Ha.

Fuera así o no, lo cierto es que -como ya hemos apuntado en alguna ocasión- la coexistencia de perfiles arcaizantes y evolucionados junto a la ya comentada ausencia de decoración bruñida vendrían a apoyar un carácter relativamente avanzado de esta Fase II de Logrosán e incluso una probable evolución local de esta especie cerámica, paralela a la de otros sectores del mediodía peninsular (Enríquez Navascués, 1989-90 y 1990).

Las cerámicas a mano "semicuidadas" nos sitúan ante un grupo alfarero de calidad media en función de la presencia de desgrasantes finos y medios en sus pastas, ayoritariamente de tonos oscuros, deficientes cocciones y acabados más o menos elaborados. El volumen de fragmentos cerámicos encuadrados dentro de este segundo apartado alfarero es de 413, lo cual representa el 20.24% del muestreo. Morfológicamente, hemos diferenciado tan solo dos formas básicas a las que bien podrían añadirse algunas variantes: las ollas (Forma B.1) y los vasos de pequeño borde indicado y perfil bicónico (Forma B.2) u ovoide (Forma B.3) (Fig. 17).

En las primeras incluimos toda una serie de bordes en su mayoría simples pertenecientes con toda probabilidad a vasijas de almacén de borde simple y cuello recto-vertical o ligeramente abierto propias de la producción tosca. De hecho, pueden considerarse réplicas de la Forma C.1 que con mayor detalle estudiaremos más adelante. Es un tipo de recipiente representado en todos los cortes excavados.

Algunos fragmentos de bordes impresos pudieran corresponder a versiones reducidas de estas ollas. Por su parte, con la Forma B.2 identificamos una serie de bordes, procedentes en su mayor parte del Corte 1, que no sin incertidumbre relacionamos con vasos bicónicos, de base plana y tamaño medio. De considerarse así, los perfiles bicónicos bien pudieran relacionarse con un tipo de vasija próximo a los constatados entre los siglos VII-VI en la fase orientalizante del poblado de Setefilla y más específicamente en su necrópolis, donde es habitual su utilización como recipiente cinerario (Aubet y otros, 1983).

Por su parte, los recipientes ovoides o globulares, de menor tamaño y diferenciados como Forma B.3, quizá pudieran emparentarse con un tipo de recipiente derivado de los vasos de cuello indicado prototípicos del Bronce Pleno y que, según Pellicer (1987-88: 465), persisten a lo largo del Bronce Reciente con una clara tendencia a cuellos y bordes muy cortos.

En cualquier caso, parece claro que se trata de vasijas características del Bajo Guadalquivir y arraigadas en el Bronce Final prefenicio de dicha zona (Ruiz Mata, 1995: 268). Todos ellos carecen de decoración, excepción hecha de un borde de sección triangular asociable a la Forma B.2 procedente del Corte I de la Mina "A", decorado con pequeñas impresiones circulares.

Las cerámicas "toscas", que con más de 1.500 fragmentos (1521) representan alrededor del 76% del muestreo, se caracterizan por la escasa depuración de sus pastas, casi siempre de tonos oscuros, deficientes cocciones y descuidados acabados superficiales. Éstos básicamente consisten en alisados, si bien en algunas piezas se advierten tratamientos diferenciales (alisado y rugoso) e incluso restos de finos "escobillados".

En cualquier caso, no suelen ser terminaciones frecuentes en Logrosán, por cuanto el número de fragmentos así tratados no alcanza el 1% del muestreo global (0,96%). Respecto al repertorio tipológico registrado en la presente campaña, se restringe esencialmente a cuatro formas de buen tamaño aunque existen piezas exclusivas que posiblemente en un futuro incrementen este primer intento de clasificación: ollas (Formas C.1 y C.2), cuencos hemiesféricos o boles (Forma C.3) y vasos de paredes entrantes (Forma C.4) (14.3 tipologia).

Entre todas ellas, las ollas son con diferencia las vasijas más representadas, si bien distinguimos entre las reconocidas como Forma C.1 y C.2. Con las reservas obligadas que impone la carencia de recipientes completos, la primera podría corresponderse con una gran olla de perfil cerrado, cuerpo ovoide y fondo plano. La parte superior está definida por un cuello con desigual desarrollo, recto-vertical o ligeramente cóncavo y saliente, rematado por un borde simple o levemente biselado. A juzgar por algunos fragmentos amorfos asociables a esta Forma, la unión entre cuello y cuerpo a veces se distingue mediante una suave resalte o carena.

Justamente a esta altura debieron situarse también los elementos de suspensión (asas y mamelones triangulares) y motivos decorativos (impresiones digitales) documentados en determinadas piezas. Como ya quedó indicado más arriba, es frecuente en este grupo de recipientes el tratamiento diferencial de la superficie exterior, que es por lo general bien alisada en el tercio superior y rugosa o escobillada en el resto. Es un tipo de recipiente ampliamente registrado en todos los sondeos excavados.

En cuanto a sus paralelismos, sabido es que nos encontramos ante uno de los perfiles más representativos del Bronce Final peninsular, en general, y del Suroeste, en particular. En este sentido, es igualmente conocido que las estratigrafías tartésicas constituyen excelentes y obligadas referencias para rastrear la presencia y evolución morfológica de este tipo de contenedor cerámico desde los siglos IX-VIII a. C. hasta época orientalizante (Ruiz Mata, 1979 y 1995).

En dicho proceso de evolución, el rasgo más destacado quizá sea el de su degeneración hacia los grandes pithos de boca acampanada característicos del Orientalizante Pleno y Final (siglos VII-VI a. C.) (Blanco y otros, 1970; Blázquez y otros, 1979; Luzón y Ruiz, 1973, Pellicer y Amores, 1985, etc.), que nosotros reconocemos como Forma C.2.

Los escasos fragmentos asociables a dicho perfil evolucionado proceden de los sondeos inacabados realizados en la mitad occidental de San Cristóbal y de los estratos inferiores del Corte Mina "A"-I, lo que vendría a reforzar la impresión ya apuntada al comentar la tipología de las cazuelas de una posible inversión estratigráfica en este punto.

Pero, como ya anticipamos, este tipo de recipientes no es ni mucho menos exclusivo del ámbito tartésico, por cuanto su distribución afecta a la mayor parte del territorio peninsular directa o indirectamente relacionado con el Suroeste.

De este modo, quede al menos constancia de su presencia en contextos del Bronce Final e incluso de la Primera Edad del Hierro en la fachada atlántica (Pinto y Parreira, 1978; Arnaud, 1979; Parreira y Soares, 1980; Vilaça, 1994; Senna-Martínez, 1993), Meseta Sur (Blasco Bosqued, 1992; Blasco y otros, 1991), "Guadiana Medio" (Almagro Gorbea, 1977; Enríquez Navascués, 1989-90 y 1990), Alto Guadalquivir (Molina González, 1978; Arribas y otros, 1974; Pastor y otros, 1981) y Levante (Gil-Mascarell, 1981; González Prats, 1983 y 1990).

Aunque de forma breve, mención aparte merece la valoración cultural de los acabados "escobillados" o "cepillados" y las decoraciones incisas o impresas de estos recipientes. Divididas las opiniones entre quienes apoyan una filiación autóctona, mediterránea o indoeuropea (González Prats, 1983: 91-93; Ladrón de Guevara, 1994;

Ruiz Mata, 1995: 278), lo cierto es que los hallazgos documentados en Logrosán vienen a confirmar su notable presencia en las cuencas En los contextos orientalizantes de sitios tan renombrados como el Cerro Macareno, Toscanos, Mezquitilla, Trayamar, Macalón, Cerro Salomón, La Joya, Quebrantahuesos o Crevillente (Pellicer Catalán, 1978: 374-375). Florido (1984) las integró en su tipo I y justifica su amplia difusión en los yacimientos tartésico en términos de interacción comercial entre fenicios e indígenas entre los siglos VII y VI a. C. Por su parte, J. Ramón Torres (1995) las incluye en su diversificado grupo T-10.1.2.1, cuya máxima expansión parece producirse a partir del último tercio del siglo VII a. C.

Pero, al margen de los interesantes resabios tipológicos que ofrecen estos materiales, mayor importancia reviste en nuestra opinión la posibilidad de contrastar realmente la constatación o no de cerámicas torneadas en Logrosán con el fin precisar el final de su ocupación protohistórica. Como es bien conocido, la presencia o ausencia de torno en determinados ámbitos -entre ellos el extremeño- ha sido utilizado en no pocas ocasiones como un indicador cronológico y cultural de primer orden.

En nuestra región, dicha presencia se ha venido situando en pleno siglo VII a. C. en función de la archiconocida estratigrafía de Medellín (Almagro Gorbea, 1977) y, más recientemente, Badajoz (Enríquez y otros, 1998), El Risco y Aliseda (Pavón y otros, 1998). Pero si bien es cierto que el siglo VII a. C. se ha mantenido como referencia temporal más o menos estable al valorar dichas secuencias ocupacionales, no lo es menos que el grado de aceptación de tal innovación tecnológica ligada a la orientalización de este espacio difiere considerablemente entre los poblados del Tajo y del Guadiana.

Mientras que en éstos el uso del torno se generaliza en pocos años, en los poblados altoextremeños la cerámica modelada mantiene porcentajes muy elevados hasta pleno siglo V a. C. extremeñas del Tajo y Guadiana (Almagro Gorbea, 1977; Enríquez y otros, e.p.; Rodríguez y Pavón, 1999) y, por extensión, su plena vinculación con los hallazgos portugueses (Vilaça, 1994; Senna-Martínez, 1993), meseteños (Maluquer, 1958 a-b; Blasco y otros, 1983 y 1991; Pereira Sieso, 1989) y tartésicos (Pellicer y otros, 1983; Aubet y otros, 1983).

En cualquier caso, tal constatación no contribuye en absoluto a precisar su valoración cronológica, por cuanto no es menos sabido que dichas evidencias -sin llegar nunca a rebasar el siglo V a. C.- se inscriben en el impreciso segmento crono-cultural comprendido entre el Bronce Final y la Primera Edad del Hierro. Más imprecisas aún en este sentido los perfiles agrupados en las formas C.3 y C.4.

Los primeros se asocian con cuencos hemiesféricos profundos, verdaderos boles, cuya significación cronológica y cultural prácticamente es nula. Los vasos de paredes entrantes reunidos en la Forma C.4, constatados tan solo en el Corte, introducen una nota de arcaísmo en este repertorio cerámico dada su dilatada tradición en la alfarería prehistórica, aunque tampoco deba descartarse su procedencia intrusiva del Nivel II.

Finalmente, el último grupo cerámico diferenciado corresponde a un reducido número de fragmentos que pudieron ser realizados a torno. En concreto, son 56 piezas que equivalen a poco menos del 3% (2.83) de la producción. Básicamente se corresponden con recipientes elaborados con arcillas de calidades medias o deficientes, de tonos oscuros, cocidos en atmósfera oxidante o reductora y desiguales acabados superficiales. Las formas más frecuentes se asocian a urnas de borde vuelto de sección triangular o vasos de perfil en S, cuya significación crono-cultural resulta especialmente imprecisa.

No obstante, justo es admitir que este tipo de recipiente se hace especialmente frecuente a partir del siglo V a. C. en las estratigrafías del Suroeste peninsular, si bien anteriormente los pithoi, las urnas de borde apuntado y las vasijas “Cruz del Negro” pudieron servir de referentes para la elaboración de algunos de los recipientes de borde triangular documentados en Logrosán (Aubet Semmler, 1977; Ruiz Mata, 1986; Escacena Carrasco, 1986).

En este mismo plano posibilista, consideramos un pequeño fragmento de borde vertical y tendencia triangular, afín con un posible ánfora de tipología mediterránea procedente de los niveles medios del Corte Mina “A”-I. En concreto, nos referimos a las semejanzas existentes con determinadas piezas deudoras a su vez de las ánforas fenicias “de perfil de saco”, con cronologías de pleno siglo VII a. C.

En los contextos orientalizantes de sitios tan renombrados como el Cerro Macareno, Toscanos, Mezquitilla, Trayamar, Macalón, Cerro Salomón, La Joya, Quebrantahuesos o Crevillente (Pellicer Catalán, 1978: 374-375). Florido (1984) las integró en su tipo I y justifica su amplia difusión en los yacimientos tartésico en términos de interacción comercial entre fenicios e indígenas entre los siglos VII y VI a. C. Por su parte, J. Ramón Torres (1995) las incluye en su diversificado grupo T-10.1.2.1, cuya máxima expansión parece producirse a partir del último tercio del siglo VII a. C.

Pero, al margen de los interesantes resabios tipológicos que ofrecen estos materiales, mayor importancia reviste en nuestra opinión la posibilidad de contrastar realmente la constatación o no de cerámicas torneadas en Logrosán con el fin precisar el final de su ocupación protohistórica. Como es bien conocido, la presencia o ausencia de torno en determinados ámbitos -entre ellos el extremeño- ha sido utilizado en no pocas ocasiones como un indicador cronológico y cultural de primer orden.

En nuestra región, dicha presencia se ha venido situando en pleno siglo VII a. C. en función de la archiconocida estratigrafía de Medellín (Almagro Gorbea, 1977) y, más recientemente, Badajoz (Enríquez y otros, 1998), El Risco y Aliseda (Pavón y otros, 1998).

Pero si bien es cierto que el siglo VII a. C. se ha mantenido como referencia temporal más o menos estable al valorar dichas secuencias ocupacionales, no lo es menos que el grado de aceptación de tal innovación tecnológica ligada a la orientalización de este espacio difiere considerablemente entre los poblados del Tajo y del Guadiana. Mientras que en éstos el uso del torno se generaliza en pocos años, en los poblados altoextremeños la cerámica modelada mantiene porcentajes muy elevados hasta pleno siglo V a. C.

En dicho contexto, Logrosán parece estar a priori más próximo a los poblados del "Tajo Medio" que a los de Guadiana, a pesar de su proximidad relativa con Medellín. Sin embargo, no debe ignorarse tampoco que la ocupación del cerro San Cristóbal, lejos de ser el germen de un núcleo de ambiente preurbano como los surgidos en torno al Guadiana, se corresponde con un enclave minero y, en principio, más propicio al conservadurismo tecnocultural.

Sin que tal reflexión deba entenderse como un intento de forzar la información arqueológica disponible, no deben ignorarse que así al menos parece suceder en contextos arqueomineros tan renombrados en el Suroeste como los de San Bartolomé de Almonte (Ruiz y Fernández, 1986) o Riotinto (Pellicer Catalán, 1983: 87; Blanco y otros, 1970; Blanco y Rothenberg, 1981; Ruiz Mata, 1989).

Tal especialización tecnocultural queda igualmente reflejada en los hallazgos no cerámicos recuperados en la presente campaña: los útiles de piedra y los restos de un crisol con algunas concreciones metalúrgicas. Elementos todos ellos que, ante la ausencia de restos óseos u de otras evidencias subsistenciales, poseen el valor añadido de aproximarnos con mayor profundidad a la actividad económica dominante en este lugar. Entre los restos líticos obligado resulta diferenciar entre los molinos barquiformes, moletas y martillos.

Aunque casi siempre vinculados a la molturación de cereales y/o bellotas, las moletas y molinos de Logrosán -al menos en el único caso estudiado por el momento- parecen estarlo también a la trituración del mineral. Como ya anticipamos en su omento, el análisis de microrrestos realizado sobre la pieza encontrada in situ en el espacio de trabajo documentado en el Corte 3 confirma la ausencia de fitolitos y almidones frente a la presencia de particulas de mineral de Cu y Sn.

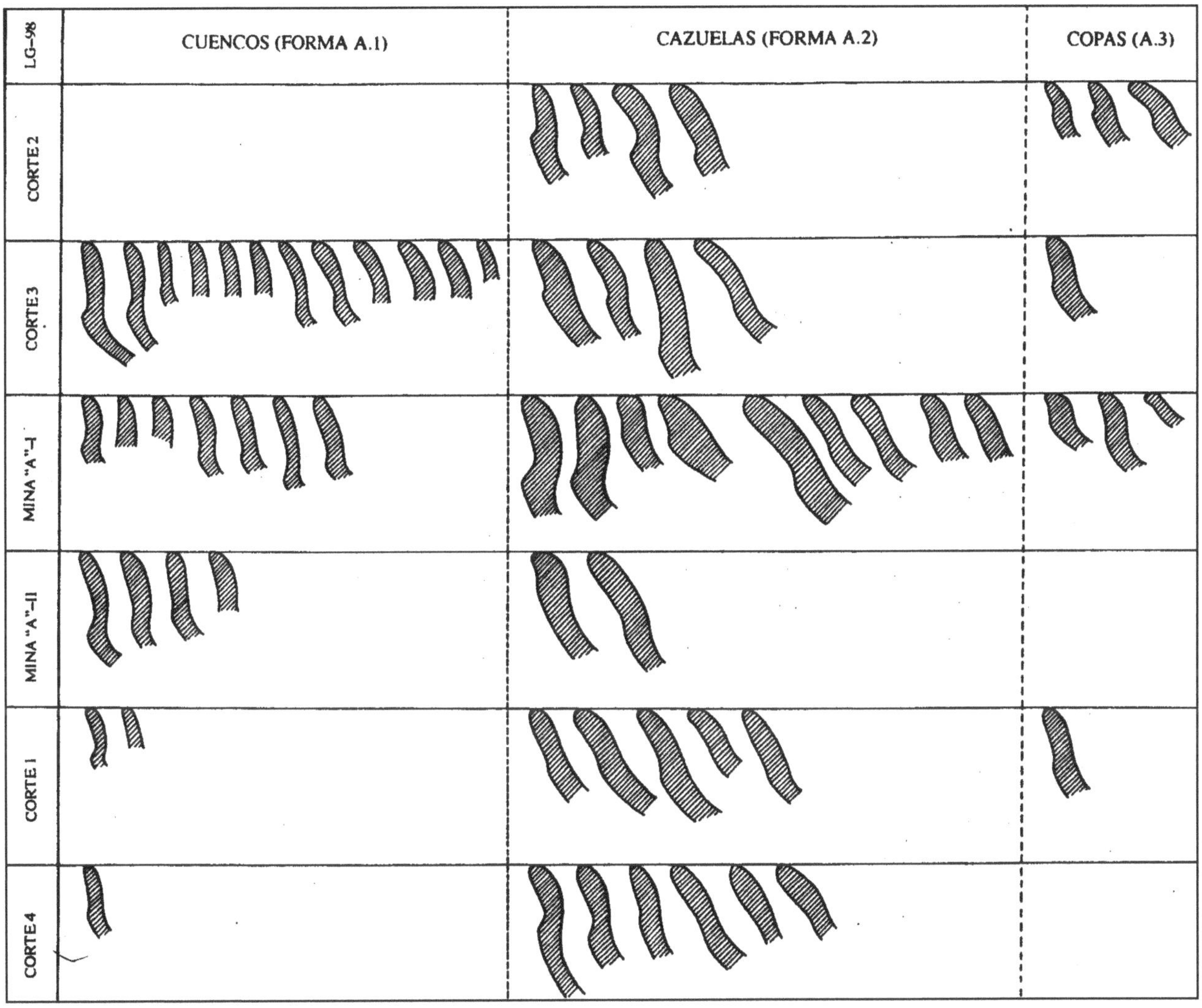

14.2 tipologia de las ceramicas a mano "cuidades"

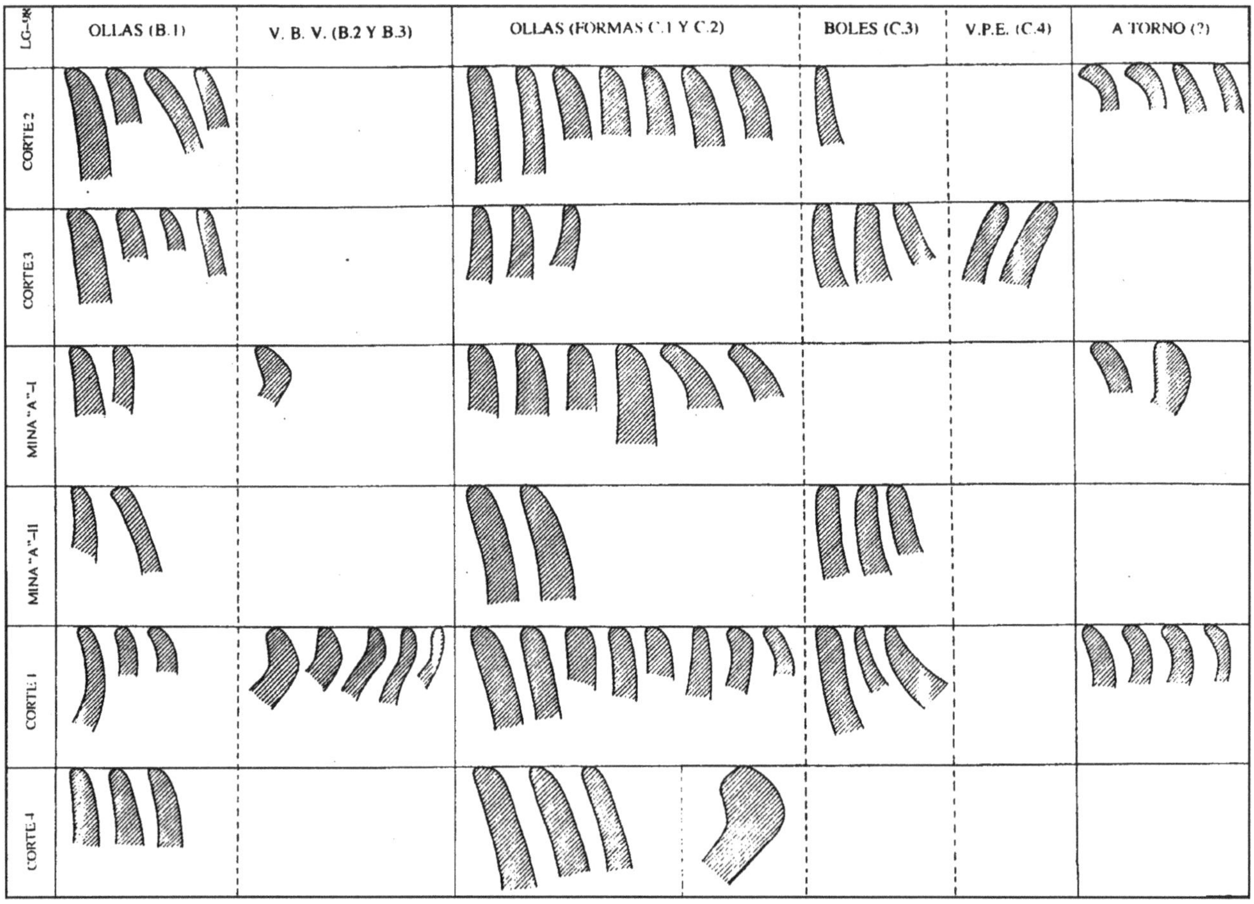

14.3 ceramicas a mano "semicuidades" y "toscas" y a torno (?)

MARTILLOS Y CRISOL

LOGROSÁN: EL CONTEXTO SOCIOECONÎMICO Y CULTURAL DE UN CENTRO PRODUCTOR DE ESTAÑO EN LA PERIFERIA TARTÉSICA

A finales de los años sesenta el Profesor Blázquez, de una forma un tanto intuitiva aunque posiblemente receptiva tanto al descubrimiento en 1950 de un importante yacimiento de esta–o en Logrosán (Gamir, 1950) como a las posteriores noticias de Sos Baynat (1961 y 1968), dejaba entrever por primera vez el probable entorno socioeconómico y cultural del yacimiento arqueológico del cerro de San Cristóbal, al apuntar cómo "Tartessos obtenía el esta–o del río de su nombre que arrastraba el mineral, del Mons Cassius, citado por Avieno (Ora Marítima, 259-261), de zonas marginales a Tartessos, como probablemente de la Extremadura española, de Logrosán y también de las proximidades de Cáceres, cuyas minas ya se aprovecharon a partir del Bronce I" (Blázquez Martínez, 1968: 49).

Desde entonces hasta hoy, los numerosos trabajos en que se ha esbozado como telón de fondo, directa o indirectamente, el problema de la explotación protohistórica de los recursos minerales hispanos han prestado una atención muy secundaria, cuando no nula, a Logrosán. Así, sorprende especialmente la falta de alusiones en los más importantes trabajos sobre la proyección de Tartessos en Extremadura (Almagro Gorbea, 1977; AA.VV., 1990), o sobre la dimensión del Bronce Atlántico en el occidente peninsular (Ruiz-Gálvez, 1984 y 1998); contextos éstos, el tartésico y el atlántico, donde, no obstante, el papel del metal extremeño siempre ha sido subrayado.

Es más, incluso en trabajos de síntesis relativamente recientes sobre la propia definición de las raíces culturales extremeñas el nombre de Logrosán ha estado ausente a la hora de esbozar los escenarios definitorios del Bronce Final-Orientalizante (Celestino y otros, 1992). Silencios prudentes, en cualquier caso, toda vez que los hallazgos conocidos se habían recuperado de una forma accidental, y sólo excavaciones arqueológicas sistemáticas podrían refrendar las hipótesis inicialmente planteadas.

Aunque desde mediados de los noventa algunos proyectos de investigación, iniciados al comienzo de esa década, se habían hecho eco de la cada vez más evidente ocupación protohistórica de Logrosán (Merideth, 1998 a-b; Pavón Soldevila, 1995 y 1998-a; Pavón y otros, 1998), no ha sido hasta 1998 cuando la realización de los primeros sondeos arqueológicos ha permitido comenzar a esbozar el contexto real de este yacimiento.

Las labores arqueológicas desarrolladas, descritas en las páginas precedentes, y el estudio de la cultura material y de los aspectos paleoeconómicos -aún en curso- resultan insuficientes hoy día para trazar una caracterización perfecta de las diversas tareas minero-metalúrgicas que aquí tuvieron lugar en la Protohistoria. Justo es reconocer de entrada las limitaciones en este sentido. Sin embargo, no es menos cierta la necesidad de contrastar estos datos puntuales con el panorama general de la minería y la metalurgia del occidente peninsular, y la posibilidad real que ello nos ofrece para entender la ocupación del cerro de San Cristóbal de Logrosán en el marco del poblamiento protohistórico extremeño.

Como señalara hace ya algunos años Mohen (1992: 110), a pesar de que las fuentes clásicas grecorromanas han venido informando repetidamente acerca de los ricos minerales de estaño que afloran en el occidente de la Peninsula Ibérica, especialmente en Galicia y en la antigua Lusitania, la metalurgia del bronce ibérica parece haberse desarrollado sólo muy tardíamente. Además, las manifestaciones arqueológicas de la explotación del estaño resultan alarmantemente escasas, o inexistentes, hasta el punto de que incluso en los trabajos más recientes de revisión global sobre minería y metalurgia peninsulares en época antigua, bien se pasa de largo a la hora de abordar el problema del estaño (Delibes de Castro, 1998), bien se procede a un estudio de perfil tipológico de la metalurgia de la Edad del Bronce, desde la mayor indolencia ante el reto que supone la definición de la procedencia o los mecanismos de transformación de la materia prima (Briard y Pautreau, 1997).

Cierto es que se ha reconocido una dificultad manifiesta a la hora de estudiar el estaño en el laboratorio (Mohen, 1992: 102), pero ello no exime de la necesidad de plantear los interrogantes que en torno al mismo se suscitan, o al menos las vías para avanzar en el conocimiento de una tecnología que llegó a fundamentar el modus vivendi de algunas de las culturas más destacables de la prehistoria reciente o protohistoria europeas.

En este marco, la primera aproximación al problema del estaño protohistórico debe ser, necesariamente, de naturaleza global, y atender a la de distribución geográfica de los recursos como un paso preliminar hacia la adecuada evaluación del caso de Logrosán.

Siguiendo el Mapa Previsor de Mineralizaciones de estaño de España (Mapa, 1972) se advierte, efectivamente, una concentración de los recursos estanníferos en el oeste peninsular, personalizándose incluso las zonas: Galicia (excepto Lugo) y norte de Portugal, el oeste de Zamora, oeste y sur de Salamanca, Sierras de Gata y Béjar -con sus prolongaciones en tierras portuguesas- , Extremadura, Sierra de Guadarrama, Los Pedroches y, ya al Levante, la Sierra de Cartagena. Dicho esto, conviene no olvidar que la explotación de vetas locales de potencialidad reducida puede considerarse una constante durante toda la Edad del Bronce (Gómez Ramos, 1993: 91).

Restringiéndonos a las regiones occidentales, la enorme magnitud del estaño gallego, identificada por la historiografía española -no sin ciertos problemas- con la versión que a propósito de las islas Cassitérides nos ha legado Estrabón en sus múltiples noticias (Monteagudo, 1954), ha copado tradicionalmente el protagonismo de los estudios encaminados hacia la definición de la primera metalurgia del estaño español del Noroeste.

Más recientemente, sin embargo, se han considerado el oro y el cobre de dicha zona como los objetivos de los primeros contactos atlánticos, cobrando el estaño una importacia económica real sólo a finales de la Edad del Bronce (Ruiz-Gálvez, 1987: 253).

Sin entrar a valorar la conveniencia del marco cronológico y las orientaciones expuestas recientemente para encuadrar el origen de la metalurgia del estaño por parte de otro sector de la investigación (Madroñero de la Cal, 1994: 39 y 53-55), lo cierto es que resulta ya de por sí muy difícil reconocer sobre el terreno la evidencia directa de las diversas actividades de producción y concentración del mineral en yacimientos concretos.

Esto es, al menos, lo que se desprende de un interesante trabajo sobre su tecnología metalúrgica que, en el momento de aproximarse a "los tan traídos y llevados minerales del Noroeste", reivindica la necesidad de superar el actual estado de desinformación y anhela el fin de las especulaciones sólo basadas en la discusión a partir de las fuentes clásicas (Comendador Rey, 1998).

Precisamente en función de esas fuentes, según Estrabón (III, 2, 9), dichas actividades debían ir desde la obtención en la superficie terrestre a partir del lavado de arenas -tal como se ha defendido desde la arqueología en alguna ocasión (Luzón Nogué, 1983)
- hasta la propia excavación:

"Entre los ártabros que viven en la parte más alejada del Septentrión y del Occidente de Lusitania, el suelo contiene, según aseguran, eflorescencias de plata, estaño y oro blanco mezclado con plata; esta tierra es arrastrada por los ríos, y las mujeres, una vez amasada la arena, la lavan en tamices tejidos en forma de cesta".

"Pero el estaño, dice Posedonio, no se encuentra en la superficie de la tierra, como aseguran en repetidas ocasiones los historiadores, sino excavando, y se produce tanto en la región de los bárbaros que habitan más allá de los lusitanos, como en las Cassitérides".

Más allá de la visión mítica de las fuentes, centrándonos ya en las evidencias concretas, al margen de intuir tras las armas y herramientas de bronce de tipología atlántica documentadas en el Noroeste una explotación de los recursos de la zona, la concreción material más peculiar de la actividad comercial generada a partir del estaño gallego es, según Madroñero (1994: 55-63), el petroglifo.

Concebidos como verdaderas marcas de encuentro comercial, en los petroglifos se plasmarían, de una forma que no deja de resultarnos sorprendente, lingotes, bateas de lavadero, hornos de beneficio y de fusión con sus correspondientes cargas, etc. La versión meridional del petroglifo la advierte este autor en las estelas extremeñas que, si bien parecen vincularse a este contexto socioeconómico del Bronce Final, difícilmente reflejan - desde nuestro punto de vista- dichas actividades minero-metalúrgicas entre sus representaciones.

En la mitad occidental de la Submeseta Norte, hace ya años que, partiendo de una aproximación tipológica al utillaje metálico, se ofreció una meritoria reconstrucción del Bronce Final sensible a las vinculaciones entre esos hallazgos, el poblamiento y los recursos minerales del suelo, pero sin aludirse explícitamente ninguna evidencia protohistórica concreta de la minería del estaño (Fernández Manzano, 1986).

Más recientemente, la prospección pormenorizada de esta zona tampoco han ofrecido datos concretos sobre la producción antigua del metal en torno al importante nucleo estannífero castellano (Merideth, 1998-a).

Trascendiendo nuestras fronteras hacia Poniente, y en esas mismas latitudes, algo más de concreción se advierte en el magnífico trabajo de R. Vilaça (1994) sobre el Bronce Final de la Beira Interior. En el marco de un poblamiento estable y articulado en torno a la minería y metalurgia del bronce mediante el control de las rutas de acceso al mineral por parte de "comunidades de paso" - que desarrollan una producción a pequeña escala de piezas acabadas para consumo local-, no ha dejado de señalarse la posibilidad de documentar poblados mineros, como el de Quinta da Chandeirinha en Belmonte, o la aparente separación, en lugares propios y distintos, de las actividades minera y metalúrgica. Se trata de yacimientos que en fechas calibradas se habitan principalmente entre los siglos XII/XI y IX AC y que no experimentan el fenómeno de la orientalización, por lo que cabe vincularlos claramente al contexto del Bronce Atlántico (Vilaça, 1998).

La comarca cordobesa de Los Pedroches, al norte del Guadalquivir, es -junto a Extremadura- otra de las zonas suroccidentales con recursos estanníferos. Éstos han sido objeto recientemente de estudios que no han dudado en vincular el poblamiento protohistórico al factor minero, mero considerándolo, eso sí, como uno más dentro una oferta económica algo más diversificada en torno al Guadalquivir (Murillo Redondo, 1993).

Tras evaluarse la importancia del estaño en relación a las demás minelalizaciones de la provincia de Córdoba (donde supone sólo un 4.23% de ellas), se advierte su concentración al noroeste de Los Pedroches y junto a la margen izquierda del río Guadalmez. Allí son depósitos de morfología filoniana o masiva y proceso genético aluvial o hidrotermal, de pequeño tamaño pero de explotación factible . El análisis de la vinculación entre el poblamiento del Bronce Final-Orientalizante y los recursos mineros ofrece como resultado la documentación de abundantes crisoles, martillos, minas, tortas de fundición, escorias, etc., ligados al beneficio prioritario del cobre y el plomo argentífero, aun cuando se advierta también de la vinculación del yacimiento de San Gregorio con depósitos de estaño.

A la espera de la necesaria contrastación de una información que procede ayoritariamente de hallazgos superficiales (fechados desde finales del VIII a inicios del VI a.C.), resulta del máximo interés advertir un poblamiento de clara vocación minero-metalúrgica y vinculado culturalmente con el mundo del Bajo y Medio Guadalquivir, esto es, con Tartessos.

Dejando para el final las tierras extremeñas, necesario se hace advertir una abundancia de mineralizaciones de estaño, concentradas principalmente en las regiones al norte del Tajo (áreas de Hoyos-Aceituna, Plasencia-Tornavacas y Pedroso de Acim-Casas de Millán), de naturaleza más agreste, y en la "mesopotamia" entre el Tajo y el Guadiana (áreas de Piedras Albas-Garrovillas, Arroyo de la Luz-Cáceres, Albalá-Montánchez, Almoharín, Trujillo y Logrosán).

En la Baja Extremadura, al sur del Guadiana, sólo el estaño del área del valle de La Serena matiza un panorama minero dominado por las galenas orientales y los hierros occidentales (Florido Lara–a, 1987).

En relación con el problema del estaño -y dejando a un lado Logrosán, del que nos ocuparemos inmediatamente-cierto es que estudios relativamente recientes han planteado la posibilidad de vincular el asentamiento estable del Bronce Final al control y explotación de la casiterita. Esta hipótesis de trabajo ha resultado particularmente sugerente en la Penillanura Cacereña (Pavón Soldevila, 1998-a; Pavón y otros: 1998), donde evidencias mineras, metalúrgicas, o la propia distribución del poblamiento, abogan por dicho modelo en el marco de la progresiva definición de la denominada "Facies Tajo", entidad plenamente personalizada a nivel de patrones de asentamiento, paleoeconomía, cultura material y emblemas de poder.

Pero es, sin duda, el cerro de San Cristóbal de Logrosán la manifestación más notable de que disponemos para avalar la existencia de una minería del estaño en las tierras interiores de la actual Extremadura. Una manifestación que aún cobra mayor interés si tenemos presente cuanto se ha expuesto acerca del precario conocimiento del mundo del estaño en el occidente peninsular.

Algunas de las investigaciones que más recientemente se han ocupado de abordar los procesos de explotación del mineral y comercialización del metal en el Bronce Final del occidente ibérico han apuntado implícitamente la necesidad de recorrer, en la medida de lo posible, los distintos pasos por los que atraviesa ese complejo entramado económico y a la vez social, de corte mercantilista o colonialista, que supone la producción, organización y circulación de las materias primas y los bienes con ellas elaborados.

Con la atención puesta en esos objetivos, y conscientes de los enormes vacíos que aún se advierten en la reconstrucción de dicho proceso, saludable será relacionar, pues, esa minería del estaño con la producción de artefactos metálicos. Sólo ello nos permitirá sopesar hasta qué punto resulta posible, en el momento actual, una aproximación a los entornos del metal en estas tierras interiores del Suroeste peninsular.

Desde una perspectiva paleoeconómica, difícilmente pueden separarse las labores estrictamente mineras de aquellas otras, encaminadas en último término a la fabricación de objetos, que denominamos metalurgia. El artefacto metálico es el objetivo final de una serie de pasos previos que arrancan a pie de mina y que encadenan una compleja serie de tareas tecnológicas las cuales es preciso enmarcar en un ambiente donde las esferas económica y social no siempre resultan fácilmente desligables.

A veces la pieza acabada, el artefacto metálico, ofrece una información complementaria que permite retrotraernos en el proceso y, así, contrastar las escasas noticias que sobre las fases iniciales del mismo conocemos. En este sentido, puede decirse que el estudio de la relación mineral-metal es, en cierto modo, un camino de ida y vuelta.

Ya hemos visto cómo, dejando a un lado los incontables martillos de minero recuperados desde hace años en este enclave, la evidencia minera más interesante detectada en Logrosán se concreta en la documentación de las huellas de una serie de trabajos consistentes en la excavación de trincheras de perfil en U, abiertas a fin de seguir vetas de cuarzo de las que resulta posible extraer la casiterita.

Como ya se ha dicho, las marcas en las paredes laterales de las herramientas de piedra con que fue abierta y su propia posición estratigráfica parecen ser argumentos suficientes para defender su antigüedad, si bien la ausencia de material arqueológico en el interior de dicha trinchera impide precisar su cronología relativa. Dado que ese espacio se sella por restos de una ocupación fechada hacia el siglo VII a.C., esa podría ser una buena referencia ante quem para el Nivel II del Corte 1.

Tal vez un paso siguiente en la producción podría ser el representado en los niveles Sup. y I del Corte 3, donde se asocian los restos de dos posibles cabañas de planta oval, definidas con piedras hincadas y muy arrasadas.

Por fortuna se pudo documentar en el espacio exterior comprendido entre las referidas alineaciones de piedras una "zona de trabajo" posiblemente relacionada con la trituración del mineral, tal y como ha revelado la analítica efectuada a un enorme molino barquiforme volcado sobre uno de sus costados que apareció junto a diversas molederas, algún que otro martillo y una importante concentración cerámica.

Con un predominio casi absoluto de la alfarería modelada, la tipología global de los recipientes recuperados denota criterios tecnoculturales más arcaizantes que los registrados en el Corte 1, lo cual, como ya hemos dicho, nos lleva a proponer provisionalmente una cronología de pleno siglo VIII a. C., al menos.

Muy poco puede apuntarse aún sobre la naturaleza de las actividades metalúrgicas que seguirían a estas tareas. La utilización de hornos para beneficio del metal es una maniobra tecnológica presumiblemente utilizada en la protohistoria peninsular que está bien reflejada en las fuentes, tal como -transcribiendo palabras de Plinio- plasma San Isidoro en sus Etimologías (Libro XIV, 22):

"Hay dos clases de plomo, el blanco y el negro. El mejor es el blanco - el estaño- y se descubrió por primera vez en unas islas del Océano Atlántico. No obstante, también se produce en Lusitania y en Galia, en una tierra muy arenosa; se encuentran en ella a modo de cálculos negros muy pesados, sobre todo en los torrentes secos; se lavan esas arenas y lo que queda lo benefician en hornos.

También en las minas de oro se encuentran, después de hacer correr por ellas el agua, unos cálculos negros y pesados que acompañan al oro cuando se recoge éste; luego, una vez separados del oro, se benefician en un horno y se convierten en plomo blanco..."

Sin embargo, nada sabemos en Logrosán acerca de los hornos de reducción, teóricamente más próximos a la fuente del mineral, ni de los de fundición, supuestamente ubicables en áreas de taller. Teniendo en cuenta las tareas implicadas en la producción de los primeros bronces peninsulares, según se desprende de los datos de las vasijas-hornos y de las muestras de mineral de Monte Aguilar I (Bárdenas Reales, Navarra) fechados en el Bronce Medio, sería posible imaginar una reducción directa a partir de una mezcla de minerales independientes de cobre y estaño (Gómez Ramos, 1996-b).

Ya en el Bronce Final, en un contexto caracterizado por la parquedad de datos, sólo el horno de Peña Negra I (Crevillente, Alicante) (González Prats, 1993) nos ilustra acerca de cómo pudo realizarse la reducción. Ésta debía conseguirse a expensas de un elevado consumo de carbón y conllevaría grandes pérdidas de mineral. Se explica así que muchos de los bronces de Peña Negra -y de otros puntos de la Península- obtenidos por reducción directa de minerales de cobre y estaño sean pobres en este último metal; lo cual es tremendamente interesante, dado que permite vincular las tasas bajas de estaño más a una deficiente tecnología de horno que a una socorrida, y recurrentemente aludida, escasa disponibilidad de materia prima.

Se desprende de ello que aún en el Bronce Final no se domina la metalurgia productiva con ayuda de fundentes, sino que todo el volumen de cobre o bronce local se consigue a base de multiplicar la pequeña producción de la vasija-horno (Gómez Ramos, 1996-b: 138).

Cierto es que se ha documentado en la excavación de Logrosán un fragmento de crisol con concreciones metalúrgicas (Nivel I del Corte 1), y que previamente se habían recuperado moldes y objetos metálicos en este yacimiento (Sos Baynat, 1977; Merideth, 1998 a-b; Pavón Soldevila, 1998-a). Ambas circunstancias inducen a considerar un eventual desarrollo de dichos trabajos en Logrosán y a plantear la posibilidad de que, además de poblado minero, el cerro de San Cristóbal pudiera haberse comportado también como un centro metalúrgico.

Sobre la vinculación o la separación de ambos pasos en el proceso productivo sólo puede especularse, dado que, como hemos visto, se desconocen en el occidente peninsular los contextos básicos del primero de ellos. Difícilmente puede decirse nada, salvo apuntar que la actividad metalúrgica aparece constatada en un número mucho mayor de poblados, a veces al nivel de una simple producción para consumo local, paralela a otras producciones de bronce de mayor escala ligadas al consumo de los grupos de poder (Vilaça, 1994: 417). En ellos, los broncistas podrían haber utilizado el estaño de dos formas: podrían recibir los lingotes; o bien podrían hacer ellos mismos la aleación a partir de la casiterita (Mohen, 1992: 102).

Sobre los lingotes de estaño se sabe muy poco. Salvo casos muy contados que se han recuperado en tierra firme -donde se alude a las malas condiciones de conservación para explicar su ausencia- la mayoría proceden de los pecios. Según se ha escrito, existen dos modelos de trasporte marítimo del metal: uno occidental (ejemplificado en Langdon Bay, Moor Sand o la Ría de Huelva, y fechado entre los siglos XII-IX a.C.), donde la chatarra y los objetos elaborados preceden al comercio marítimo de materias primas (representadas sólo por los lingotes de cobre y estaño que junto a una serie de plaquetas de plomo y galena mineral se dan cita en el pecio francés de Rochelongue, fechado entre fines del VII y más allá del siglo VI a.C.); y otro oriental (documentado en Ulu Burun, Cabo Gelidonya o los casos de Haifa, con cronologías que van desde fines del siglo XIV al siglo XII a.C.), donde el metal en bruto -cobre y estaño transportado principalmente en forma de lingotes de tipología diversa (piel de buey, sección prismático-rectangular y plano-convexa); o casiterita en forma de polvo blanco- es la mercancía principal, y los productos elaborados o la chatarra sólo aumentan conforme avanza el tiempo, se agudiza el problema del abastecimiento y se democratiza el metal (Lucas y Gómez, 1993).

Los pecios orientales han puesto sobre la mesa la sugerente posibilidad de que ya existieran relaciones comerciales entre Oriente y Occidente en unas fechas tan tempranas; no obstante, y a pesar de que se intuyen lazos entre Chipre y Cerdeña.

Reconocido puente a la Península Ibérica- entre el 1600 y el 900 a.C., nacidos como consecuencia de la búsqueda del cobre, el estaño occidental y el hierro (Lo Schiavo, 1990), aún es preciso esclarecer la fuente del estaño que aparece en ellos (Lucas y Gómez, 1993: 127).

Por su parte, en el inventario de lingotes hallados en la Península Ibérica (Gómez Ramos, 1993) el único caso documentado de lingote de estaño -pendiente de un estudio en profundidad- sería el de Cota da Pena (Arcos de Valdevez, Portugal), contemplado inicialmente como un trozo de estaño (Kalb, 1980: 27). Es verdaderamente significativa la escasa proporción de estaño en los lingotes peninsulares, que los convierte realmente en lingotes de cobre durante el Bronce Final y casi nunca de bronce -que sólo aparecen en el Hierro I- (Gómez Ramos, 1993).

Tal vez esto tenga que ver, más que con los ya apuntados problemas de conservación, con el desarrollo generalizado de la práctica alternativa antes apuntada; es decir, su adición en las aleaciones por la reducción del mismo a partir de la casiterita, más que por el aporte de lingotes puros de estaño.

Así, existen indicios en el ámbito del Bronce Atlántico -a partir de muestras de crisoles de Fort-Harrouard (Eure-et-Loire)- para pensar que la casiterita pudo ser transportada y reducida in situ (Mohen, 1992: 119). Pero incluso en la Beira interior durante esta misma época y en tierras extremeñas hasta el siglo V a.C. está constatado el uso directo de la casiterita.

Así del poblado del Bronce Final de Alegríos y del complejo arquitectónico post-orientalizante de La Mata (Campanario, Badajoz) proceden sendos fragmentos de crisol que ilustran un proceso metalúrgico basado en la combinación de cobre fundido y casiterita triturada (Rodríguez y Ortiz, 1998: 214). Tal vez ésta fuera una de las técnicas más utilizadas ya en el Bronce Final occidental para producir esas piezas de bronce que son las más significativas supervivientes de una práctica minero-metalúrgicas tan parcamente conocidas.

El estudio tipológico de esos objetos de bronce, entendido como una vía para la definición de sus circuitos comerciales y filiaciones culturales, conduce poco más allá de una impresión general de "cosmopolitización" que resulta extrapolable para el conjunto de las tierras occidentales de la Península Ibérica (Ruiz-Gálvez, 1984; Coffyn, 1985; Vilaça, 1994). Una simbiosis de elementos materiales del Bronce Atlántico con otros característicos del Suroeste, que ha sido defendida también para tierras extremeñas en el Bronce Final (Almagro Gorbea, 1977; Enríquez Navascués, 1990; Pavón Soldevila, 1998-a).

Sólo recientemente han comenzado a publicarse trabajos sobre la metalurgia protohistórica extremeña, de alcance preliminar pero ciertamente interesantes, que permiten esbozar también el contexto arqueometalurgico -y no exclusivamente tipológico- de las producciones del Bronce Final extremeño, entorno en el que necesariamente hay que encuadrar las eventuales producciones de Logrosán (Gómez y otros: 1998).

Estos nuevos enfoques, que tienen en cuenta principalmente la composición de las piezas, vienen a confirmar cómo dentro de la unidad general del Bronce Final Atlántico se desarrollan variantes locales cuya dispersión geográfica muestra un mundo bastante regionalizado y, a su vez, interrelacionado, pero que no parece establecer realmente un comercio de manufacturas (Montero Ruiz, 1998: 219).

A partir de una documentación relativamente amplia de materiales, procedentes en casi su totalidad de las tierras extremeñas comprendidas entre Tajo y Guadiana, se han apuntado diversas cuestiones entre las que nos interesa recordar particularmente cómo el nulo conocimiento hasta hoy existente en nuestra región acerca de las evidencias de producción metálica (escorias, hornos, crisoles...) (Gómez Ramos, 1996-a) es susceptible de corregirse a partir del análisis de colecciones como la procedente del poblado del Risco (Sierra de Fuentes, Cáceres), que presenta una ocupación sincrónica, a grandes rasgos, con Logrosán.

En el análisis conjunto de las piezas adscritas por tipología al Bronce Final, resultan muy dominantes, en las aleaciones de base cobre, los bronces binarios (cobre-estaño) sobre los ternarios (cobre-estaño-plomo) (Gómez y otros, 1998: 105); algo que también se advierte en la inmensa mayoría de las piezas metálicas procedentes de Logrosán (Merideth, 1998-b) y que, dados los valores registrados, acerca en su globalidad las producciones extremeñas a las vinculadas al depósito de la Ría de Huelva.

Sin embargo, los altos porcentajes de estaño que muestran las piezas extremeñas las aproximan a los registrados en la cuenca del Duero (Gómez y otros, 1998; Rovira Lloréns, 1995). Pero desde el punto de vista estrictamente tipológico, salvo algunas piezas aisladas como las hachas planas de apéndices laterales de Santo Domingo o las de talón y una anilla de La Muralla -que hay que relacionar con la Meseta y el Noroeste, respectivamente-, el grueso de las producciones metalúrgicas extremeñas se integran claramente en el ámbito del Suroeste penisular.

En el marco de estas claras relaciones con el emergente mundo tartésico, puede hablarse -en función de los derrames de fundición y de los cinco fragmentos de lingote plano-convexo de cobre del Risco, verdaderamente excepcionales, por su latitud meridional, en el contexto de distribución de los lingotes peninsulares (Gómez Ramos, 1993: 97)- de un movimiento de la materia prima (incrementado respecto a horizontes precedentes, a tenor de lo que parece ser una procedencia más variada del cobre si nos atenemos a sus impurezas) y del establecimiento de talleres manufactureros en localidades próximas al mercado consumidor, más o menos distantes de los centros de producción de la materia prima.

Esto último plantea un modelo comercial complejo en el que cabe separar los circuitos por los que circula la materia prima de aquéllos otros por los que se distribuye el objeto acabado, siendo el taller metalúrgico el punto final de los primeros y el comienzo de los segundos.

Más allá de esta intuición, hoy por hoy resulta imposible trazar itinerarios (Gómez y otros, 1998: 108). Dicho esto, conviene recordar que el objetivo principal de la presente campaña en Logrosán ha sido la evaluación de la estratigrafía protohistórica del sitio, con el doble propósito de acotar temporalmente la explotación del estaño en este lugar y calibrar sus relaciones interculturales en el marco de la protohistoria del Suroeste peninsular.

Es decir, que se ha dejado en un discreto segundo plano una caracterización de los procesos minero-metalúrgicos que, aunque totalmente necesaria, necesita specíficamente la continuidad de un proyecto a medio-largo plazo. No obstante, la atención a estas dos preocupaciones, la definición cronológica de la explotación del estaño y la incardinación cultural de dichas tareas, constituye el mejor contrapunto para determinar el contexto real del poblado minero de San Cristóbal de Logrosán.

Como ya se ha apuntado en páginas precedentes, ante la imposibilidad de obtener dataciones absolutas -motivada por la ausencia tanto de maderas y semillas carbonizadas, como de restos óseos que permitieran la aplicación del método del radiocarbono-, todo intento de fechación relativa pasa por el análisis tipológico del material cerámico.

Éste, ampliamente tratado ya, nos ofrece como resultado el desarrollo de una ocupación que tendría lugar entre finales del siglo IX y finales del VII a.C., márgenes éstos que deben contemplarse desde la provisionalidad.

Así, por una parte, los escasos materiales que forman parte del Nivel II en los cortes 2 y 3, aún siendo insuficientes para definir con claridad su contexto crono-cultural, permitirían plantear una eventual habitación de este espacio -no sabemos realmente bajo qué parámetros, aunque su similitud sedimentológica con la naturaleza del Nivel II del Corte 1 podría vincularla también a la actividad minera- en un momento anterior, tal vez del Bronce Final I local (Pavón Soldevila, 1998-a), equivalente grosso modo al Bronce Final II del área atlántica (Ruiz-Gálvez, 1998); posibilidad que debe ser necesariamente contrastada en nuevas intervenciones. La propia antigüedad (siglos XII/XI-IX A.C.) defendida a partir de fechaciones absolutas en la Beira para producciones cerámicas similares a algunas de las recogidas en Logrosán también podría plantear la necesidad de estirar la cronología del yacimiento cacereño; pero, también desde este supuesto, sería recomendable mantener una cierta cautela hasta disponer de elementos de juicio propios, en forma de fechas de C14 obtenidas in situ.

Por otra parte, son muchos los problemas para definir el punto y final de la explotación estannífera del Cerro de San Cristóbal. Cierto es que, en función de los sondeos hasta hoy realizados, todo parece indicar que este poblado no se "orientaliza" tecnológicamente de forma profunda, dado que los perfiles de apariencia torneada resultan problemáticos y estadísticamente anecdóticos.

No obstante, ya comentamos el conservadurismo tecnocultural que caracteriza los núcleos mineros en otros ámbitos tartésicos incluso en plena época orientalizante.

Pero, más allá de esta cuestión puntual que a buen seguro clarificarán intervenciones futuras, resulta muy interesante constatar que aquellos contextos mineros del Suroeste relacionados con la metalurgia del bronce mejor conocidos, los poblados onubenses asociados al beneficio de carbonatos de cobre superficiales (como Chinflón, El Trastejón, Sierra de la Lapa, etc.) que también constituyen explotaciones mineras rudimentarias a base de rafas y trincheras, alcanzan igualmente su máximo florecimiento durante el Bronce Final y no presentan ningún elemento de filiación fenicia, por lo que podría pensarse que se extendieran hasta el siglo VII a.C. sin interferencias de los colonizadores orientales, o incluso que su vigencia no fuera más allá del siglo VIII a.C. (Pérez Macías, 1996; Ruiz Mata, 1989: 218).

Según Pérez Macías, la minería del cobre alcanzó su esplendor en el Bronce Final Inicial, en una etapa en la que el aumento de la producción de bronce, en el contexto del Bronce Atlántico, provocaría un fuerte impulso minero-metalúrgico en todos los depósitos de carbonatos de cobre, induciendo una canalización de la producción a través del puerto de Huelva.

Como nos recuerda este mismo autor, S. Rovira (1995) ha

defendido recientemente la existencia de un taller metalúrgico en el Suroeste responsable de producciones como la de los bronces de la Ría de Huelva, que, obviamente, se sitúan en esta coyuntura. Sobre los vínculos entre la Ría de Huelva y la metalurgia de base cobre del Bronce Final extremeño ya hemos hablado más arriba.

No funcionando las minas del Andévalo más allá de esas fechas -ni las cordobesas de Cerro Muriano (Domergue, 1987)- se ha apuntado la posibilidad de que fueran ya los fenicios quienes acapararan la producción de los objetos manufacturados de bronce (Pérez Macías, 1996: 209); fenicios que también en el siglo VII a.C. desplegaron desde Gadir, según se ha planteado, una intensa estrategia de recepción del estaño de las regiones atlánticas peninsulares (Aubet Semmler, 1994: 251).

Es decir, por el momento, todo permite relacionar la producción minera de Logrosán con el auge metalúrgico que en fases avanzadas del Bronce Final experimenta el Suroeste peninsular y, posteriormente, su reconducción hacia la diversificada demanda oriental de materias primas. Es en dicho contexto de interacciones atlántico-mediterráneas, en el que cobra su justo sentido la sucesiva llegada a esta zona de elementos de prestigio destinados a la reafirmación social de las élites rectoras, como los integrados en las estelas de Logrosán y Solana de Cabañas, el conjunto de torques y pátera de Berzocana y, más al Oeste, el célebre tesoro de Aliseda.

Entendemos que ello no solo resulta plenamente compatible con el panorama global del mundo tartésico, con las fechaciones propuestas para la ocupación del cerro de San Cristóbal y la evolución tipológica de sus cerámicas, sino que también permite esbozar el paisaje humano del que formó parte este yacimiento.

El poblamiento del Bronce Final-Orientalizante de las tierras interiores de Extremadura viene siendo objeto de profundas reflexiones especialmente en la última década (AA.VV., 1990; Celestino y otros, 1992; Pavón Soldevila, 1998-a; Rodríguez, 1998). En este marco, es el límite septentrional de la Cuenca Media del Guadiana (en adelante, CMG) el espacio en que se integra Logrosán.

Concebida como un "espacio de frontera" en la protohistoria del Suroeste (Rodríguez Díaz, 1994-a y 1995), la CMG acoge una diversidad de poblados, con sus lógicas diferencias estructurales y de desarrollo, que desde al menos el 800 hasta el 400 a. C. parecen formar parte de un sistema integrado. La fecha del 800, un tanto convencional, marca el comienzo de la ocupación protohistórica de Medellín, el primer poblado sondeado en esta zona y referente obligado para todos los demás (Almagro Gorbea, 1977).

El 400, en el otro extremo, acota la crisis general de un modelo poblacional -pero también socioeconómico y cultural- muy personalizado que hay que entender como fruto de la interacción entre el núcleo tartésico y su periferia interior (Rodríguez, 1994-b; Enríquez y otros, 1998; Rodríguez y Ortiz, 1998). Entre estos márgenes, una sucesión de poblados de vado, poblados en llano y poblados en alto conviven en una plasmación posiblemente jerárquica de un poblamiento que hemos llegado a denominar como "Facies Guadiana" (Pavón Soldevila, 1995 y 1998-a).

En dicha facies, son los poblados de vado aquéllos que constituyen el elemento más definitorio. Elevados en cerretes ligeramente dominantes, parecen ser la clave en la articulación territorial no sólo por el hecho de controlar directamente aquellos puntos vadeables que permiten el cruce del río Guadiana y las comunicaciones Norte-Sur, sino también por el gran dominio visual que ejercen sobre el entorno depresivo de las vegas. Badajoz (Enríquez y otros, 1998), Alange (Pavón Soldevila, 1998-b) y Medellín (Almagro Gorbea, 1977; Almagro y Martín, 1994) constituyen, en la actualidad, los mejores referentes.

Con un origen en la Edad del Bronce -a veces en momentos bastante tempranos- en todos los casos se constata un poblamiento ininterrumpido a lo largo de la Protohistoria. Ello no es obstáculo para detectar marcados episodios críticos hacia finales del siglo V a.C., inmediatamente antes de experimentar la profunda reconversión del poblamiento que acompaña al Hierro II extremeño. Las estratigrafías de estos enclaves evidencian a las claras la misma eclosión que en el resto del Suroeste parece experimentarse desde las fases avanzadas del Bronce Final Atlántico, reflejando posteriormente un esplendor paralelo al del Tartessos orientalizado.

Sin duda alguna -y a pesar de disponer de una conocimiento aún muy fragmentario de estos poblados- los grandes paralelismos que, prácticamente a todos los niveles, ofrecen con Huelva y el Bajo Guadalquivir han servido para integrarlos sin mayores dificultades.

En la misma problemática histórica de las tierras meridionales, lo cual, desde un punto de vista crítico, ha podido ir en detrimento del conocimiento objetivo de sus rasgos personalizadores.

Entre dichos rasgos, tal vez sea el de su definición territorial uno de los que más desapercibido han pasado, puesto que, aunque siempre se ha advertido de su ubicación junto a los puntos vadeables del Guadiana, no siempre se ha recordado que éste es un río con abundantes puntos de paso y que la elección del poblamiento, además de a ésta, obedece a otras cuestiones. Es por ello que cabe entender la ubicación de estos yacimientos de comienzos del I milenio a.C. como un acto plenamente voluntario, y su trazado prácticamente equidistante como la evidencia directa de un entramado que ordena premeditadamente el discurrir de personas, ideas, animales y bienes.

En este sentido, tal vez sea de interés recordar que estos tres puntos controladores del Guadiana, Badajoz, Alange y Medellín, guardan una estratégica posición de cara a la captación y canalización de los recursos en esta zona periférica y fronteriza del Suroeste peninsular. Así, Badajoz, a través del río Gévora-Zapatón, conecta, en un trazado aproximadamente coincidente con la Falla de Plasencia, con el importante poblado protohistórico de Aliseda, ya en tierras cacereñas. Alange, vía río Aljucén, remonta la comarca de Mérida hasta llegar a los poblados de La Navilla y Montánchez. Medellín, por su parte, en una ruta a través del puerto de Valdemorales accede al asentamiento del Risco; o, subiendo por el río Ruecas, conecta directamente con Logrosán.

Pero sin duda lo más llamativo de todo ello es que tales rutas conducen -según se ha aludido más arriba- a regiones excepcionalmente ricas en recursos minerales estanníferos como son las inmediaciones del río Salor, vigiladas desde Aliseda; el núcleo de La Parrilla, cercano a La Navilla; los alrededores de Cáceres y El Risco; o el propio cerro de San Cristóbal en Logrosán. Recursos suficientemente interesantes como para posibilitar un poblamiento estable como el estudiado en los últimos años en la Penillanura (Pavón y otros, 1998). Además, desde estos poblados de vado junto al Guadiana se garantiza la salida de dichas materias primas hacia el núcleo tartésico a través del propio río, la vía de comunicación por excelencia, o de otros ramales secundarios, como las rutas del Matachel, La Serena o el Zújar, accesibles desde mismos centros y confluyentes hacia el Valle Medio del Guadalquivir.

El esplendor que, con el transcurso del tiempo parecen adquirir estos poblados de vado -y que tiene su máxima expresión, hoy por hoy, en Medellín- contrastable con el aparente "atraso" de sus vecinos más septentrionales, hay que relacionarlo obligatoriamente con su papel de intermediarios, con todo lo que ello significa (De Blas Cortina, 1998), en este sistema económico integrado.

Es la estabilidad estructural que ofrece el propio sistema - desde el momento en que se incardina en la mayor entidad cultural de la protohistoria meridional-, junto a la inherente necesidad de domeñar el paisaje, y el enorme potencial agrario del valle del Guadiana, lo que posibilita un grado mayor de complejidad en el poblamiento.

Complejidad que se traduce en la aparición de poblados secundarios en llano -Sagrajas, Santa Engracia, Atalaya...- o en alto -Cerro del Castillo de Nogales, La Oliva, a los que posiblemente haya que unir el reciente hallazgo de Los Concejiles de Lobón (Duque Espino, 1998)- y que precisan aún estudios más detallados a fin de ser definidos en sus funciones específicas (Pavón Soldevila, 1998-a).

Y es que tal vez esa idea que ha expresado Pérez Macías (1994: 206), según la cual los circuitos comerciales del metal estarían ya definidos previamente a las colonizaciones orientales, constituyéndose en uno de los elementos principales en la articulación del territorio antes de que las colonias fenicias de Occidente contribuyeran a su fianzamiento y ejercieran la influencia necesaria para su desarrollo urbanístico, pueda aplicarse también a las tierras extremeñas que ahora estudiamos, concediendo al estaño y, posiblemente, al oro el efecto dinamizador que más al Sur se da al cobre y, especialmente, a la plata.

Por ello la integración de las tierras extremeñas, la gran reserva económica de Tartessos, en un sistema formado por círculos concéntricos y jerárquicos, tal como entendiera a comienzos de los noventa la M. E. Aubet (1990: 41), alcanza el grado de realidad constatable en términos arqueológicos, cuando resulta posible contrastar en el poblamiento ese mecanismo de relación económica del que Logrosán, un centro productor de estaño en su periferia del Guadiana, forma parte.

Eslabón de una cadena que, en cierto modo, puede también intuirse detrás de palabras como aquéllas que nos relatan de qué forma "la denominada Tartessos, era ciudad ilustre, que arrastra el estaño por el río desde la Céltica, así como el oro y cobre en mucha mayor abundancia" (Escimno, 164. F.H.A. I, 189).

hammers/crushers of quartz, metamorphic and granite rock

surface and excavated finds 1998

The surface surveys which have taken place on the Cerro from 1992 to 1996 and the excavation season of 1998, have found numerous stone hammers. The prehistoric stone hammers found on the Cerro de San Cristobal can be divided into three separate rock categories.

The first category of rock hammer/crushers are metamorphosed slate rock. The closest location of metamorphosed slate is to be found in the aureole zone which surrounds the base of El Cerro de San Cristobal. The metamorphism which formed the slate aureole zone around the Cerro occured during the granite intrusion, which formed the mountain of El Cerro de San Cristobal.

The metamorphosed slate has over time been exposed by the stream water erosion and frost action. The streams that surround the base of the Cerro are the Arroyo del Gingal, to the north and west of the Cerro, the Arroyo Grande to the west and south of the Cerro and the Arroyo Carrasco also located to the south of the Cerro. Water and frost action have in the past broken up the metamorphosed slate rocks into the stone hammer/crusher forms used in antiquity that have been found on the Cerro.

The water formed metamorphosed slate stone was collected from the surrounding stream beds and taken up to the summit of the Cerro for hammer/crushing use. Most, if not all of the metamorphosed slate stone hammers found on the Cerro have pecked marks, probably made by other stones or metal tools, in the central area. The pecked shaped areas would probably have been used to assist the fitting of some form of wooden handle.

The second catagery of hammer/crushers found on the Cerro de San Cristobal and are derived from quartz rock. The quartz hammer /crushing stones found on the Cerro would most probably all have orginated from the numerous quartz mineral veins to be found in the granite of the Cerro. It would seem that some of the collected quartz hammers had been first deliberately shaped into rough hammer/crusher form before they were used as tools, whereas other quartz hammer/crushers would seem to have acquired their roughly shaped forms during their use as pounding tools.

The vast majority of the quartz hammers do not show any stone or metal pecked areas for handle attachments. It therefore would seem that most of the quartz stone tools were meant to be used only held by the hand.

hammer/crushers

quartz, metamorphic and granite rock

The third category of stone tools present on the Cerro was granite. The granite stone tools are not as numerous as the quartz and metamorphosed slate stone tools. The area of the origin of the granite stone used for the tools is not yet known. The granite stone tools seem to have been used more for very fine crushing or possibly grinding/polishing work.

Also found on the surface of the Cerro during 1998 (Area F) was a fine surfaced small granite stone crushing platform which possibly might have been used to crush cassiterite ore for metallurgical smelting use. (Drawing **16.16;** page 155)

Stone querns were also found on the surface and in the excavated habitation trench [T/1] (area A) and [T/3] (Area E) of the Cerro. The querns were used to crush or grind grain for bread and in some cases possibly to crush the Cerro cassiterite ores for smelting as presented in the paper by Jordi Juan I Tresserras in this report.

LOCATION	DESCRIPTION	ROCK TYPE	WEIGHT
Trench/1 Log98/H-310898 (Nivel/Sup-(18)	**hammer/crusher** fragment	**metamorphosed slate**	585 grams
Trench/2 Log98/H-030998 (Nivel/Sup)	**hammer/crusher** fragment	**metamorphosed slate**	355 grams
Trench/3 Log98/G-090998 (Zona/B-Nivel/I(k)-(46)	**hammer/crusher** complete	**metamorphosed slate**	735 grams
Area/B Log98/H-150998 (surface)	**hammer/crusher** complete	**metamorphosed slate**	815 grams
Area/B Log98/B-120998 (surface)	**(?) (?)** incomplete	**metamorphosed slate**	5.76 kilos
Area/D Log98/H-170998 (surface)	**hammer/crusher** complete	**metamorphosed slate**	1.71 kilos
Area/D Log98/H-080998 (surface)	**hammer/crusher** complete	**metamotphosed slate**	575 grams
Area/D Log98/H-120998 (surface)	**hammer/crusher** fragment	**metamorphosed slate**	735 grams
Area/E Log97/H-240697 (surface)	**hammer/crusher** complete	**metamorphosed slate**	2.35 Kilos
Area/F Log98/H-120998 (surface)	**hammer/crusher** complete	**metamorphosed slate**	765 grams
Area/G Log98/H-120998 (surface)	**hammer/crusher** complete	**metamorphosed slate**	4.92 Kilos
Log98/L-210998 (surface)	**loom weight** complate	**metamorphosed slate**	170 grams

16.1 list and weights of metamorphosed slate hammers/crushers (log 98)

LOCATION	DESCRIPTION	ROCK TYPE	WEIGHT
Trench/1 Log98/H-310898 (Nivel/Sup-(20)	**hammer/crusher** complete	**quartz**	445 grams
Trench/1 Log98/H-10998 (Nivel/1A-(41)	**hammer/crusher** complete	**quartz**	995 grams
Trench/1 Log98/H-010998 (Nivel/1A-(42)	**hammer/crusher** complete	**quartz**	705 grams
Trench/3 Log/H-090998 (Zona/B-Nivel/Sup(18)	**hammer/crusher** complete	**quartz**	565 grams
Trench/3 Log/H-090998 (Zona/B-Nivel/Sup (17)	**hammer/crusher** complete	**quartz**	465 grams
Trench/3 Log/H-090998 (Zona/B-Nivel/Sup(17)	**hammer/crusher** complete	**quartz**	270 grams
Trench/3 Log98/H-080998 (Zona/A-Sup(10)	**hammer/crusher** complete	**quartz**	450 grams
Trench/3 Log98/H-100998 (Zona/B-Nivel/I(e)	**hammer/crusher** complete	**quartz**	665 grams
Trench/3 Log98/H-100998 (Zona/B-Nivel/I(j)-(37)	**hammer/crusher** complete	**quartz**	630 grams
Trench/3 Log98/H-140998 (Zona/B-Nivel/I(p)	**hammer/crusher** complete	**quartz**	180 grams
Trench/4 Log98/H-140998 (Nivel/3-(33)	**hammer/crusher** complete	**quartz**	685 grams
Trench/4 Log98/H-140998 (Nivel/3-(34)	**hammer/crusher** complete	**quartz**	565 grams

16.2 list and weights of quartz hammers/crushers (log 98)

LOCATION	DESCRIPTION	ROCK TYPE	WEIGHT
Mine/A/II	**hammer/crusher**	**quartz**	670 grams
Log98/H-100998	complete		
(Nivel/4)			
Mine/A/II	**hammer/crusher**	**quartz**	260 grams
Log98/H-100998	fragment		
(Nivel/4)			
Mine/A/II	**hammer/crusher**	**quartz**	845 grams
Log98/H-110998	complete		
(Layer-11)			
Mine/A/III	**hammer/crusher**	**quartz**	965 grams
Log98/H-120998	complete		
(Layer-1)			
Mine/B	**hammer/crusher**	**quartz**	620 grams
Log98/H-030998	complete		
(infill)			
Mine/B	**hammer/crusher**	**quartz**	530 grams
Log98/H-020998	complete		
(infill)			
Area/B	**hammer/crusher**	**quartz**	905 grams
Log/98/H-150998	complete		
(surface)			
Area/D	**hammer/crusher**	**quartz**	1.08 Kilos
Log98/H-120998	complete		
(surface)			
Area/D			
Log98/H-120998	**hammer/crusher**	**quartz**	860 grams
(Surface)	complete		

16.3 list and weights of quartz hammers/crushers (log 98)

LOCATION	DESCRIPTION	ROCK TYPE	WEIGHT
Trench/1	**hammer/crusher**	**granite**	395 grams
Log98/H-020998	complete		
(Pozo/Shaft)			
Trench/3	**hammer/crusher**	**granite**	1.49 kilos
Log98/G-100998	complete		
(Zona/B-Nivel/I( )			
Trench/3	**hammer/crusher**	**granite**	590 grams
Log98/-090998	complete		
(Zona/B-Nivel/I(k)-(45)			
Trench/3	**loom weight**	**granite**	185 grams
Log98-290998	fragment		
(lower level)			
Mine/A/II	**hammer/crusher**	**granite**	310 grams
Log/98/H-110998	complete		
(Layer-11)			
Mine/B	**hammer/crusher**	**granite**	465 grams
Log98/H-030998	fragment		
(infill)			
Area/B	**quern**	**granite**	5.5 kilos
Log98/Q-170998	fragment		
(surface)			
Area/F	**quern**	**granite**	2.62 kilos
Log98/Q120998	fragment		
(surface)			

16.4 list and weights of granite hammers/crushers (log 98)

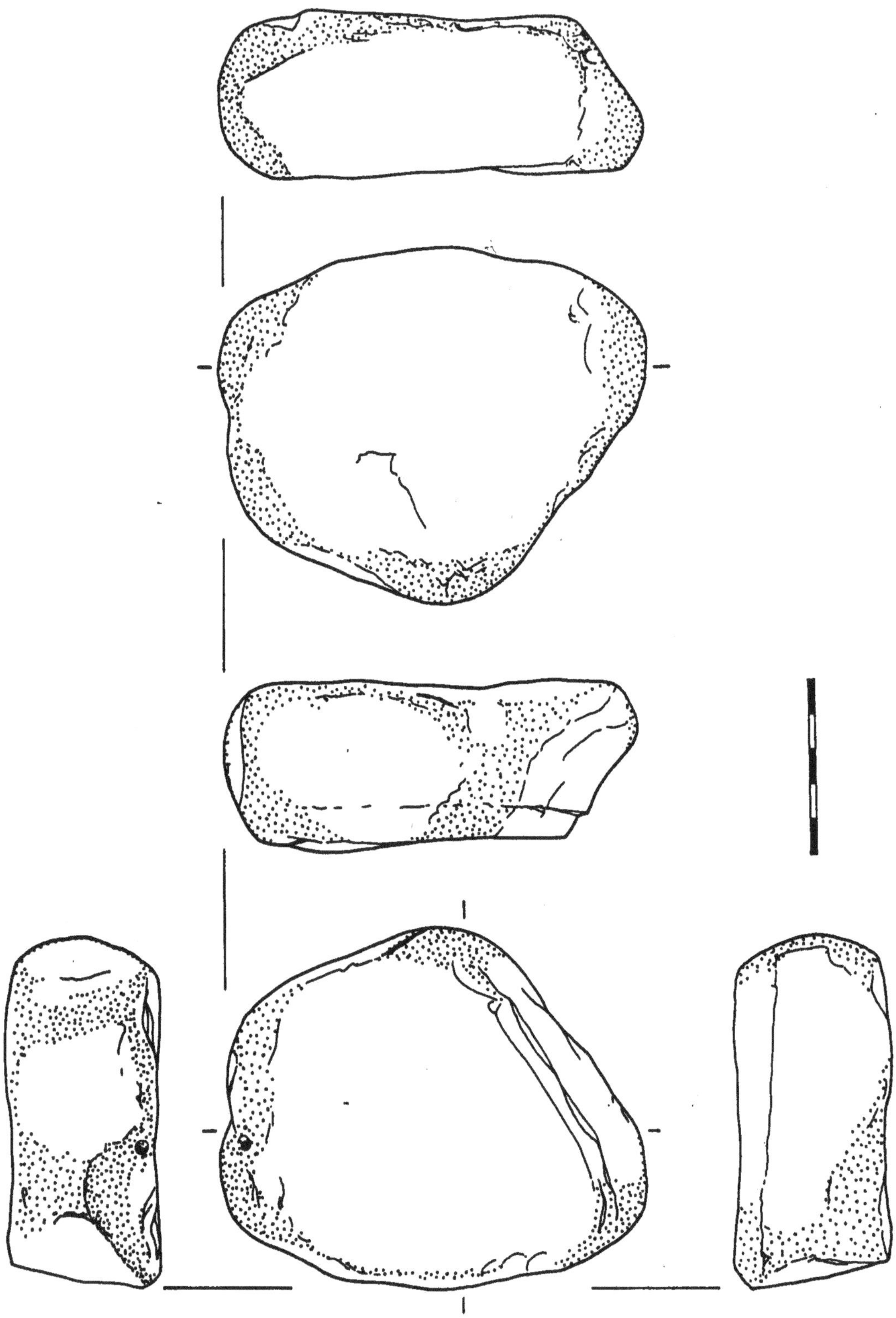

16.5 drawing **(Area/B)** Surface A **quartz** hammer/crusher,
Log98/H-150998, weight **905 grams**

This pounding stone was a surface find in the north/eastern area of Map/Area B. It is a complete tool and could possibly have been used as a quartz/mineral vein pounding tool.

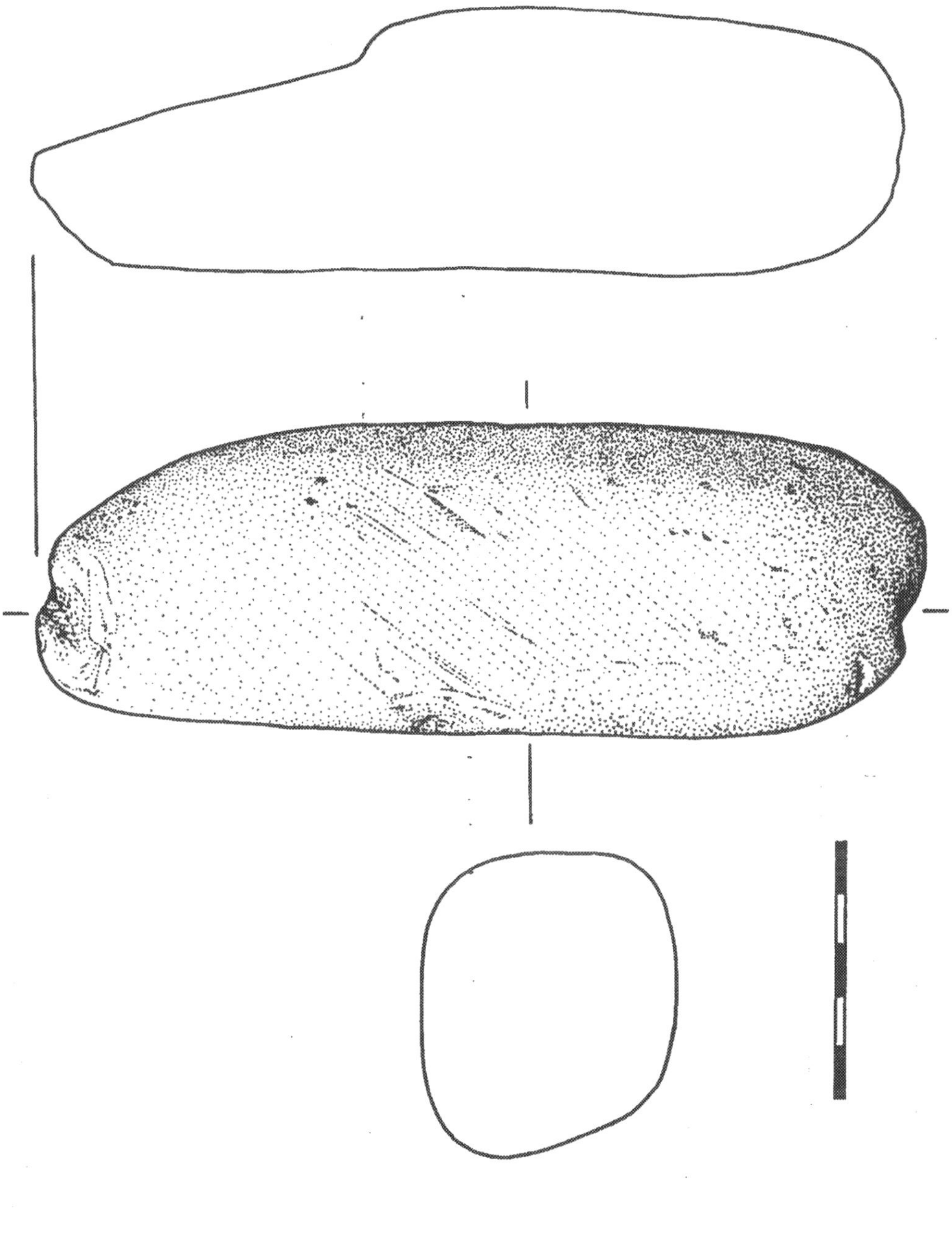

16.6 drawing **(Area/B)** Surface A **metamorphosed slate** hammer
Log98/H-150998, weight **815 grams**

A complete water rolled hammer. This hammer was a surface find from the north side of Map/Area B.

It has been suggested by one member of the excavation team that this stone might have been used as an ard. I would prefer to consider that the stone had been used solely as a hammer.

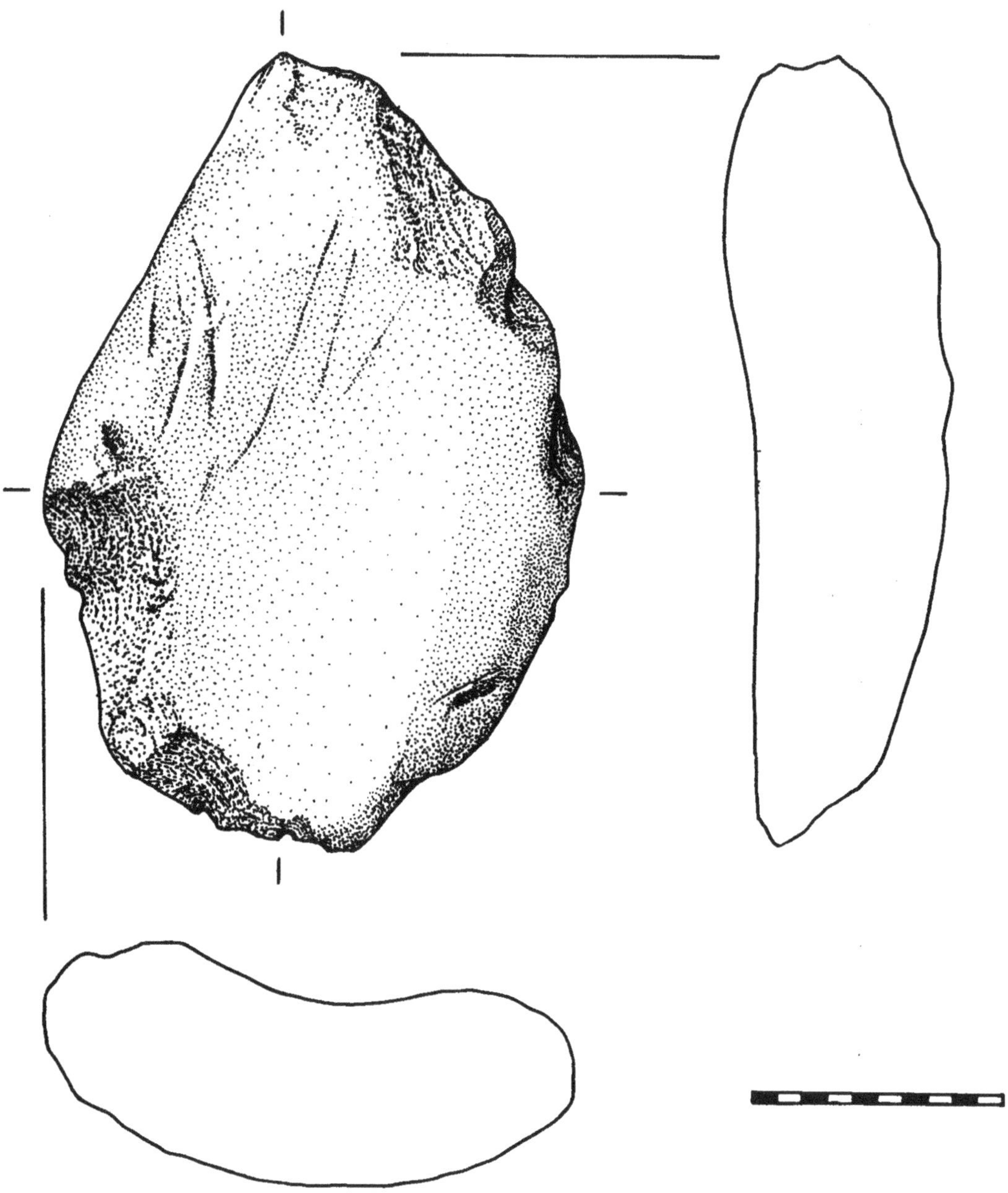

16.7 drawing **(Area/B)** Surface A **granite** quern
Log98/Q-170998 weight **5.5 kilos**

A quern which was found on the surface in the north/east section of Map/Area B. It is possible that this quern was used to grind grain in a habitation environment.

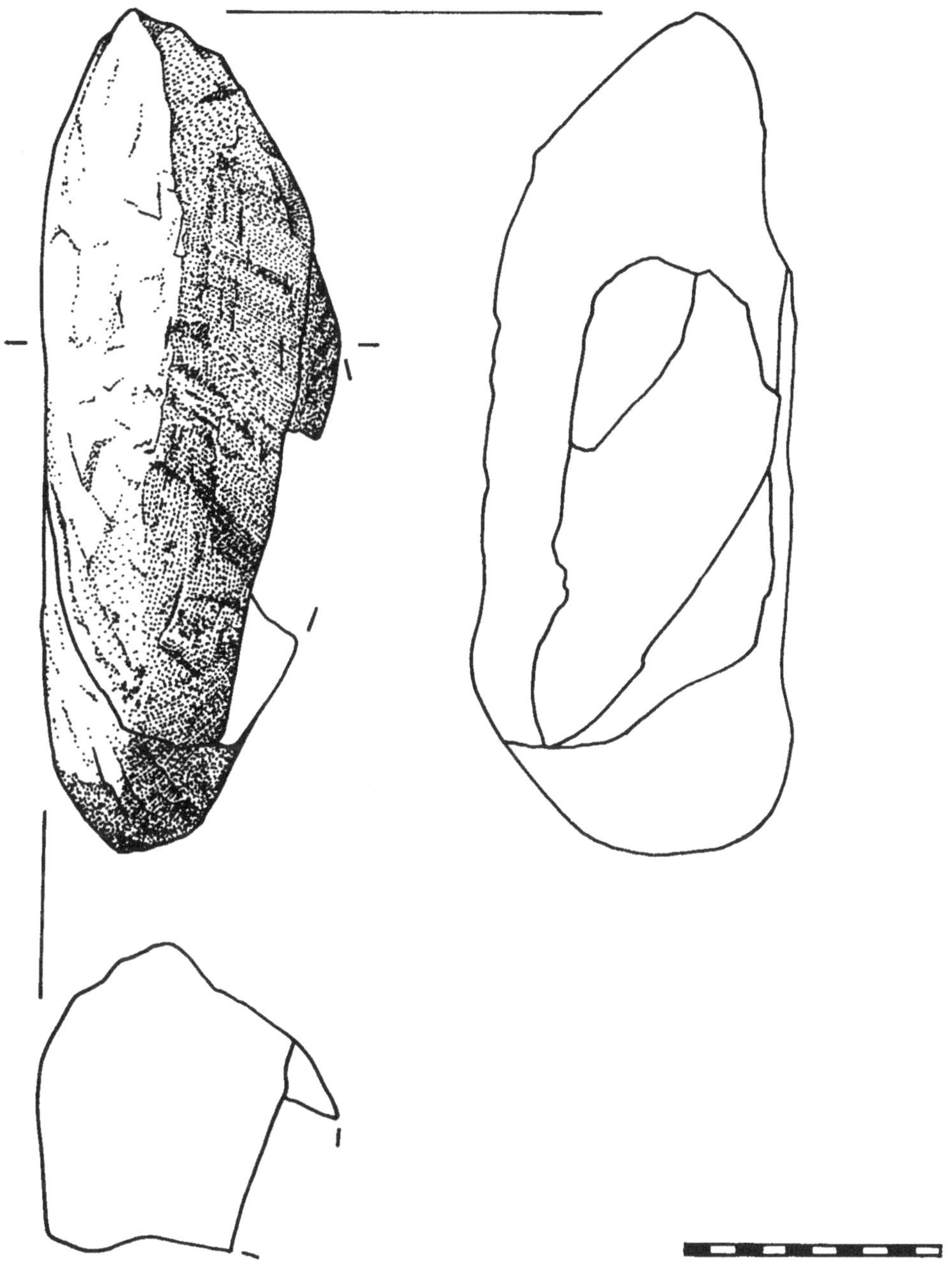

16.8 drawing **(Area/B)** Surface A **metamorphosed slate** hammer,(?)
Log98/B-120998, weight **5,76 kilos**

A possible hammer broken into two large pieces and one flake. This possible hammer was found in the north/central area of Map/Area B, just to the north of the standing wall which separates Map/Area A from Map/Area B.

Suggesting that this stone surface find is a hammer is probably not a correct interpretation as to what its actual use was. The proposed stone hammer as found was missing some fragments, which would have made it even larger and heavier.(?)

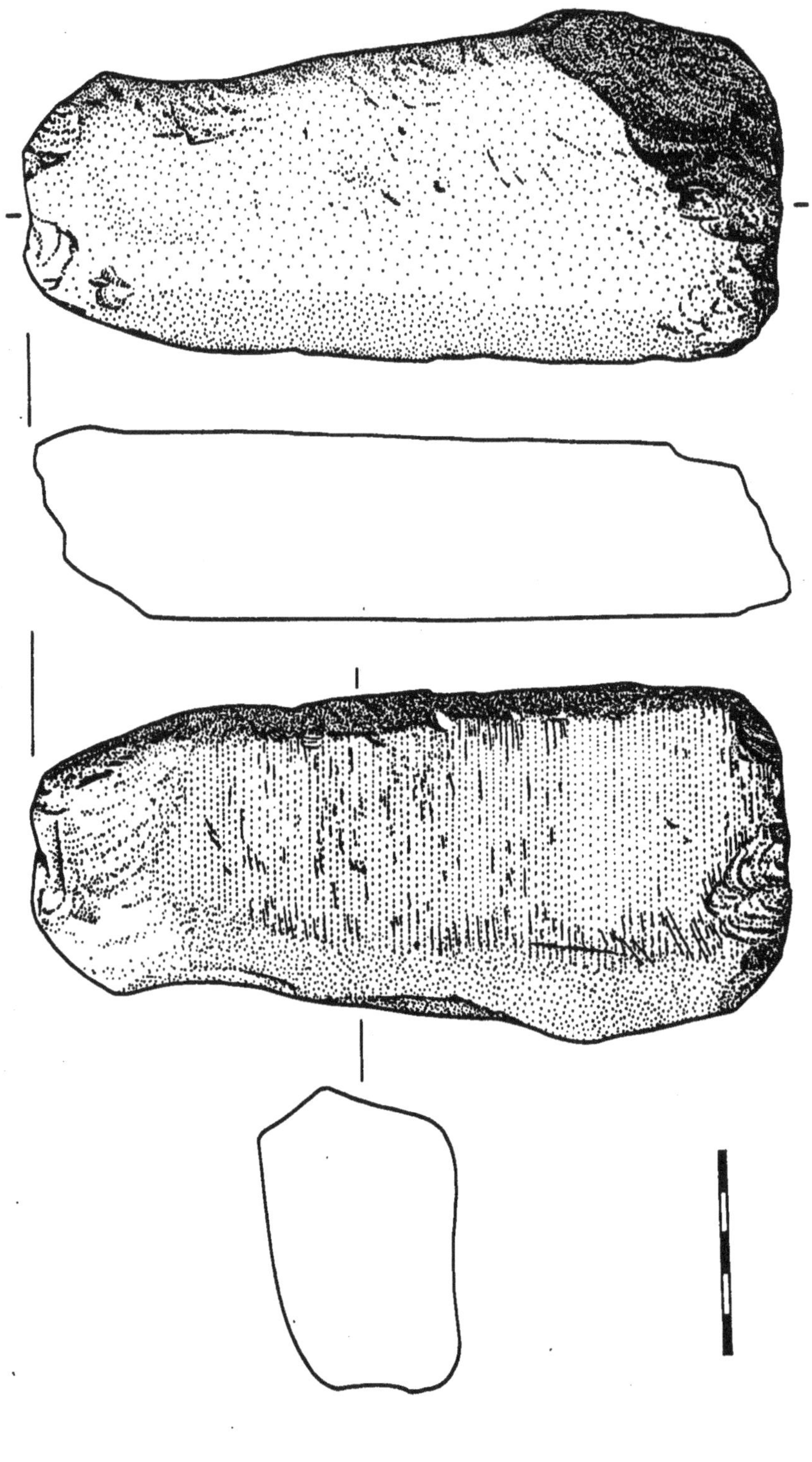

16.9 drawing **(Area/D)** Surface A **metamorphosed slate** hammer,
Log98/H-170998, weight **1.71 kilos**

A water rolled hammer/crusher with very shallow pecked groves for probable handle attachment. This hammer was a surface find in turned over heaps (probably 1950's mining activity) in the southern/eastern half of Map/Area D. This slate hammer represents a classic example of a Logrosan mining hammer/crusher.

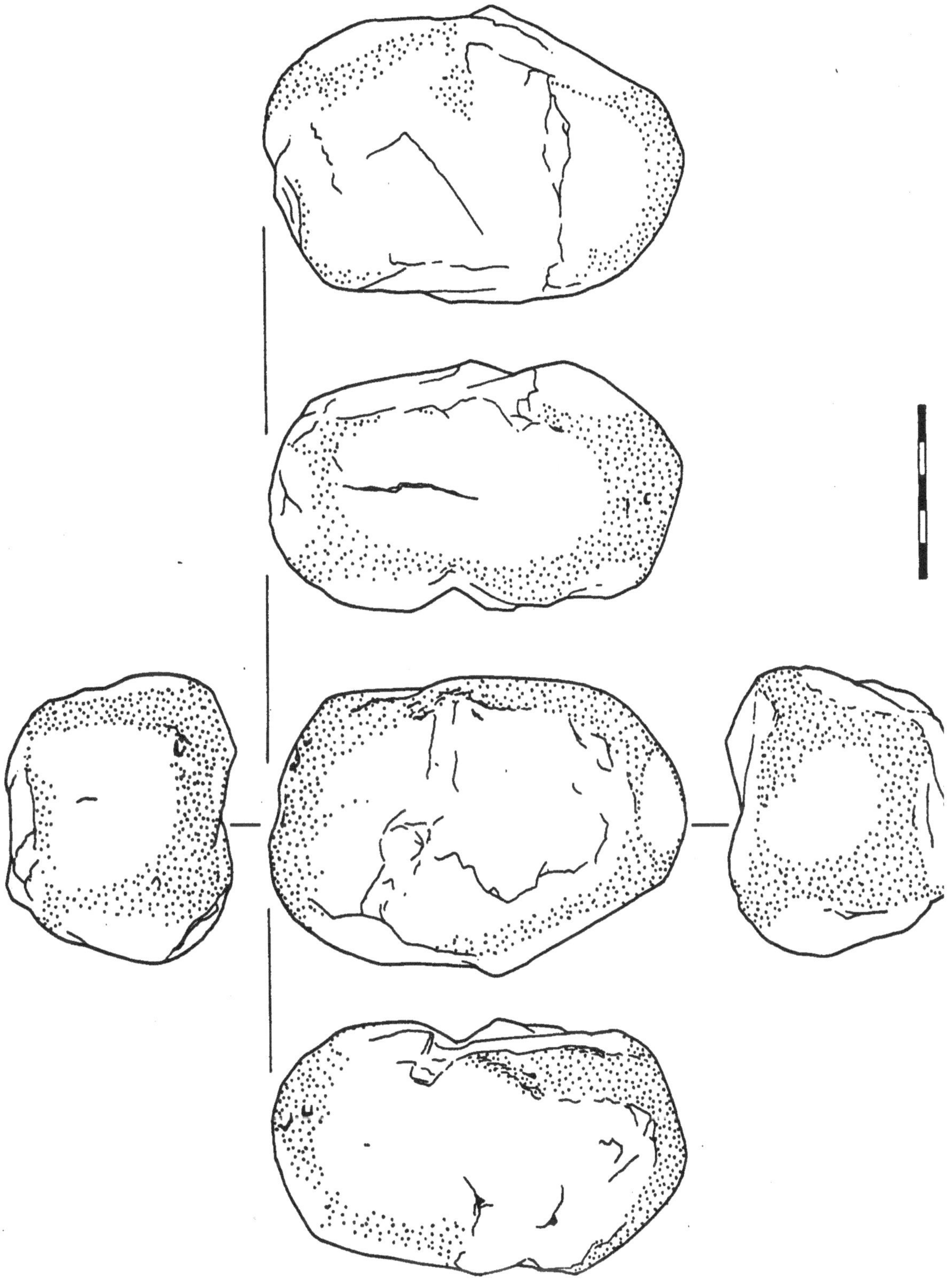

16.10 drawing **(Area/D)** Surface A **quartz hammer/crusher,**
Log98/H-120998, weight **1.08 kilos**

A hammer which was found in the central area of Map/Area D. This hammer/crusher seems to have been shaped by a human hand and not natural wear.

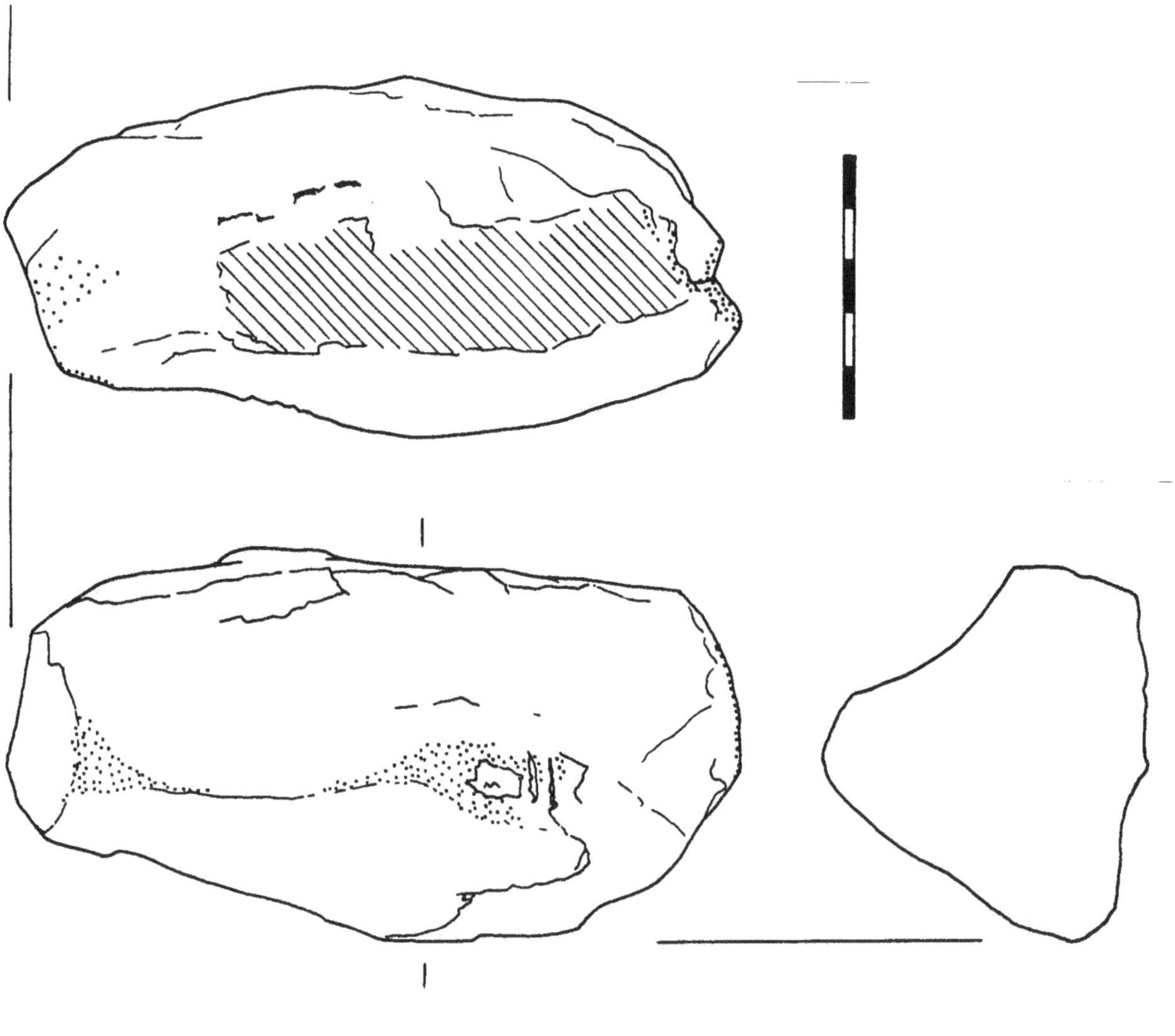

16.11 drawing **(Area/D)** Surface A **quartz** hammer/crusher,
Log98/H-120998, weight **860 grams**

A surface hammer found in the central area of Map/Area D. As with most of the quartz hammer/crushers found on the Cerro this one was probably pre shaped by human activity, before it was used as a mining tool.

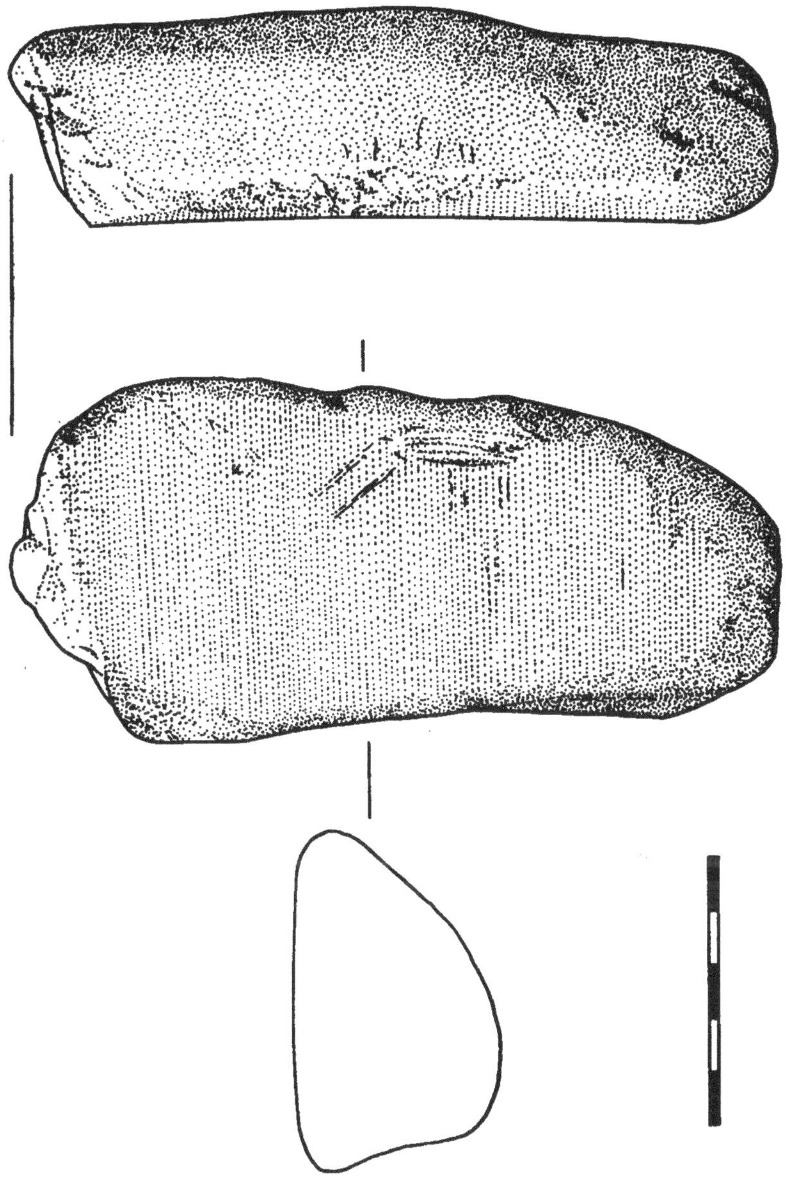

16.12 drawing **(Area/D)** Surface A **metamorphosed slate** hammer,
Log98/H-080998, weight **575 grams**

A complete hammer. This hammer/crusher was a surface find from the central area of Map/Area D, and is very similiar in profile to the hammer/crusher (1.71 kilos) also found in Map/Area D.

The hammer was also possibly used as a grinding tool.

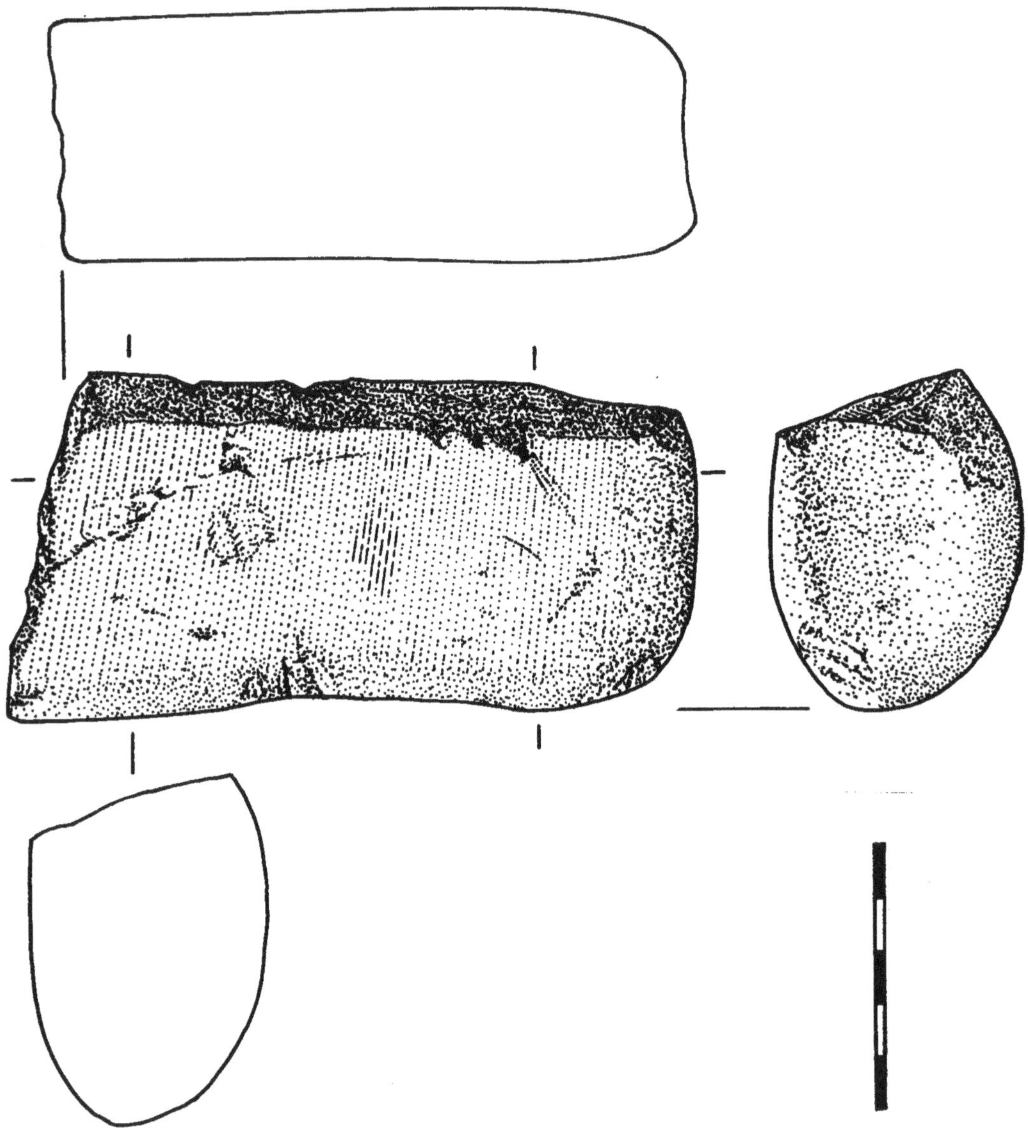

16.13 drawing **(Area/D)** Surface A **metamorphosed slate** hammer,
Log98/H-120998, weight **735 grams**

A hammer/crusher fragment. This hammer/crusher was a surface find just to the south of Log/Cut in the northern section of Map/Area D. It is difficult to say if this metamorphosed slate is a fragment or a complete hammer.(?)

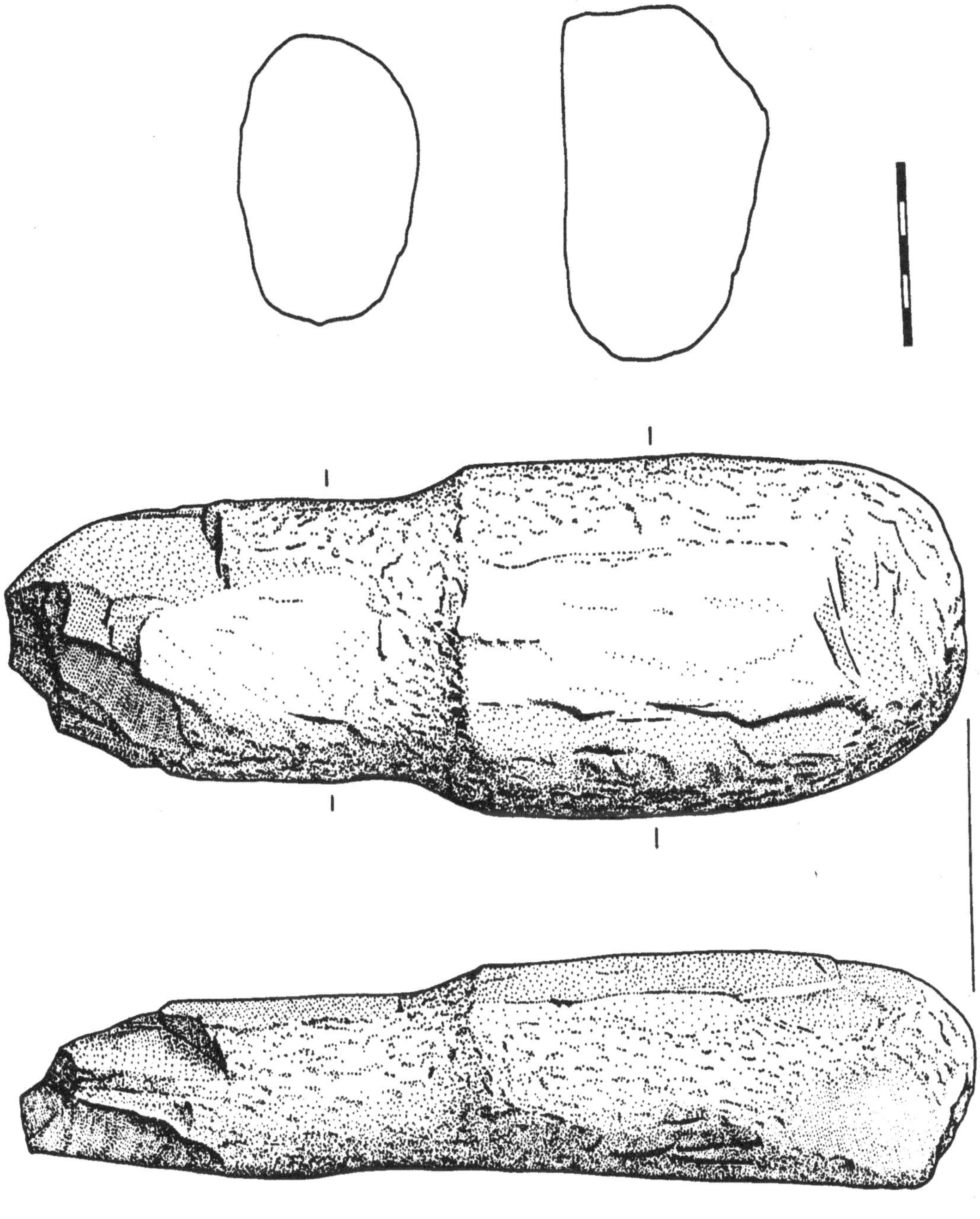

16.14 drawing **(Area/E)** Surface A **metamorphosed slate** hammer, Log97/H-240697, weight **2.35 kilos**

A large hammer complete with a pecked grooved ring for possible attachment for a wooden handle. This hammer has been heavily used and is missing flakes on both ends. The shape and weight of this proposed hammer is very different from most hammer types found on the Cerro.
It has been suggested by a member of the Logrosan team that this metamorphosed slate hammer had actually been used as a stone ploughing ard. The shape of the stone and its location at a prehistoric mine site I think would make the stone ard theory highly improbable.

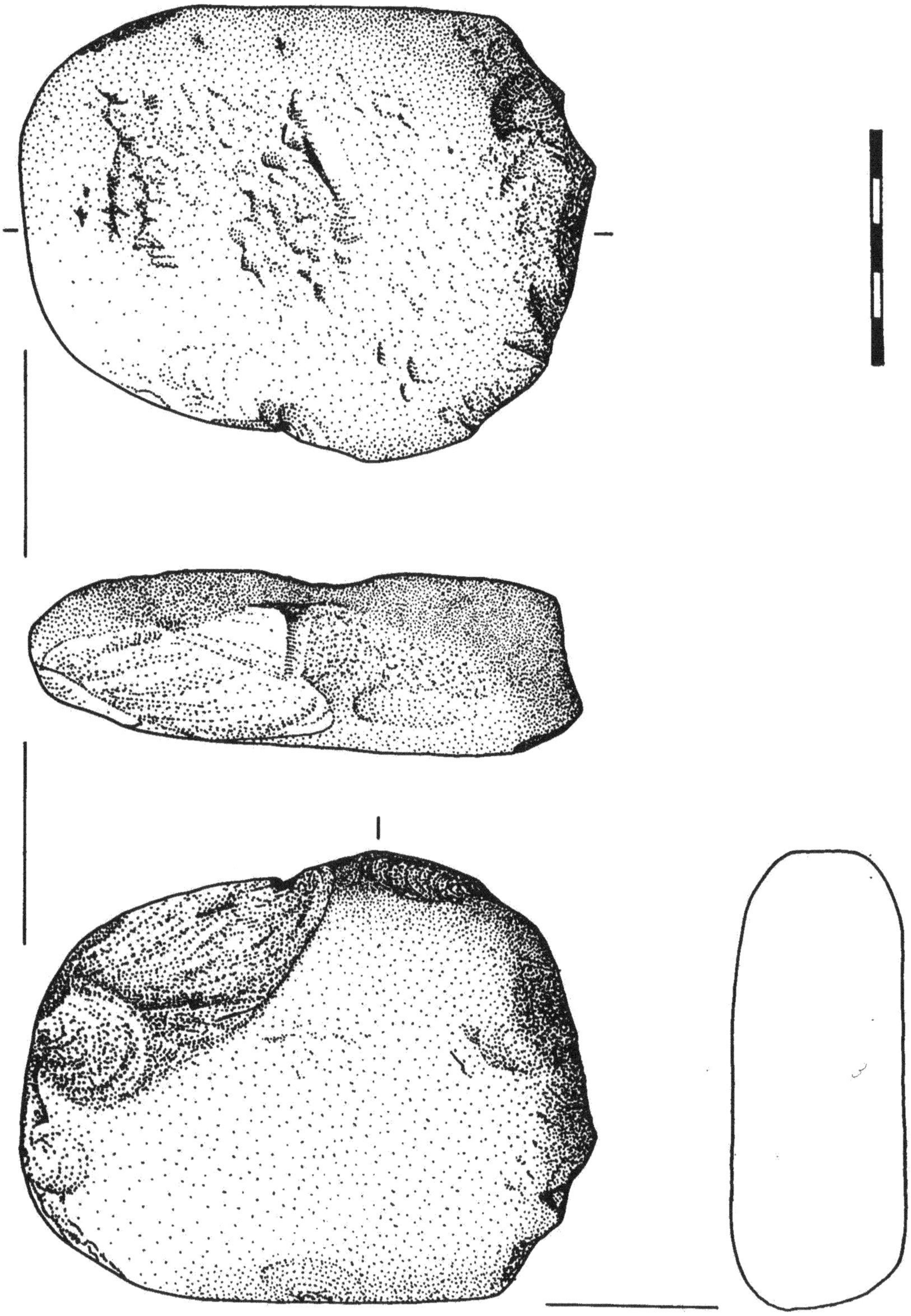

16.15 drawing **(Area/F)** Surface A **metamorphosed slate** hammer,
Log98/H-120998, weight **765 grams**

A complete hammer/crusher, and it seems to have been used for both hammering and crushing. It was a surface find collected in Map/Area F, just to the north/west of the (trig point 677). This hammer/crusher could point to prehistoric mining having taken place within Map/Area F.

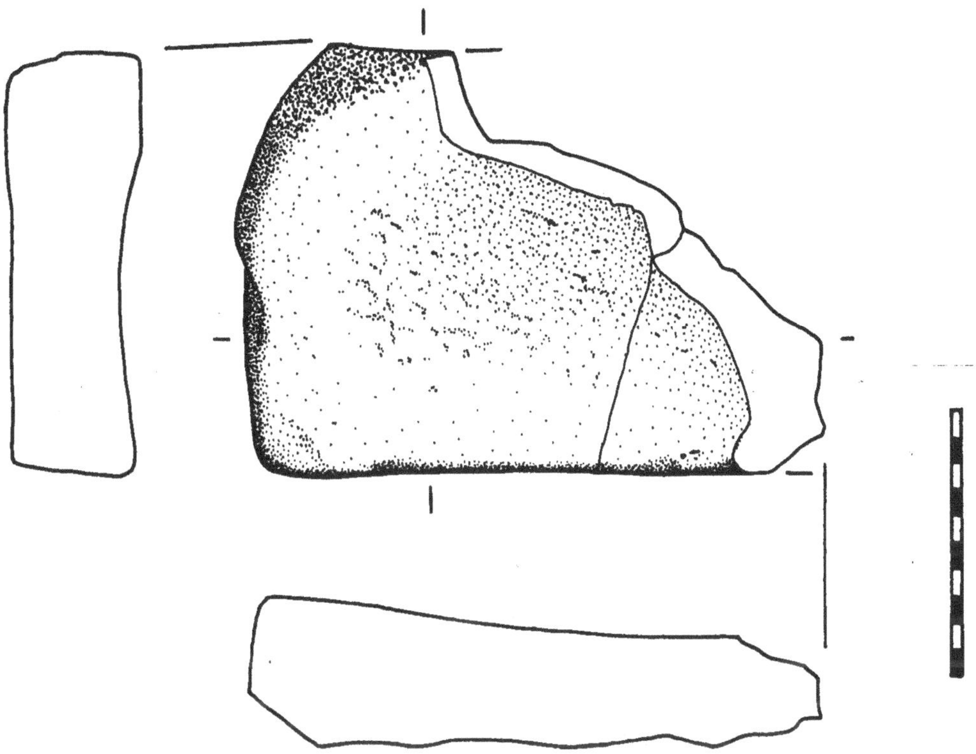

16.16 drawing **(Area/F)** Surface A **granite** quern base stone,
Log98/Q-120998, weight **2.62 kilos**

This quern was broken into two pieces, some fragments are still missing, (one or more). This quern stone base was a surface find in Map/Area F, just to the south/west of (trig point 677). The crushing surface of the stone is oval in shape and has been ground down to an extremely smooth surface.

It is possible that this quern base stone was used in grinding down minerals (cassiterite) that would have then been used in either a smelting or casting crucible process in antiquity.

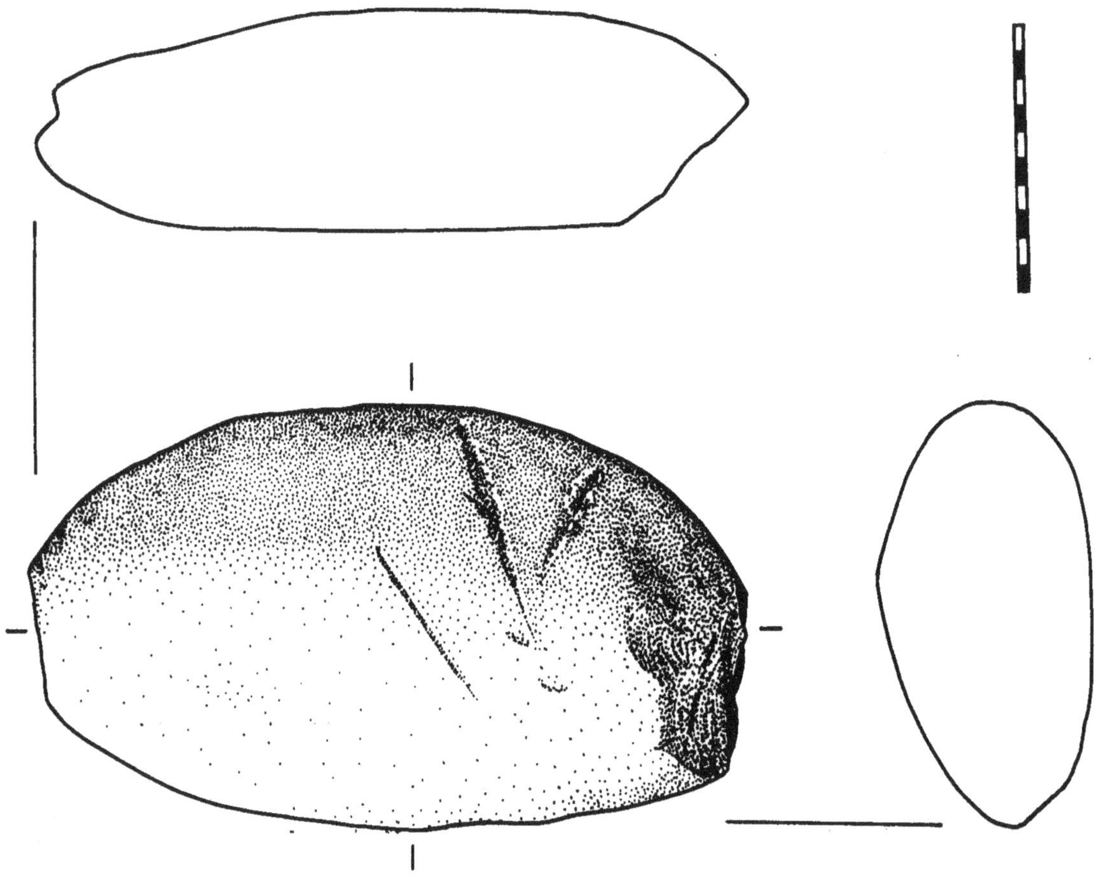

16.17 drawing **(Area/G)** Surface A **metamorphosed slate** hammer,(?)
Log98/H-120998, weight **4.92 kilos**

A possible large hammer, this stone shows only a few use marks and could possibly be considered too heavy for use as a hammer. The stone has possible grooved lines for hafting as a hammer, though it has been suggested by one member of the team that these marks were made by an iron plough.

The weight of the slate stone would offer the possibility for breaking up the quartz veins on the surface of the Cerro and extracting the cassiterite.

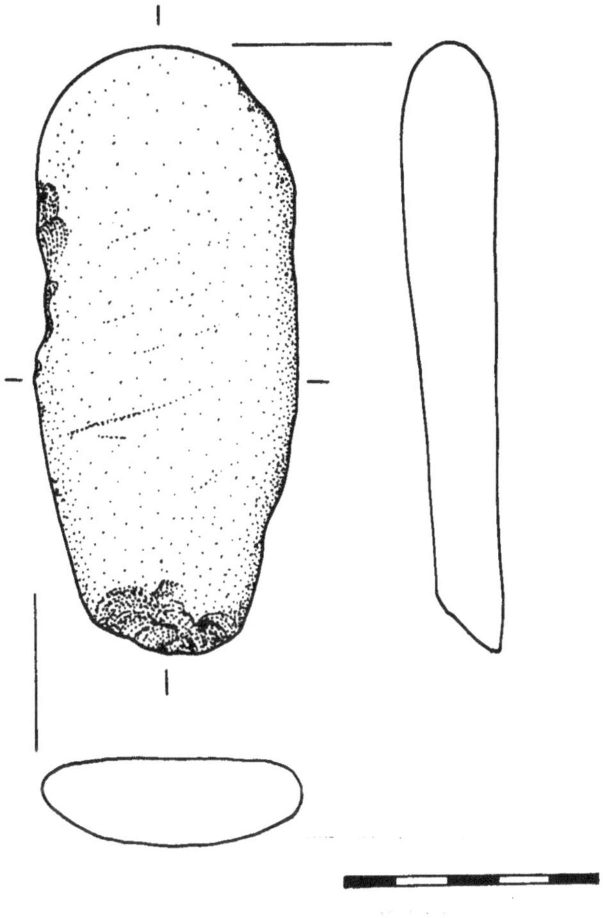

16.18 drawing Surface a **metamorphosed slate** loom weight,
Log98/L-210998, weight **170 grams**

A small loom weight found on the surface outside of the excavated area, in the central saddle area of the Cerro.

Discussions

The "98" Logrosan excavation work at San Cristobal has produced some evidence to support the earlier archaeometallurgical survey work done (1992-1996).

1) The "98" excavation work has revealed that the prehistoric site on the western summit of El Cerro de San Cristobal contains indications of habitation; [Trench 2] as well as mining (Mine/A) and metal working (casting) [Trench/1, crucible] all relating to the Late Bronze Age.

2) There is evidence for cassiterite mineral extraction on the Cerro in antiquity [Trench 1 (?)], [Trench/3] and [Mine/A, Cut/II, Cut/III]. The scale of working remains uncertain.

3) The presence of arsenic mineral in the cassiterite veins offers the interesting possibility that arsenic may also have been mined in antiquity. [Trench/2] and [Mine/A] (mineral samples).

There is no current field geological evidence showing that native gold is present on the Cerro. However a small specimen of native gold which comes from El Cerro de San Cristobal is on display in the Sos Baynat, San Cristobal mineral collection in the Geological Museum, Merida.

It is possible that gold which might have existed at El Cerro de San Cristobal was mined out and processed during the prehistoric period.?

During the "98" excavations no evidence was found for the smelting of cassiterite on the western summit area of San Cristobal (no tin slag has yet been identified). Future excavation work on the Cerro may expose some cassiterite smelting areas. At present I believe that the cassiterite, (Crucible, analytical evidence) [Trench/1] was only mined and crushed on the Cerro and that crushed cassiterite was added direct to liquid copper for the alloying and casting of bronze objects.

The Cerro geology represents a very interesting site as possibly having been a mineral site in antiquity for arsenic, tin and perhaps gold (?). All three minerals should have been visible in weathered surface veins in antiquity.

It is difficult at present to know which might have been the first mineral worked in prehistory on the Cerro. Did the working of one of the minerals lead to the discovery of the other minerals? The metallurgical order of the working out of the minerals could possibly have been gold (?) first, arsenic second and cassiterite third. Though at present this is just a hypothesis.

Future archaeological excavation work on the Cerro will certainly expose more evidence of prehistoric cassiterite mineral workings. Gold and arsenic mine workings might also appear in the archaeological record.

Future excavation work should also expose more extensive remains of metallurgical bronze casting localities on the western summit of El Cerro de San Cristobal.

BIBLIOGRAFIA

AA.VV. (1990):
La Cultura Tartésica y Extremadura. Cuadernos Emeritenses, 2. Velázquez, A.; De la Barrera, J.L. y Enríquez, J.J. (Eds.) Mérida.

AGUAYO, P., CARRILERO, M., FLORES, C. y DEL PINO, M. (1987):
"El yacimiento pre y protohistórico de Acinipo (Ronda, Málaga): campaña de 1985". Anuario Arqueológico de Andalucía 1985. II. Actividades sistemáticas. 294-304.

ALMAGRO BASCH, M. (1966):
"Las estelas decoradas del Suroeste peninsular". Bibliotheca Praehistórica Hispana ,VIII.
-(1969): "De orfebrería céltica: el depósito de Berzocana y un brazalete del Museo Arqueológico Nacional". Trabajos de Prehistoria, 26. 275-287.

ALMAGRO GORBEA, M. (1977):
"El Bronce Final y el Período Orientalizante en Extremadura". Bibliotheca Praehistórica Hispana, XIV. Madrid.
-(1990): "El Período Orientalizante en Extremadura". La Cultura Tartésica y Extremadura. Cuadernos Emeritenses, 2. 85-125.
-(1992): "El origen de los celtas en la Península Ibérica. Protoceltas y Celtas". Polis. Revista de ideas y formas políticas de la Antigüedad clásica, 8. 5-31.

ALMAGRO GORGEA, M. y DAVILA, A. (1989):
"Ecce Homo. Una cabaña de la I Edad del Hierro". Revista Arqueológica, 98. 29-38.

ALMAGRO GORBEA, M. y MARTIN BRAVO, A.M. (1994): "Medellín 1991. La ladera norte del Cerro del Castillo". Castros y oppida en Extremadura. Complutum Extra, 4. Almagro Gorbea, M. y Martín, A.M. (Eds.). 77-127.

AUBET SEMMLER, M. E. (1977):
"La cerámica a torno de la Cruz del Negro (Carmona, Sevilla)". Ampurias, 38-40. 267-287.
-(1990):"El impacto fenicio en el interior del mediodía peninsular". La Cultura Tartésica y Extremadura. Cuadernos Emeritenses, 2. 29-44.
-(1994):Tiro y las colonias fenicias de occidente. Edición ampliada y puesta al día. Barcelona.

AUBET, M.E., SERNA, M.R., ESCACENA, J.L. y RUIZ DELGADO, M.M. (1983):
"La Mesa de Setefilla. Lora del Río (Sevilla). Campaña de 1979". Excavaciones Arqueológicas en España, 122. Madrid.

ALVAREZ, A. y GIL, J. (1988): "Aproximación al estudio de las vías de comunicación en el primer milenio antes de Cristo en Extremadura". Trabajos de Prehistoria, 45. 305-316.

ARNAUD, J. M. (1979):
"Corôa do Frade. Fortificaçao do Bronze Final dos arredores de Evora. Escavaçoes de 1971-1972". Madrider Mitteilungen, 20. 56 ss.

ARRIBAS, A., PAREJA, E., MOLINA, F., ARTEAGA, O. y MOLINA FAJARDO, F. (1974): "Excavaciones en el poblado de la Edad del Bronce "Cerro de la Encina", Monachil (Granada). El corte estratigráfico núm 3. Excavaciones Arqueológicas en España, 81.

BLANCO FREIJEIRO, A., LUZON, J. M. y RUIZ, D. (1970): "Excavaciones arqueológicas en el Cerro Salomón (Río Tinto, Huelva)". AnUnivHisp 4. Sevilla.

BLANCO FREIJEIRO, A. y ROTHENBERG, B. (1981): Exploración arqueometalúrgica de Huelva. Barcelona.

BLASCO BOSQUED, M.C. (1992):
"Etnogénesis de la Meseta Sur". Paleoetnología de la Península Ibérica. Complutum 2-3. 281- 297.

BLASCO, C., LUCAS, R. y ALONSO, A. (1983): "Nuevo yacimiento prehistórico en la provincia de Madrid: el Cerro de San Antonio". XVII Congreso Nacional de Arqueología. Zaragoza. 267-276.
-(1991): "Excavaciones en el poblado de la Primera Edad del Hierro del cerro de San Antonio (Madrid)". Arqueología, Paleontología y Etnografía, 2. 7-188.

BLAZQUEZ MARTINEZ, J.M. (1968): Tartessos y los orígenes de la colonización fenicia en occidente. Salamanca.

BLAZQUEZ, J. M., RUIZ, D., REMESAL, J., RAMIREZ, J. L. y CLAUSS, K. (1979): "Excavaciones en el Cabezo de San Pedro (Huelva). Campaña de 1977)". Excavaciones Arqueológicas en España, 102. Madrid.

BRIARD, J. y PAUTREAU, J.P. (1997):
"La metallúrgia de lédat de Bronze". Dossier: La metal.lúrgia a l'antiguitat. Cota Zero, 13. 50-58.

CELESTINO, S., ENRIQUEZ, J.J. y RODRIGUEZ, A. (1992): "Paleoetnología del área extremeña". Paleoetnología de la Península Ibérica. Complutum, 2-3. Almagro Gorbea, M. y Ruiz Zapatero, G. (Eds.). 311-327. Madrid.

CALLES, A.P.; PE,,A, A.M.; JIMENEZ, S.G. (1994): Logrosán: Naturaleza y Arte. Excmo. Ayuntamiento de Logrosán. Logrosán.

CALLEJO SERRANO, C. y BLANCO FREIJEIRO, A. (1960): "Los torques de oro de Berzocana". Zephyrus, 11. 250-255.

CHAVES TRISTAN, F. y DE LA BANDERA, M.L. (1987): "Excavaciones en el yacimiento arqueológico de Montemolín (Marchena, Sevilla), 1985". Anuario Arqueológico de Andalucía, 1985. II. Actividades sistemáticas. 369-375.

COFFYN, A. (1985): Le Bronze Final Atlantique das la Péninsule Ibérique. Paris.

COMENDADOR REY, B. (1998): "Unha lectura da Idade do Bronce según a tecnoloxía metalúrxica". A Idade do Bronce en Galicia: novas perspectivas. Cadernos do Seminario de Sargadelos, 77. Fábregas Valcarce, R. (Ed.). 105-127. La Coruña.

DE BLAS CORTINA, M.A. (1998): "Producción e intercambio de metal: la singularidad de las minas de cobre prehistóricas del Aramo y El Milagro (Asturias)". Minerales y metales en la prehistoria reciente. Algunos testimonios de su explotación y laboreo en la Península Ibérica. Studia Archaeologica, 88. Delibes de Castro, G. (Coord.). 71-103. Universidad de Valladolid.

DELIBES DE CASTRO, G. (Coord.) (1998): Minerales y metales en la prehistoria reciente. Algunos testimonios de su explotación y laboreo en la Península Ibérica. Studia Archaeologica, 88. Universidad de Valladolid.

DOMERGUE, D. (1987): Catalogue des mines et des fonderies antiques de la Península Ibérique. Serie Archaeologie, VIII. Madrid.

DUQUE ESPINO, D.M. (1998): El poblamiento protohistórico en las Vegas Bajas del Guadiana. Tesis de Licenciatura inédita. Cáceres.

ENRIQUEZ NAVASCUES, J.J. (1986): "Excavaciones de urgencia en la cueva de la Charneca, Oliva de Mérida (Badajoz)". Noticiario Arqueológico Hispánico, 28. 7-24.
-(1988): "Algunas cerámicas decoradas del Castillo de Alange (Badajoz)". Homenaje a Samuel de los Santos. Murcia.
-(1989-90): "Sobre algunos poblados del Bronce Final de la provincia de Badajoz". Norba. Revista de Historia, 10. 41-57.
-(1990): "El Bronce Final extremeño y su relación con la Cultura Tartésica". La Cultura Tartésica y Extremadura. Cuadernos Emeritenses, 2. 63-84.

ENRIQUEZ, J.J., RODRIGUEZ, A., Y PAVON, I. (E.p.): El Risco. Excavación de Urgencia en Sierra de Fuentes (Cáceres). 1991 y 1993.

ENRIQUEZ, J.J.; VALDES, F.; PAVON, I; RODRIGUEZ, A. y LOPEZ, P. (1998): "La estratigrafía del Sector Puerta de Carros-2 (SPC-2) de Badajoz y el contexto poblacional del Valle Medio del Guadiana en la Edad del Hierro". Extremadura Protohistórica: Paleoambiente, Economía y Poblamiento. Rodríguez Díaz, A. (Coord.). 157-199. Cáceres.

FERNANDEZ MANZANO, J. (1986): Bronce Final en la Meseta Norte española: el utillaje metálico. Investigaciones arqueológicas en Castilla y León.

FERNANDEZ JURADO, J. (1988-89):
Tartessos y Huelva. Huelva Arqueológica, X-XI.

FLORIDO LARA,,A, P. (1987): La Minería en Extremadura. Junta de Extremadura.

FLORIDO NAVARRO, C. (1984): "Anforas prerromanas sudibéricas". Habis, 15. 419-436.

GALAN DOMINGO, E. (1993): Estelas, paisaje y territorio en el Bronce Final del Suroeste de la Península Ibérica. Complutum Extra, 3.

GAMIR, U. (1950): "Cáceres". Estadística Minera y Metalúrgica de España. Año 1950. Consejo de Minería. Biblioteca del Instituto Geológico y Minero de España. Madrid.

GARCIA, A. (1995): "Los Suelos". Vegetación y flora de Extremadura (dir. Devesa Alcaraz, J.A.).

GIL MONTES, J. (1997): "Aspectos históricos y arqueológicos". Logrosán. Cultura, Historia y Medio Natural. Logrosán. 71-86.

GIL-MASCARELL BOSCA, M. (1981): "Bronce Tardío y Final en el País Valenciano". MLAV 1.

GOMEZ RAMOS, P. (1993): "Tipología de lingotes de metal y su hallazgo en los depósitos del Bronce Final de la Península Ibérica". Cuadernos de Prehistoria y Arqueología de la Universidad Autónoma de Madrid. 73-105.
-(1996-a): La tecnología de fundición de metales en la Pre y Protohistoria de la Península Ibérica. Tesis Doctoral Microfilmada. Ediciones de la Universidad Autónoma de Madrid.
-(1996-b): "Hornos de reducción de cobre y bronce en la Pre y Protohistoria de la Península Ibérica". Trabajos de Prehistoria, 53. 127-143.

GOMEZ, P., MONTERO, I. y ROVIRA, S. (1998): "Metalurgia protohistórica extremeña en el marco del Suroeste peninsular". Extremadura Protohistórica: Paleoambiente, Economía y Poblamiento. Rodríguez Díaz, A. (Coord.). 97-117. Cáceres.

GONZALEZ CORDERO, A. (1993): "Evolución, yacimientos y secuencia en la Edad del Cobre en la Alta Extremadura". I Congreso de Arqueología Peninsular. Oporto. 237-259.

GONZALEZ CORDERO, A., CASTILLO, J., y HERNçNDEZ, M. (1991): "La secuencia estratigráfica en los yacimientos Calcolíticos del área de Plasenzuela (Cáceres)". I Jornadas de Prehistoria y Arqueología en Extremadura (1986-1990). Extremadura Arqueológica, II.11-26.

GONZALEZ PRATS, A. (1983): Estudio arqueológico del poblamiento antiguo de la Sierra de Crevillente (Alicante). Alicante.
-(1990): Nueva luz sobre la protohistoria del Sudeste. Alicante.
-(1993): "La metalurgia del Bronce Final en el sudeste de la Península Ibérica". Metalurgia en la Península Ibérica durante el primer milenio a.c. Estado actual de la investigación. Arana, R.; Muñoz, A.M.; Ramallo, S.; y Ros, M.M. Universidad de Murcia. 19-43.

GOMEZ AMELIA, D. (1982): La penillanura cacere–a (Estudio Geomorfológico). Cáceres.

IGME (1986): Mapa Geológico de España (E. 1: 200.000) nº 51. Cáceres.

INEA. J.M. Albareda (-): Estudio Agrobiológico de la Provincia de Cáceres. CSIC.

JABALOY, M.E., SALVATIERRA, V., GARCIA, J.A.y GARCIA, A. (1983): "El yacimiento preibérico del Cerro del Centinela". Cuadernos de Prehistoria de la Universidad de Granada, 8. 343-373.

JORGE, S. O. (1988): O povoado da Bouça do Frade (Baiao) no quadro do Bronze Final do Norte de Portugal. Porto.

KALB, Ph. (1980): "Zur Atlantischen Bronzezeit in Portugal". Germania 58. 25-59.

LADRON DE GUEVARA SANCHEZ, I. (1994): Aportación al estudio de la cerámica con impresiones digitales en Andalucía. Cádiz.

LO SCHIAVO, F. (1980): "Wessex, Sardegna, Cipro: nuovi elementi di discussione". Atti della XXII Riuinione Scientifica nella Sardegna centro-settentruonale. Istituto Italiano di Preistoria e Protostoria. Firenze. 341-358.

LUCAS PELLICER, M. R. y GÓMEZ RAMOS, P. (1993): "Transporte marítimo del metal como materia prima durante el Bronce Final". Cuadernos de Prehistoria y Arqueología de la Universidad Autónoma de Madrid, 20. 107-131.

LUZON NOGUE, J.M. (1983): "Algunos aspectos de la minería antigua en Galicia". Estudos de Cultura Castrexa e de Historia Antiga de Galicia. Instituto de Estudos Galegos Padre Sarmiento. Santiago de Compostela.

LUZON NOGUE, J.M. y RUIZ MATA, D. (1973): Las raíces de Córdoba. Estratigrafía de la Colina de los Quemados. Córdoba.

MADROÑERO DE LA CAL, A. (1994): Una posibilidad de rastreo de los orígenes de la metalurgia del estaño en España. Cadernos do Seminario de Sargadelos, 64. La Coruña.

MALUQUER DE MOTES, J. (1958-a): El castro de Los Castillejos en Sanchorreja.
-(1958-b): "Excavaciones arqueológicas en el Cerro del Berrueco (Salamanca)". Acta Salmanticensia XIV-1.

MAPA (1972): Mapa previsor de mineralizaciones de estaño. Mapa Metalogenético de España E. 1:1,500.000. Instituto Geológico y Minero de España. Madrid.

MAPA (1983): Mapa de Cultivos y Aprovechamientos de la Provincia de Cáceres (E: 1: 200.000).

MARTINS, M. (1988): "A ocupação do Bronze Final da citânia de S. Julião, em Vilaverde. Caracterização e Cronologia". TrabantrEtn XXV, 2-4. 197-240.

MERIDETH, C. (1998-a): "An Archaeometallurgical Survey for Ancient Tin Mines and Smelting Sites in Spain and Portugal within the Mid-Central Western Iberian Geographical Region. 1990-1995". BAR International Series 714. Oxford.
-(1998-b): "El factor minero: El caso del esta–o y el poblado de Logrosán (Cáceres)". Extremadura Protohistórica: Paleoambiente, Economía y Poblamiento. Rodríguez Díaz, A. (Coord.). Cáceres. 73-96.

MOHEN, J.P. (1992): Metalurgia Prehistórica. Introducción a la paleometalurgia. Barcelona.

MOLINA GONZALEZ, F. (1978): "Definición y sistematización del Bronce Tardío y Final en el Sudeste de la Península Ibérica". Cuadernos de Prehistoria de la Universidad de Granada, 3. 159-232.

MONTEAGUDO, L . (1954): "Metalurgia hispana de la Edad del Bronce con especial estudio de Galicia y norte de Portugal". Caesaraugusta, IV. 55-95. Zaragoza.

MONTERO RUIZ, I. (1998): "Aprovechamiento de recursos minerales y comercialización de objetos metálicos: una perspectiva analítica". Minerales y metales en la prehistoria reciente. Algunos testimonios de su explotación y laboreo en la Península Ibérica. Studia Archaeologica, 88. Delibes de Castro, G. (Coord.). 199-225. Universidad de Valladolid.

MORA PEÑA, A. (1997): "Geología y minería de Logrosán". Logrosán. Cultura, Historia y Medio Natural. Logrosán. 87-100.

MURILLO REDONDO, J.F. (1993): "Poblamiento protohistórico y minería en el norte de la provincia de Córdoba". Actas del I Coloquio de Historia Antigua de Andalucía. 265-282. Córdoba.

PARREIRA, R. und SOARES, A. M . (1980): "Zu Einigen Bronzezeitlichen Höhensiedlungen in Südportugal". Madrider Mitteilungen, 21. 109 ss.

PASTOR, M. y otros (1981): "Cerro de la Mora (Moraleda de Zafayona, Granada)". Noticiario Arqueológico Hispánico, 12. 137-158.

PAVON SOLDEVILA, I. (1994): Aproximación al estudio de la Edad del Bronce en la Cuenca Media del Guadiana: La Solana del Castillo de Alange -(1987). Institución Cultural El Brocense. Diputación Provincial de Cáceres.
-(1995): "La Edad del Bronce". Arqueología en Extremadura: 10 años de descubrimientos. Extremadura Arqueológica IV. 35-65. Junta de Extremadura y Universidad Autónoma de Madrid.
-(1998-a): El tránsito del II al I milenio a.C. en las cuencas medias de los ríos Tajo y Guadiana: la Edad del Bronce. Servicio de Publicaciones de la UEX. Cáceres.
-(1998-b): "El Cerro del Castillo de Alange (Badajoz). Intervenciones arqueológicas (1993)". Memorias de Arqueología Extremeña, 1. Mérida.

PAVON; I., RODRIGUEZ, A. y ENRIQUEZ, J.J. (1998): "El poblamiento protohistórico en el Tajo Medio: excavaciones de urgencia en el Risco y Aliseda (Cáceres)". Extremadura Protohistórica: Paleoambiente, Economía y Poblamiento. Rodríguez Díaz, A. (Coord.). Cáceres. 21-156. Cáceres.

PELLICER CATALAN, M. (1978): "Tipología y cronología de las ánforas prerromanas del Guadalquivir, según el Cerro Macareno". Habis 10-11. 307-334.
-(1983): "El yacimiento protohistórico de Quebrantahuesos (Ríotinto, Huelva)". Noticiario Arqueológico Hispánico, 5. 61 y ss.
-(1987-88): "Las cerámicas a mano del Bronce Reciente y del Orientalizante Antiguo en Andalucía Occidental". Habis, 18-19. 461-483.

PELLICER CATALAN, M. y AMORES CARREDANO, F. (1985): "Protohistoria de Carmona. Los cortes estratigráficos CA-80/A y CA-80/B". Noticiario Arqueológico Hispánico, 22. 55-185.

PELLICER CATALAN, M. y HURTADO PEREZ, V. (1980): El poblado metalúrgico de Chinflón (Zalamea la Real, Huelva).

PELLICER, M., ESCACENA, J.L. y BENDALA, M. (1983): "El Cerro Macareno". Excavaciones Arqueológicas en España, 124.

PEREIRA SIESO, J. (1989): "Nuevos datos para la valoración del hinterland tartésico. El enterramiento de la casa del Carpio (Belvís de la Jara, Toledo)". Tartessos. Arqueología protohistórica del Bajo Guadalquivir. Aubet Semmler, M. E. (Ed.) Sabadell. 395 y ss.

PEREZ MACIAS, J. A. (1983): "Introducción al Bronce Final en el noroeste de la provincia de Huelva". Habis 14. 207-237.
-(1996): Metalurgia extractiva prerromana en Huelva. Servicio de Publicaciones de la Univ. de Huelva.

PINTO, C.V. y PARREIRA, R. (1978): "Contribuçao para o estudo do Bronze Final e do Ferro Inicial a norte do Estuário do Tejo". III Jornadas Arqueológicas.147-163.

PIZARRO CALLES, A. (1997): "El medio natural de Logrosán". Logrosán. Cultura, Historia y Medio Natural. Logrosán. 115-130.

RAMON TORRES, J. (1995): Las ánforas fenicio-púnicas del Mediterráneo Central y Occidental. Barcelona.

RODRIGUEZ DIAZ, A. (1994-a): "El Valle Medio del Guadiana, Espacio de Frontera en la Protohistoria del Suroeste (I)". Saguntum, 27. 107-124.
-(1994-b): "Algunas reflexiones sobre el fin de Tartessos en la Cuenca Media del Guadiana: la crisis del 400 y el desarrollo de la Beturia". Cuadernos de Prehistoria y Arqueología de la Universidad Autónoma de Madrid, 21. 9-34.
-(1995): "El Valle Medio del Guadiana, Espacio de Frontera en la Protohistoria del Suroeste (II)". Saguntum, 28. 111-130.
- (Coord.) (1998): Extremadura Protohistórica: Paleoambiente, Economía y Poblamiento. Servicio de Publicaciones de la Universidad de Extremadura. Cáceres.

RODRIGUEZ, A., ENRIQUEZ, J.J., y PAVON, I. (1995): "El poblado protohistórico de Aliseda (Cáceres): materiales de superficie y perspectivas". Homenatge a la Pra. Dra. Milagro Gil-Mascarell Boscá. Vol. I. Saguntum, 29. 43-56.

RODRIGUEZ DIAZ, A. y ORTIZ ROMERO, P. (1998): "La Mata de Campanario (Badajoz): un nuevo ejemplo de arquitectura de prestigio en la Cuenca Media del Guadiana". Extremadura Protohistórica: Paleoambiente, Economía y Poblamiento. Rodríaguez Díaz, A. (Coord.). 201-246. Cáceres.

RODRIGUEZ DIAZ, A. y PAVON SOLDEVILA, I. (1999): El poblado protohistórico de Aliseda (Cáceres). Campaña de 1995. Mérida.

ROSO DE LUNA, M. (1898): "Losa sepulcral de Solana de Cabañas en el partido de Logrosán (Cáceres)". Boletín de la Real Academia de la Historia, 32. 179-182.

ROVIRA LLORENS, S. (1995): "Estudio Arqueometalúrgico del depósito de la Ría de Huelva". Ritos de paso y puntos de paso. La Ría de Huelva en el mundo del Bronce Final europeo. Complutum Extra, 5. Ruiz-Gálvez, M. (Ed.). 33-57. Madrid.

RUIZ-GALVEZ PRIEGO, M. (1984): La Península Ibérica y sus relaciones con el Círculo Cultural Atlántico. Madrid.
-(1987): "Bronce Atlántico y Cultura del Bronce Atlántico en la Península Ibérica". Trabajos de Prehistoria, 44. 251-264.
-(1998): La Europa Atlántica en la Edad del Bronce. Un viaje a las raíces de Europa Occidental. Barcelona.

RUIZ MATA, D. (1979): "El Bronce Final -fase inicial- en Andalucía Occidental. Ensayo de definición de sus cerámicas". Archivo Espa–ol de Arqueología, 52. 3-15.
-(1986): "Aportación al análisis de los inicios de la presencia fenicia en Andalucía Sudoccidental, según las excavaciones del Cabezo de San Pedro (Huelva), San Bartolomé (Almonte, Huelva), Castillo de Dña. Blanca (Pto. de Santa María, Cádiz) y El Carambolo (Camas, Sevilla)". Homenaje a L.Siret.

RUIZ MATA, D. (1989): "Huelva: un foco temprano de actividad metalúrgica durante el Bronce Final". Tartessos. Arqueología protohistórica del Bajo Guadalquivir. Aubet Semmler, M. E. (Ed.) Sabadell. 209 y ss.
-(1995): "Las cerámicas del Bronce Final. Un soporte tipológico para delimitar el tiempo y el espacio tartésico". Tartessos 25 años después. 1968-1993. Jerez de la Frontera. 265-313.

RUIZ MATA, D. y FERNANDEZ JURADO, J. (1986): "El yacimiento metalúrgico de época tartésica de San Bartolomé de Almonte (Huelva)". Huelva Arqueológica, VIII.

SAUCEDA PIZARRO, M. I. (1984): "La cueva del Conejar (Cáceres). Una muestra de los materiales recogidos en 1981". Norba, 5. 47-59.

SAUCEDA PIZARRO, M. I. y CERRILLO M. CACERES, J. (1985): "Notas para el estudio de las cerámicas de la cueva de Maltravieso". I Jornadas de Arqueología do Noroeste Alentejano. Portalegre. 45-53.

SENNA-MARTINEZ, J. C. (1993): "O Grupo Baiões/Santa Luzia: Contibuições para uma tipologia da olaria". Trabalhos de Arqueologia da EAM, 1. Lisboa, Clibri, 93-123.
-(1994): "Entre Atlântico e Mediterrâneo: algunas reflexões sobre o Grupo Baiões/Santa Luzia e o desenvolvimento do Bronze Fina Peninsular". Trabalhos de Arqueologia da EAM, 2. Lisboa, Clibri, 215-232.

SCHUBART, H. (1975): Die Kultur der Bronzezeit im Südwesten der Iberischen Halbinsel. Madrider Forschungen, Band 9. Berlín.

SILVA, A. C. F. y GOMES, M. (1992): Proto-história de Portugal. Lisboa.

SILVA, C. T. y otros (1980-81): "Escavaçoes Arquológicas no Castelo do Alcácer do Sal (Campanha de 1979)". SA VI-VII. 149-218.

SOS BAYNAT, V. (1967): "Geología, Mineralogía y Mineralogenia de la Sierra de San Cristóbal, Logrosán (Cáceres)". Memorias de la Real Academia de Ciencias. Serie Ciencias Naturales. Tomo XXII-1. 4-141.
-(1977): "Los hallazgos prehistóricos de Logrosán (Cáceres)". Revista de Estudios Extremeños, XXXIII-2. 261-286.
-(1980-1981): "Sobre la Edad Geológica de las casiteritas de Extremadura, España" Lisboa: Sociedade Geologica De Portugal Boletim Volume XXII.
-(1981): Museo de Geologia de Extremadura. Mérida: Excmo Ayuntamiento de Mérida.

VILAÇA, R. (1994): Aspectos do povoamento da Beira Interior (Centro e Sul) nos finais da Idade do Bronze. Trabalhos de Arqueología, 9. Facultade de Letras de Coimbra.
-(1998): "Hierarquização e conflito no Bronze Final da eira Interior". Existe uma Idade do Bronze Atlântico? . Trabalhos de Arqueología, 10. Oliveira Jorge, S.(Ed.) IPA, Lisboa. 203-217.

Aubet, M.E., 1993
The Phoenicians and the West, Cambridge: Cambridge University Press.

Barrena, M.A. & Isidro, P.D., 1987
La Minera En Extremadura, Merida: Spain: Junta De Extremadura.

Berrocal-Rangel, L.; Enriquez Navascues, J.J.; Celestino Perez, S.; Valdes Fernandez, F., (Coordinacion), 1995
Extremadura Arqueologica IV Arqueologia En Extremadura: 10 Annos De Descubrimientos, Merdia: Spain, Junta De Extremadura.

Castro, Maria Cruz Fernandez, 1995
Iberia in Prehistory Oxford, England, Blackwell Publishers ltd.

Calles, A.P.; Pena, A.M.; Jimenez, S.G.,1994;
LOGROSAN: Naturaleza y Arte Publica: Excelentisimo Ayuntamiento de Logrosan

Chapman, R., 1990
Emerging complexity Cambridge, Cambridge University Press

Consejeria de Economia y Hacienda/Castilla Y Leon 1988
Los Recursos Minerales de Castilla y Leon NO 2 Estano Valladolid: Spain: Junta de Castilla y Leon.

Craddock.P.T.;1995
Early Metal Mining and Production Edinburgh: Edinburgh University Press

Cronyn, J. M., 1990
The Elements of Archaeological Conservation, London: Routledge

Dallmeyer, R.D.and Garcia, M.E.,(ed), 1990; Pre-Mesozoic Geology of Iberia, Berlin: Springer-Verlag.

Diaz-Andreu, M. & Simon Keay, 1997
The Archaeology of Iberia London, Routledge

Domerque,.C., 1987
Catalogue Des Mines Et Des Fonderies Antiques De La Peninsule Iberique-Tome I y Tome II, Madrid: Spain: Publications de la Casa de Velazquez Serie Archeologie VIII-Diffusion de Boccar

Dunning, F.W.; Garrard, P.; Halsam, H.W.; Ixer, R.A., 1989
Mineral Deposits of Europe Volume 4/5, Southwest and Eastern Europe with Iceland, London: the Institution of Mining and Metallurgy.

Edmondson, J.C., 1987
Two Industries in Roman Lusitania/Mining and Garum Production. Oxford: BAR International Series 362.

Ferandez, Jose, Armando, (Direccion), 1996
Atlas De Extremadura y de Espana, Madrid, Grupo Anaya S.A.

Gumel, P., Novembre-Decembre 1981
Chronique De La Recherche Miniere Essai sur la Classification Typologique des Principaux Gisements de Sn-W Estremadure (Espange) Paris, France, Centre D' Etudes Geologiques.

Guzman, F.V. 1983
Depositos Minerales de Espana. Madrid: Espana: Instituto Geologico y Minero de Espana

Harrison,R.J., 1977
The Bell Beaker Cultures of Spain and Portugal Cambridge: Massachusetts: Peabody Museum

Hauptmann, A.,Pernica, E.,Rehren, T.,Yalcin, U., (editors)
The Beginnings of Metallurgy, Bochum: Germany, Deutsches Bergbau-Museum

Instituto Geologico y Minero de Espana, 1988
Monografias De Sustancias Minerales-Estano Madrid: Servicio De Publicaciones Ministerio De Industria.

Jorda Cerda, F.; Pellicer Catalan, M.; Acosta Martinez, P.; Almagro-Gorbea, M., 1989
Historia De Espana Prehistoria 1. Madrid: Espana, Editorial Gredos S.A.

Junta De Extremadura, 1993
Minerales Gemologicos De Extremadura Merida: Espana, Consejeria de Industria y Turismo.

Lehmann, B., 1990
Metallogeny of Tin/Lecture Notes in Earth Sciences 32. Berlin: Springer-Verlag.

Madronero De La Cal, A., 1994
Una Posibilidad De Rastreo De Los Origenes De La Metalurgia Del Estano En Espana Coruna, Espana: Edicios Do Castro.

Merideth, C., 1998
An Archaeometallurgical Survey for Ancient Tin Mines and Smelting Sites in Spain and Portugal, 1990-1995 Bar International Series 714 Oxford, England; 1998

Molero, C.A., 1993
La Minera En Extremadura. Merida: Spain, Junta De Extremadura.

Navascues, J.J.E. and Diaz, A R., (Edicion), 1991
Extremadura Arqueologica II 1991. I Jornadas De Prehistoria Y Arqueologia Ee Extremadura (1986-1990). Merdia: Espana, Consejeria de Educacion Y Cultura De La Junta De Extremadura, Universidad De Extremadura.

Ochoa, C.Q., 1987
Mapa Geologico De Extremadura. Merida: Spain, Junta De Extremadura.

Oddy,W.A.,(ed), 1991
Aspects of Early Metallurgy. British Museum Occasional Paper 17. London: British Museum Occasionaal Papers

Ortiz, A.D., (dirigida), 1990
Historia De Espana desde la prehistoria hasta la conquista romana (siglo III a.C.). Barcelona: Espana, Editorial Planeta S.A.

Penhallurick, R.D., 1986
Tin in Antiquity. London: Institute of Metals.

Pavon Soldevila, Ignacio, 1998
El transito del II al I milenio a. C. en las cuencas medias de los rios Tajo y Guadiana: la Edad del Bronce. Caceres, Espana; Servicio de Publicaciones de la UEX

Pitcher, W.S.,1993
The Nature and Origin of Granite. London: Blackie Academic and Professional.

Rodriguez Diaz, Alonso, (Coord), 1998. Extremadura Protohistorica: Paleoambiente, Economia y Poblamiento. Caceres, Espana, Servicio de Publicaciones Universidad Extremadura

Roso De Luna, M., 1898, (1982 reprint)
Logrosan (Legajo Historico). Caceres: Spain: Institucion Cultural "EL BROCENSE".

Rothenburg, B. and Blanco-Freijeiro, A., 1981
Ancient Mining and Metallurgy in South-West Spain. London: Institute for Archaeo-Metallurgical Studies.

Savory, H.N., 1968
Spain and Portugal-The prehistory Of The Iberian Peninsula. New York: Frederick Praeger.

Scott, D.A., 1991
Metallography and Microstructure of Ancient and Historic Metals. California: The Getty Conservation Institute.

Sos Bayant, V., 1980-1981
Sobre La Edad Geologica De Las Casiteritas De Extremadura, Espana. Lisboa: Sociedade Geologica De Portugal Boletim, Volume XXII.

Sos Baynat, V., 1981
Museo De Geologia De Extremadura, Merida: Excmo Ayuntamiento de Merida.

Sos Baynat, V., 1967
Geologia, Mineralogia y Mineralogenia de la Sierra de San Cristobal, Logrosan (Caceres), Madrid: Real Academia De Ciencias-Exactas, Fisicas y Naturales.

Sos Baynat, V., 1977
Los hallazgos prehistoricios de Logrosan (Caceres). Badajoz, Spain: Diputacion Provincial De Badajoz.

Tylecote, R.F., 1962
Metallurgy in Archaeology. London: England, Edward Arnold (Publishers) ltd

Tylecote, R.F., 1976
A History of Metallurgy, London: The Metals Society.

Waldbaum J.C., 1983
Metalworlk from Sardis, Cambridge,Massachusetts: Harvard University Press

Jordi Juan I Tresserras

El procesado de materias minerales en molinos barquiformes.
Analisis de residuos en la superficie activa de un molino de Logrosan (Caceres, Extemadura, Espana)

Introduccion

La superficie activa de los artefactos liticos asociados al molido y/o triturado proporcionan datos de especial relevancia en relacion a la funcionalidad de los mismos y suponen una revalorizacion de este material, generalmente poco considerado en el conjunto del registro arqueologico.

Los estudios de materias primas, traceologia, residuos microscopicos y quimica organica, desarrollados en los ultimos anos, han permitido una revalorizacion de los artefactos relacionados con el molido y triturado, confirmando, en algunos casos, lo que las evidencias etnoarqueologicas y etnobotanicas mostraban: la multifuncionalidad de los utiles para el procesado de diferentes productos vegetales (frutos, semillas, raices, hojas, carbon,...), animales (carnes, pescados, grasas, huesos,...) y minerales (sal, arcillas, minerales,...)(Adams 1988, 1989; Beaune 1989a, 1989b, 1992; Fullagar et al. 1992; Jones 1989; Juan-Tresserras 1993, 1997; Juan-Tresserras et al. 1995, 1996a; 1996b, 1996c; Orozco 1994).

A lo largo de los ultimos anos, desde el Seminario de Estudios e Investigaciones Prehistoricas (SERP) de la Universidad de Barcelona se han desarrollado diferentes tecnicas para la determinacion de materias asociadas a la molienda: observacion microscopica combinada en lupa binocular, microscopia optica con contraste de fase y electronica de barrido con microanalizador de rayos X (EDS) incorporado.

El estudio de residuos de la muela de Logrosan

El ejemplar estudiado corresponde al durmiente de un molino de vaiven. Este tipo de molinos consta de una piedra durmiente, inferior, sobre la que se deposita el material a desmenuzar, y de un elemento activo o moviente. Se usan para moler a traves de un movimiento mecanico de presion, por el rozamiento en vaiven de una pieza con otra. Las piezas fijas se caracterizan morfologicamente por su planta elipsoidal y su seccion pseudorectangular, que facilitan una mayor estabilidad.

La superficie laboral suele ser plana, o ligeramente concava, debido al desgaste continuado. Generalmente, suelen estar fijadas al suelo. Morfologicamente corresponde a molinos de tipo barquiforme o de silla, que carecen de reborde o de repisa, y su zona activa generalmente se presenta particularmente concava en su eje longitudinal, según el tipo y grado de utilizacion. Son los mas abundantes en la costa mediterranea y en las zonas del interior de la Peninsula.

Siguiendo las indicaciones que facilitamos al equipo de excavacion, el molino se traslado al Laboratorio de Arqueología de la Universidad de Barcelona para su estudio. La pieza, sin lavar, llego en un contenedor esteril. Para el estudio de molinos y morteros es necesario la realizacion de dos tipo de muestreo que denominaremos A y B. El muestreo A es un control que libera las posibles particulas contaminantes. El muestreo-B permite obtener el residuo potencial, a menudo asociado a concreciones y a los intersticios del material litico, mediante el uso un punzon y una espatula.

En algunos casos se adicionan pequenas dosis de agua destilada sobre la superficie activa, en zonas potenciales de acumulacion de residuos, para obtener las muestras en suspension acuosa y recogerlas con una pipeta. El sedimento obtenido de los muestreos se deposita en contenedores para su analisis posterior. Este tipo de muestreo es local, es decir, sobre una zona determinada de la superficie activa, por lo que es compatible el uso de la misma pieza para el estudio traceologico.

Para el estudio por microscopia optica se emplearon las tecnicas habituales orientadas especialmente a la identificacion de microrrestos vegetales. Las muestras se tamizaron en una criba de 250 µm. La fraccion superior se destino a la observacion por binocular. La fraccion inferior se deposito en vasos de Berzelius, bajo una campana extractora, en una solucion de peroxido de hidrogeno (H2O2) al 33%, entre 12 y 24 horas. Posteriormente se efectuaron una serie de aclarados con agua destilada y se procedio a eliminar los carbonatos mediante el uso de cido acetico glacial (CH3COOH).

Tras la desaparicion de la reaccion se repitieron los aclarados con agua destilada.
Las muestras se volvieron a tamizar en un cedazo de 50 µm. La fraccion superior, entre 250 y 50 µm, se reservopara el estudio de la fraccion de arenas que, algunas veces, suele presentar esqueletos de silice y formas alargadas. La fraccion inferior permanecioen una solucion de agua destilada y hexametafosfato sodico, eliminandose las arcillas por sedimentacion, segun la Ley de Stokes, obteniendose la fraccion limosa (50-2 µm) que es la que concentra la mayor parte de los fitolitos y almidones.

Las muestras se estudiaron por microscopia optica con un modelo Olympus BH2, combinando el estudio con nicoles paralelos y nicoles cruzados, tecnica de gran utilidad para localizar los granulos de almidon que, bajo estas condiciones, presentan una caracteristica forma de cruz en su interior, cuyo centro corresponde al hilum. Se procedio tambien a un tintado con una solucion de yodo y yoduro de potasio (IKI), que provoca una reaccion en los granos de almidon virandolos hacia una coloracion azul-violaceo, como test de verificacion. Todo este proceso resulto negativo ya que no se identifico ningun indicador asociado al procesado de cereales, legumbres, naculas o raices como esqueletos siliceos, fitolitos, almidones,...

Paralelamente se procedio a la observacion del residuo por microscopia electronica de barrido (MEB) para complementar el estudio. El microscopio utilizado fue un modelo Cambridge S-120, con microanalizador incorporado, de los Servicios Cientificos Tecnicos de la Universidad de Barcelona.

En este caso, la muestra B ofrecio interesantes resultados ya que, al practicar el barrido y el analisis de particulas por difraccion de rayos X se identificaron diferentes indicadores que asociaron el instrumento litico al procesado de minerales: cobre (Cu), estano (Sn) y plomo (Pb). Estos elementos se han documentado por la misma tecnica en el estudio del instrumental metalico de la coleccion Sos Baynat (MNAR, Merida), procedente del yacimiento de Logrosan (Merideth 1998).

Conclusiones

La asociacion de instrumental litico con el procesado de minerales corresponde especialmente a morteros, pilones o pisones de piedra, denominados tambien piedras con cazoleta,que presentan cavidades en posicion central, de forma circular o eliptica obtenidas mediante percusion. Los morteros identificados en los niveles del Bronce Final del yacimiento de Pedra Negra (Crevillent, Alacant) se han relacionado con la trituracion del mineral.

En el mismo poblado se documento un taller metalurgico que incluye vivienda, horno y escombreras con mas de cuatrocientos fragmentos de moldes (Gonzalez Prats 1982, 1992a, 1992b). En las minas de Aznalcollar (Sevilla), en la zona de Los Castrejones, tambien se detectaron numerosos morteros con cazoletas de hasta doce oquedades (Hunt 1994).

De todas maneras los estudios de residuos son escasos por lo que el caso del molino de Logrosan supone una interesante via de estudio para la identificacion de estos procesos.

SERP/Depto. Prehistoria, Historia Antigua y Arqueologia, Universidad de Barcelona, Baldiri i Reixac,
s/n Torre B pis 11,
E-08028-Barcelona (Espana).

Bibliografia

ADAMS J.L. (1988).- "Use-wear analyses on manos and hide-processing stones", en Journal of Field Archaeology 15: 307-315.

ADAMS J. (1989).- "Methods for improving ground stone artefacts analysis: experiments in mano wear patterns", en AMICK D. & MAULDIN R. (Eds).- Experiments in lithic technology. pp. 259-276. B.A.R. International Series 528. Oxford.

BEAUNE S.A. de (1989a).- "Essai d'une classification typologique des galets et plaquettes utilises au paleolitique", en Gallia Préhistoire 31: 27-64.

BEAUNE S.A. de (1989b).- "Exemple ethnographique de l'usage plurifonctionnel d'un galet de quartz", en Bulletin de la Societe Prehistorique Franaaise 86 (2): 61-64.

BEAUNE S.A. de (1992).- "Une lacune à comblear. L'étude des galets utilises au paleolithique", en Les Nouvelles de l'Archeologie 47: 48-52.

FULLAGAR R., MEEHAN B. & JONES R. (1992).- "Residue analysys of ethnografic plant-working and other tools from Northern Australia", en ANDERSON P.C. (De).- Prehistoire de l agriculture: nouvelles approches experimentales et ethnographiques. pp. 39-66. Monographie du CRA nº 6. Éd.CNRS. París.

GONZALEZ PRATS A. (1982).- "La Pedra Negra IV. Excavaciones de 1980-81 en el sector VII de la ciudad orientalizante", en Noticiario Arqueologico Hispanico 13: 305-418.

GONZALEZ PRATS A. (1992a).- "Una vivienda metalargica en La Pedra Negra (Crevillente, Alicante). Aportacion al conocimiento del Bronce Final Atlántico en la Península Iberica", en Trabajos de Prehistoria 49: 243-257.

GONZALEZ PRATS A. (1992b).- "El proceso de formacion de los pueblos ibericos en el Levante y Sudeste de la Peninsula Iberica", en ALMAGRO-GORBEA M. & RUIZ-ZAPATERO G. (Eds.).- Paleoetnología de la Peninsula Iberica, en Complutum 2-3: 137-150. Madrid.

JONES C.E.R. (1989).- "Archaeochemistry: Fact or fancy?", en WENDORF F., SCHILD R. & CLOSE A. (Eds.).- The Prehistory of Wadi Kubbaniya. Vol.2 . Studies in Late Paleolithic subsistence. pp. 260-266. Southern Methodist University Press. Dallas.

JUAN-TRESSERRAS J. (en prensa).- "Neue Reflexionelemente über die prähistorische Agrikultur: die Beiträge über Analysen der Phytolitharien zum Studium der Reibmühlen", en Symposium über die Geschichte der Mahltechniken von der Frühgeschichte bis zum Mittelalterl. Schlob Tirol (Italia). 1993c.

JUAN-TRESSERRAS J., ECHAVE C. & ALBERT R.M. (1996).- "El procesado de vegetales y la interpretacion funcional del utillaje neolitico de molido y triturado en la Peninsula Iberica", en I Congres del Neolitic a la Peninsula Iberica. Formacio i implantacio de les comunitats agricoles (Gava-Bellaterra, 27-29 mara 1995).

JUAN-TRESSERRAS J., GALVAN V. & PINILLA A. (1995).- "Perpectivas y primeros resultatos de los analisis de fitolitos y minerales conservados en las superfícies activas del instrumental de molido y triturado de la mamoa 1 de Madorras (S.Lourenço de Ribapinhão, Sabrosa, Portugal)", en IX Reunion Nacional sobre Cuaternario. Reconstruccion de paleoambientes y cambios climaticos (Madrid, 25-28 septiembre 1995). Centro de Ciencias Medioambientales (CSIC).

JUAN-TRESSERRAS, MEDINA V. & SERRALLONGA J. (1996).- "Los frutos secos como recurso alimentario de los grupos cazadores-recolectores. Estudios experimentales para la identificacion de indicadores microscopicos y bioquimicos en el instrumental litico", en XVII Reunio de Paleolitistes de l'Estat. Torroella de Montgri (10-12 maig de 1996). Museu del Montgra i del Baix Ter/Centre d'Estudis i Arxiu. pp. 99-108.

JUAN-TRESSERRAS J., MEDINA V., SERRALLONGA J., FERNANDEZ V., JIMENO A. & MENENDEZ M. (1996).- "Aportaciones a la conducta trofica e instrumental de los grupos de cazadores recolectores: analisis de fitolitos y almidones en material litico (experimental y arqueologico) para el procesado de vegetales", en PINILLA A., MACHADO M.J. & JUAN-TRESSERRAS J. (Coord.).- Pre-Actas 1er Encuentro Europeo sobre el Estudio de Fitolitos. Madrid, 23-26 Septiembre 1996. p.49

OROZCO T. (1994) "Explotacion de recursos liticos. Aportaciones del utillaje pulimentado al Neolitico Antiguo (Vº Milenio a.C.) en el Mediterraneo Peninsular", en 1er Congresso de Arqueologia Peninsular. Porto, 12-18 Octubre 1993, en Trabalhos de Antropologia e Etnologia XXXIV (1-2): 53-64.

MERIDETH C. (1998).- "El factor minero: el caso del estano y el poblado de Logrosan (Caceres)", en Rodriguez, A. (Coord.).- Extremadura Protohistorica: Paleoambiente, economia y poblamiento. Caceres. pp.73-96.

TRESSERRAS J., GALVÁN V. & PINILLA A. (1995).- "Perpectivas y primeros resultatos de los análisis de fitolitos y minerales conservados en las superfícies activas del instrumental de molido y triturado de la mamoa 1 de Madorras (S.Lourenço de Ribapinhão, Sabrosa,Portugal)", en IX Reunion Nacional sobre Cuaternario.

www.ingramcontent.com/pod-product-compliance
Lightning Source LLC
LaVergne TN
LVHW071212210926
848482LV00015B/786

* 9 7 8 1 8 4 1 7 1 2 2 0 8 *